RESEARCH ON THE IMPACT OF
MULTIDIMENSIONAL FACTORS ON
REGIONAL CARBON REDUCTION
FROM A LOW-CARBON PERSPECTIVE

低碳视阈下多维度因素对区域碳减排的影响研究

张杰 赵峰 等著

中国财经出版传媒集团

·北 京·

图书在版编目（CIP）数据

低碳视阈下多维度因素对区域碳减排的影响研究/张杰等著. --北京：经济科学出版社，2024. 12

ISBN 978-7-5218-5211-0

Ⅰ. ①低… Ⅱ. ①张… Ⅲ. ①二氧化碳-减量化-排气-研究-中国 Ⅳ. ①X511

中国国家版本馆 CIP 数据核字（2023）第 188504 号

责任编辑：杨　洋　杨金月
责任校对：隗立娜　郑淑艳
责任印制：范　艳

低碳视阈下多维度因素对区域碳减排的影响研究
DITAN SHIYU XIA DUOWEIDU YINSU DUI QUYU TANJIANPAI DE YINGXIANG YANJIU
张　杰　赵　峰　等著
经济科学出版社出版、发行　新华书店经销
社址：北京市海淀区阜成路甲 28 号　邮编：100142
总编部电话：010-88191217　发行部电话：010-88191522
网址：www.esp.com.cn
电子邮箱：esp@esp.com.cn
天猫网店：经济科学出版社旗舰店
网址：http://jjkxcbs.tmall.com
北京季蜂印刷有限公司印装
710×1000　16 开　24 印张　350000 字
2024 年 12 月第 1 版　2024 年 12 月第 1 次印刷
ISBN 978-7-5218-5211-0　定价：90.00 元

CONTENTS ▷

目　　录

第一章　导　　论

第一节　研究背景

一、我国提出“双碳”目标的国内外背景

人类社会正面临着全球气候变化带来的巨大风险，这给人类生存和发展带来了严峻的挑战，未来，全世界将会有更多的国家把“碳中和”提高至国家战略的地位，以期能为全球气候治理进程作出贡献，实现无碳未来的目标。近年来，习近平总书记就应对气候变化问题多次发表讲话，他指出：“地球是个大家庭，人类是个共同体，气候变化是全人类面临的共同挑战，人类要合作应对”。[①] 面对生态环境挑战，习近平总书记站在人类可持续发展的高度，提出一系列重要倡议和主张。2020 年，中国正式作出“将力争 2030 年前实现碳达峰、2060 年前实现碳中和”的“双碳”目标承诺。[②] 我国提出“双碳”，是基于能源产业发展现状和积极应对国内外挑战的必然选择。“双碳”目标的提出对经济社会发展全面绿色转型起着至关重要的作用，因此，在着力推进高质量发展与全面现代化之际，要通盘考虑，全面思考并积极实现“双碳”目标。

---

① 习近平就气候变化问题复信英国小学生［EB/OL］. 新华网，2022－04－21.

② 中华人民共和国国民经济和社会发展第十四个五年规划和 2035 年远景目标纲要［EB/OL］. 新华网，2021－03－13.

（一）我国提出“双碳”目标的国内背景

改革开放以来，中国经济发展速度加快，现在已成为绿色经济技术的领导者，并且在全球范围内的影响力也在日益扩大。实践表明：发展方式绿色转型才符合自然规律。在我国现阶段发展中，优美生态环境的需要已经是人民美好生活中不可忽视的一部分。习近平总书记强调，要把碳达峰、碳中和纳入经济社会发展和生态文明建设整体布局；要推动绿色低碳技术实现重大突破，抓紧部署低碳前沿技术研究，加快推广应用减污降碳技术，建立完善的绿色低碳技术评估、交易体系和科技创新服务平台。①

1. 我国是全球最大的能源消费国

自党的十八大召开，我国作为全球最大的能源消费国在控制能源消费总量和优化能源消费结构方面取得了历史性的进展，这与过去形成了鲜明对比。自改革开放以来，尤其是2000年以来，我国经济发展迅速，能源消费也随之快速增长。以前，我们的生产方式是以大量消耗能源为主，再加上缺乏能源消费的约束，导致能源消费呈现持续快速增长的态势。换句话说，能源的消耗和经济的发展呈正相关关系，在取得令人瞩目的成就的同时，我们的能源消耗也是巨大的。然而，自党的十八大以来，我们逐步改变了过去粗放式的能源生产方式，并采取措施改变了不受限制的能源消费模式，使2011～2019年间我国能源消费的年均增速明显下降。

就能源消费结构而言，我国仍然是全球最大的能源消费国家。在2000～2015年间，以煤炭为主一直是我国能源消费结构的主要特点。然而，自党的十八大以来，我国着重调整能源消费结构，并且，在2019年首次把煤炭的消费占比降至60%以下，同时提高了污染小、效率高的石油、天然气的消费比重。② 这是一个重大历史性变革，使我国长期以来面临的能源消费结构调整困难的局面得以有效的改善，也是中央以调整能源结构为主要抓手支持生态文明建设的成果体现。虽然与过去相比，我国在能源消费结构调整方面取得了重大成果，但是和发达国家相比仍有不小的差距。发达国

① 习近平总书记在中央财经委员会第九次会议的讲话［EB/OL］. 新华社，2021－03－15.

② 资料来源：国家能源局。

家主要消费油气，同时清洁能源和效率相对较高的能源消费占比也较高。按照现代化和绿色低碳的要求，在能源消费结构调整方面，我国仍有很长的路要走。

自党的十八大以来，随着能源消费结构的巨大变化，我国工业、交通、建筑等重要实体经济部门的能源消费结构也随之优化，其中最显著的特点就是电力消费和天然气消费的比重在逐步增加。值得注意的是，在过去一段时间内，工业、交通、建筑等重要实体经济部门的发展速度较快，实体经济大发展需要大量的能源消费，在这种情况下，相应能源消费结构的变化也是十分难得的。

2. 我国是全球最大的能源生产国

我国超过八成的能源消费是依靠本国生产的，而进口能源不足两成。我国能源生产的主要特点是化石能源产量比重大，同时电气化技术先进、电气化程度较高，燃煤发电占据主导地位。

截至 2019 年，我国的发电量占全球总量的 1/4，超过 75000 亿千瓦时，人均发电量超过 5300 千瓦时。[①] 这表明我国的发电能力是毋庸置疑的，但是煤电占比超过 60% 也是明显的不足。[②] 由于经济发展需要大量的电力且煤电占比高，使我国电能的清洁化程度和低碳化水平一直较低。不过，自 2018 年我国的煤电占比已开始有所降低。

3. 我国是全球最大的能源进口国

尽管我国进口能源消费在总能源消费中不到 20%，但是巨大的经济体量的发展需要依然使我国成为全球最大的三个化石能源品种的进口国。特别是在油气资源方面，我国比较依赖进口。根据 2020 年的数据，我国进口原油和煤炭都超过了 3 亿吨，进口天然气则超过了 1000 亿立方米。[③]

（二）我国提出“双碳”目标的国际背景

目前，全球每年都有大量温室气体排放，要想防范气候风险和防止气

① 资料来源：英国智库（Ember）发布的《全球电力行业回顾 2020》报告。
② 资料来源：国家能源局。
③ 资料来源：国家统计局。

候灾难，人类就应该制止这种行为，以实现真正意义上的零排放。为此，全世界由194个缔约方签署的《巴黎协定》为2020年后全球应对气候变化行动做出了安排，其希望实现的目标，就是让联合国气候变化框架公约缔约方尽量缩短达到碳达峰目标的时间，使碳排放净增量在21世纪中叶趋于零。如今，在碳排放达到峰值后，世界上较多的发达国家提出了自己的碳中和时间表，例如，欧盟、英国和日本等国家计划在21世纪中叶前实现碳中和。中国是全球第一大发展中国家，也是煤炭消费大国，需要尽快达到碳排放峰值，同世界各国一起努力，力争到21世纪中叶达到二氧化碳零排放水平，以应对全球气候变化问题。

1. 新一轮能源革命高潮正在兴起

随着新一轮工业革命的推动，新一轮能源革命也随之而来，它最主要的标志就是新能源技术与信息技术的融合，具有高效、清洁、低碳、智能等特点。这一革命的发生，不仅带来了许多革命性的技术成果，如页岩气、页岩油开采技术，还有可再生能源发电技术，它们不仅加快了全球能源革命的进程，而且还改变了大型经济体的能源发展方向，从而推动了人类社会的发展，并且为世界带来了更多的机遇和挑战。大电网技术是促进全球能源供应一体化的重要因素。

这个时期还形成了推动世界能源绿色低碳的基本框架。现在，越来越多的国家开始重视绿色低碳发展，降低化石能源的消费，实现绿色低碳的转型。《巴黎协定》的签署和生效，标志着绿色低碳的发展道路已经成为全球共识，实现碳中和也成为大多数国家21世纪中叶的目标。G20和亚太经济合作组织（Asia－Pacific Economic Cooperation，APEC）APEC框架下的全球能源治理改革也将促进全球能源转型。

2. 全球应对气候变化进程明显加快

随着气候问题日益突出，其与经济、贸易、投资等逐渐紧密联系在一起。这种趋势虽然对有些国家不公平，但在日益紧迫的气候问题面前，依然得到了国际社会的响应。加快应对气候变化进程也将深刻影响全球经济、地缘政治和国际外交。

3. 发达国家低碳治理体系不断完善

发达国家把能源的总量、结构、能效作为长期目标来深度减碳，同时把节约能源、提高能源使用效率、发展可再生能源等目标不断具体化，加快碳交易机制、经济激励机制的完善，如欧盟提出要做气候变化的引领者，以低碳促转型，重振欧洲经济的同时开展气候行动等。

4. 全球能源行业呈现出前所未有的新发展趋势

从全球能源产业的角度来看，由于全球能源变革、绿色低碳转型的基本框架基本确定，再加上主要经济体的推动，全球能源产业出现了以下新的发展动态：首先，发达国家加快去煤减煤进程，发展中国家也开始控制煤炭消费；其次，全球石油和天然气供应过剩加剧，国际油气巨头加速向新能源领域转型；再次，可再生能源价格逐渐降低，发展迅速，对传统能源的替代也在加快；最后，全球电气化和电力行业低碳化进程加速。

我国提出"双碳"目标，一方面，是符合全球能源发展、应对气候变化趋势的；另一方面，也是推动我国能源发展朝着远景目标、未来发展的必然选择。只有做出这样的承诺，并按照这一目标持续努力，我们才能适应世界发展的大势，使我国成为全球能源绿色低碳转型浪潮中的先驱者。

二、"双碳"目标带来的挑战和机遇

中国作为一个发展中国家，全面绿色转型的基础条件还比较差，生态环境保护压力还没有从本质上减轻。目前，中国距离碳达峰目标完成还有不到10年的时间，距离碳中和目标完成仅剩40年左右的时间。相对于发达国家而言，中国"双碳"目标的实现会越发迫切，越发重要，也越发艰巨。但是用辩证观点看，"双碳"目标达成的过程同时也在孕育新产业和商业模式。中国应紧跟科技革命与产业变革潮流，把握绿色转型所带来的重大发展契机，在绿色发展中求发展之机、求发展之力。

（一）"双碳"目标面临的挑战

1. 产业结构调整带来的挑战

当前，中国是一个煤炭、石油消费量占能源消费总量较大的大国，从能源供应体系到能源消费行业及与其相关的重大基础设施，都要求在2060

年前全面实现碳中和，任务艰巨，挑战巨大。在努力实现“双碳”目标的当今，作为限制能源消费强度的一个关键点，高能耗地区的产业结构调整值得国家高度重视和重点关注，传统能源地区和高耗能产业地区都将面临严重的冲击和巨大的挑战。

2. 技术创新的高要求带来的挑战

中国目前碳捕集、利用与封存（CCUS）技术的开发与应用与西方发达国家相比还存在着一定的差距，在短时间内难以弥补，对低碳、零碳和负碳等技术的创新要求会日益提高。如何在清洁能源输送优化和储存等方面取得突破性进展，如何有效地应用和升级并逐步完善碳捕集技术，成为我国“双碳”发展的重大课题。

3. 地区财政可持续性面临的挑战

对于资源禀赋的地区，该地方财政会对其地区资源有较大的依赖性。例如，采矿大省的地方财政会对其地区采矿业有较大的依赖性，电力大省的地方财政会对其地区的电力行业有较大的依赖性，建筑大省的地方财政会对其地区的建筑业有较大的依赖性。“双碳”目标的实现，势必会对有关地区的主导工业产能造成较大冲击，造成该地区经济效益降低、产能过剩等问题，进而严重影响当地财政的可持续发展，给国家造成一定的负担。

4. 给地区金融体系带来的挑战

能源与经济的低碳转型必然会造成高碳排放资产的价值降低，进而造成资产损失、高碳排放企业资金泡沫破灭、相关行业消失、贷款、债券违约与投资损失等方面的风险增加，进而对地区金融系统的稳定性构成一定的威胁。

（二）“双碳”目标面临的机遇

1. 为提高国际竞争力提供了契机

“双碳”目标是推动中国经济社会高质量发展的一条重要路径，也为我国进行经济社会系统性变革提供了指引。推动绿色低碳转型可以让我国把握与发达国家同等的机会，促使我国在能源、产业结构和社会治理等方面进行全面、深入的改革，从而提高我国的能源安全水平。如果能够对5G和人工智能等新兴产业进行适当的布局，将会给国内自主创新和产业升级提供独一无二的机会，从而加速我国产业的转型，对提升我国经济的竞争力具有重要的作用，同时也会进一步加强我国在科学技术方面的全球领先地位。

2. 为负碳、零碳、低碳行业的发展提供了契机

2010~2019年中国在可再生能源上的投资达到了8180亿美元，在太阳能光伏和光热能方面已经是世界上最大的市场。① 中国在2020年提供了400万个关于可再生能源领域的工作岗位，这几乎是世界上这个行业全部工作岗位的40%。② 在“双碳”目标下，新能源与低碳技术的价值链将占据主导地位，中国可以借助这一契机，在绿色经济领域继续扩大就业机会，创造出一系列新的零碳建筑、钢铁、水泥技术、高效率用电技术、新能源汽车技术等，促进生产、原材料替代工艺升级，推动能源利用效率提高，构建新的负碳、零碳和低碳工业体系。

3. 为发展绿色、清洁能源提供了契机

在中国的能源消费结构中，占比最大的是化石能源，也是主要的碳排放来源，占整个能源消费总量的84%，而风电、水电、核能和光伏等，只占16%。③ 目前，我国的风力发电、水力发电和光伏发电的装机量都已经达到了世界的1/3④，在世界上处于领先地位。到2060年，如果中国实现了碳中和的目标，太阳能、风能和核能的装机容量将超过现在的70倍、12倍和5倍。中国在“双碳”的背景下，将实施能源革命，加速新能源的开发，减少化石能源所占比例，清洁和绿色能源产业的巨大发展空间将得到进一步拓展。

---

① 《新时代的中国能源发展》白皮书［EB/OL］. 新华社，2020-12-21.

② 2021年可再生能源就业报告［R］. 中国电建所属水电水利规划设计总院和中国水力发电工程学会抽水蓄能行业分会，2022-06.

③ 可持续发展蓝皮书：中国可持续发展评价报告（2021）［R］. 北京：中国国际经济交流中心、美国哥伦比亚大学地球研究院、阿里研究院、飞利浦（中国）投资有限公司与社会科学文献出版社，2021-12-21.

④ 资料来源：国家能源局。

4. 为创造新的商业模式提供了契机

“双碳”目标对中国产业结构调整、优化、转型和升级都具有重要意义，有利于提高中国工业的全要素生产率，推动中国节能减排改革，创造出新的商业模式。环保行业将从单纯以投资和建设为主的末端污染治理，向以运营服务和高质量业绩达标作为考核指标的方向转变。同时，企业也将加速制定出绿色转型发展的新策略，利用数字技术和数字业务来促进商业模式的转型以及数字化商业生态的重建，从制度和技术上进行创新，以形成低碳、低成本的开发模式，并在此基础上创建绿色、低碳的投融资合作方式。

三、“双碳”目标实现的路径

实现“碳达峰”和“碳中和”的目标是必须的，而非可以选择的。“双碳”目标的实现需纵观全面实现现代化和推进高质量发展的整体战略和全局，以绿色生活、源头防治、新兴培育、产业调整以及技术创新为主线，加快推进生活生产方式的绿色转型，以促进“双碳”目标的顺利完成。

1. 加强源头预防和控制

按照“3060”目标，加快减排的进度，强化排放的源头控制，避免经济陷入高排放的泥潭。深化污染防治，坚持源头治理，切实改变思维方式，加强多种污染物的协同控制，实现区域协调发展。按照依法、精准、科学以及系统的治理方针，对高耗能、高排放项目进行严格把控，尤其是要对新、改、扩建“两高”项目的环境进行慎重把关，清理和排查要到位，全力推进“减污减排”工作，实现从“末端”到“源头”的生态环境治理方式的转变。

2. 推动产业结构的调整

要实现更大规模的整体经济脱碳，必须先对电力进行脱碳，要重视电力产业结构转型，使能源高效化和清洁化稳步进行。由于传统的燃煤发电未采用 CCUS 技术，会产生大量的二氧化碳，所以需要将其逐步淘汰，采用新型的组合技术进行发电，主要包括核能、可再生能源、碳捕集发电等。继续推进重点领域的节能减排工作，加快推进钢铁、电力、建材、有色、石油和化工等领域的节能减排工作。加快终端制造产业数字化、智能化和电气化转型，在电气化或电气化经济效益无法实现的状态下，制造业和运输领域可使用清洁、生物质能等能源。加速发展固碳等环境保护行业，对那些难以去除碳的设备和工程，利用降碳、固碳等技术，达到碳中性。重点加强对生态环境的重视程度，包括生态保护、生态农业、生态修复等，对重点生态建设工程我们要加大投入，保证工程的顺利实施，使碳汇体系能得到进一步的完善，从而提高生态系统的固碳能力和质量。

3. 加大科技创新力度

支持研究人员开发碳捕获与封存、等离子体人工光合作用、微矿分离等技术，实现负碳、零碳、低碳技术的整合。对传统工艺流程进行创新，改变传统工艺以及相关设备的运行方式，做到最大化的减排。对于新型储能技术、智能控制技术、先进用能技术以及减少化石燃料依赖的关键技术要积极开发与推广，从而进一步完善资源循环利用，达到资源利用效率的最大化。加大绿色经济技术中大数据、人工智能和区块链的应用，使重点行业的用能效率逐步提高，以推进能源发展的可持续化、清洁化和高效化。

4. 推动新兴产业的蓬勃发展

借助政府的引导和市场的推动等多种手段，我们得以实现节能减排，推动经济转型升级，实现绿色发展。加强节能减排技术创新，提高能源利用效率，推广清洁能源。构建环境保护政策体系，加强环境监测和治理。培育绿色低碳的新兴产业。建立全面推行合同能源管理的绿色产品推广机制，拓展绿色低碳产品的供应规模。加快建设全国的碳交易市场体系，促进碳交易与国际接轨。在此基础上，构建以企业为核心的碳市场，并建立适应气候变化的投资和融资机制。为了促进低碳经济的发展，我们应加快建立国家级的碳排放权交易市场，形成一个统一、公平、有序的碳交易体系，使国内碳价格与国际市场保持一致。

5. 倡导以环境保护为核心的生活方式

在全国范围内推行“碳达峰”战略，加强政策宣传、教育和引导，推动形成文明健康的生活方式和科学理性的消费理念。积极推广远程办公、无纸业等先进技术，推进行政事务集中处理，提高行政效率。推进智能大厦，智能运输系统和产品非物质化等绿色发展。积极开展小城镇建设活动，不断提高节能减排水平。大力推动居民参与城市建设管理和公共服务，全力推广节能减排的有关商品，在全社会逐渐形成一种绿色生活的风气。稳步推动垃圾分类的精细化，将垃圾分类从简单的“习惯”养成转变为“自觉”行动。

四、中国提出“双碳”目标的重大意义

为了实现中华民族的可持续发展，构建一个更加美好的人类命运共同体，我们党和国家提出了“双碳”这一重大战略目标，以对经济社会结构进行全面、深刻和系统的改革，这不仅是适应我国经济与社会发展的一项重大举措，也是一项重大的战略决定。在习近平生态文明思想的指导下，加强对我国经济社会发展的全面领导，包括思想理论、行动、技术、科技、实践、创新等方面，通过创新推动国家经济和社会的发展，尤其是绿色、低碳的发展模式，在全球更具有举足轻重的地位。

（一）“双碳”目标的提出是中国推动构建人类命运共同体的生动实践

早在1992年，中国就是《联合国气候变化框架公约》的成员。在这样的背景下，中国成立了“全国应对气候变化问题协调委员会”，并根据“可持续发展”的要求，提出了一系列“应对”措施，这些措施可以帮助我们更好地应对气候变化的挑战。它不仅可以减少极端天气事件对我们的影响，而且还可以促进我国社会和经济的发展。面对气候问题我国始终坚持“共同责任”“分割统治”“各行其是”的原则，坚决捍卫中国和其他发展中国家的利益。2007年，我国公布了《中国应对气候变化方案》，明确了到2010年的减排目标、原则、重点领域和关键技术措施，

包括重大科技专项和示范工程，提出到2010年比2005年减少20%的碳排放目标。[①] 同时，在《中国应对气候变化国家方案》中还对中国的科技发展和自主创新进行了一系列的战略部署，这为我国在应对气候变化方面的科研工作提供了强有力的支撑。

“双碳”目标既是中国推进构建人类命运共同体的使命，也是实现可持续发展的必由之路，显示了我们在应对全球气候变化方面所作的新努力、新贡献，彰显了我们坚决拥护多边主义的决心，这将给国际社会充分有效执行《巴黎协定》带来巨大的推动力量，同时也指明我们在应对气候变化方面走的是绿色、低碳的道路，从而推动全人类的发展。这体现出我国在气候问题上作为一个大国所应尽的责任，让我们的国家从一个积极的参与者，一个努力的贡献者，变成了一个重要的领导者。

（二）“双碳”目标是加快生态文明建设和实现高质量发展的重要抓手

为人民谋幸福就是指党和政府在为人民创造更多的物质财富的同时，也要为人民创造更多的精神财富，这样才能满足人民对美好生活的需要。“以人民为中心”这一理念，是中国共产党对以人为本这一概念不断深化认识的结果。通过多年来的探索和实践，在新时代全面推进经济、政治、文化、社会、生态文明“五位一体”的总体布局中，建设一个人与自然和谐共存的现代化是中国特色社会主义现代化的一个显著特征，在此基础上提出了习近平生态文明思想，并对习近平新时代中国特色社会主义的发展提出了新的要求。站在中国现代化的大背景下，习近平总书记一再强调“应对气候变化，不能靠别人，而要靠自己”[②]，这是我国可持续发展的需要。

根据工业革命以来现代化发展的经验和教训，基于人与自然之间关系的科学理解，人们逐渐意识到，随着全球气候变化的加剧，以化石能源为主要动力的高碳经济发展模式对人类的生产、生活造成了严重的影响，绿色低碳成了人类实现可持续发展的必然要求。作为世界上最大的发展中国

---

① 中国应对气候变化国家方案［EB/OL］. 发展改革委网，2007-06-04.

② 习近平主持中央政治局第二十九次集体学习并讲话［EB/OL］. 新华网，2021-05-01.

家，我国正处于工业化和现代化的重要阶段，其工业结构还过于冗沉，能源利用效率低下，这就造成了我国的污染排放和二氧化碳排放都很高，而这对我国的绿色、低碳发展及生态文明建设造成了很大的冲击，从而影响了我国的现代化进程。

2021 年 3 月中央财经委员会第九次会议召开，习近平指出，要把“碳达峰”“碳中和”作为一项全方位、深层次的经济社会体制改革，坚决做到“2030 年实现碳达峰”“2060 年实现碳中和”。这是按照习近平生态文明思想指导中国生态文明发展的新要求，也反映出了中国即将走上低碳发展道路的内在逻辑。我们要把新的发展理念牢牢地贯彻下去，正确处理好经济发展和减排、总体与局部、短期与中长期之间的关系，以经济发展的全方位绿色化为总指导方针，将能源的低碳开发作为重中之重。

“双碳”目标是我国实现经济绿色低碳转型的重要一环，其本身具有提升环境质量和促进产业发展的效应。致力降低碳排放，有利于促进经济发展的绿色升级，形成绿色环保的生产方式，实现高质量发展。着眼改善碳排放，对污染物和二氧化碳排放的耦合治理具有重要意义，不仅能够显著改善环境质量，而且在控制温室气体方面也具有显著成效。呼吁人人低碳生活，对养成绿色低碳的生活方式、减少消耗非环保产品、达到节能减污降碳的目标作用巨大。稳步加快降碳速度，促进创新在绿色技术领域的发展，推动绿色产业壮大，在新能源利用与创新转化等领域为经济发展提供新的增长优势，从而在全球提升产业和经济的综合竞争力。以发展的眼光来看，达成“双碳”目标，有利于在全球范围内缓解气候变化的不利影响，通过全球的通力合作，使人与自然回归友好相处的状态。

我国根据“3060”碳目标在实践中稳步开展工作。在《中共中央关于制定国民经济和社会发展第十四个五年规划和二〇三五年远景目标的建议》中，明确地将“碳排放达峰后稳中有降”列入中国 2035 年远景目标。我国的发展实际决定了我国当前的减碳任务颇具挑战性，各方面、各领域都需要通力合作，才能在达成目标的过程中不仅不损害我国人民的利益还能够保持自身的进步。2020 年的中央经济工作会议，明确提出应对气候变化的部署工作，这意味着气候变化的后果正逐渐得到社会的广泛关注。极端的气候变化会给人们生活的方方面面带来不利影响，需要妥善解决。新能源在调整经济发展结构、能源消费结构、产业优化结构方面发挥举足轻重的作用，对建设生态文明和保护生态环境、提升生态环境质量意义重大，在满足消费者低碳绿色消费结构和消费模式的转变、升级和优化等方面不容忽视。环境问题不仅关乎人民的切身利益，而且关系世界各族人民对美好生活的光明愿景，必须谨慎应对、不容松懈。

（三）贯彻新发展理念，推进创新驱动的绿色低碳高质量发展

中国作为一个负责任的大国，提出“双碳”目标并采取各种措施加以落实，不仅在理论思想、发展道路上进行创新，而且在行动上积极实践，以脚踏实地的姿态砥砺前行。“十四五”时期是一个关键期，我们必须在降低碳排放的同时减少污染物的排放，在经济社会完成绿色转变的过程中实现环境质量质变。

准确、全面贯彻新发展理念，探索实现“双碳”目标的路径是应有之义。为此，我们应毫不动摇地坚持绿色低碳方针，持之以恒地改善环境恶化，促进生态系统稳定向好发展，在当前生态环境背景下不断提高国家治理的效能。做到统筹兼顾，不断优化顶层设计，制度需不断发挥优势，各方需落实各自责任，根据自身实际情况因地制宜。发挥市场激励作用与政府深化能源改革、制度创新的优势，逐步推进生态优化建设有序进行。

准确、全面贯彻新发展理念，离不开创新驱动的引领作用，这是基于科技创新是实现“双碳”的必由之路的重要定位。目前，我国在绿色新能源的创新利用上取得了显著成效，在风能、水能、太阳能、光伏、锂电池的技术革新上处于世界领先水平，新能源的利用在总能源的消耗中所占的比重也在节节攀升。当前，我国在光伏制造中的产能占比最高，全球九成以上的晶圆产能来自中国；同时，在风力发电中也拥有将近半成的产能。此外，我国锂电池制造业的供应量也成绩显著，占据了全球产量的75%①。另外，利用独特的地理位置优势，我国水能也是十分重要的利用渠道。以

① 资料来源：全国能源信息平台。

上所列举的巨大成就正是我国建设成为世界上史无前例规模远超其他国家的新能源基础设施、清洁能源利用系统、新能源汽车市场的重要原因所在，同时也为世界供应清洁产品提供了有力保障。

结合当前形势可以看出，加快实现绿色能源低碳转型已经成为世界各国经济发展和综合国力提升的必争之地，所以新能源在其中所起的关键作用是不言而喻的。当前，科学技术发展创新的世界领先地位依然掌握在一些西方发达国家手中，它们在技术前端、定制化设备、材料突破等方面取得了很大的成就，并且不希望中国在新能源清洁利用领域取得更大进展和实质性突破，试图通过各种科技隔离措施进行阻挠和遏制，我们应该清醒地认识到这一严峻形势。但与此同时，我们也要保持坚定的信心，因为新中国自成立以来艰苦卓绝、矢志不渝地坚韧探索，已使我国的产业结构、技术实力、人力资本和人才优势等方面具备了坚实的基础，发展前景绝不只是盈盈之光。在当前波诡云谲的背景下，以更加开阔的心态和更加坚定的自信迎接新时代更广阔的国际交流合作、经验分享以实现共同进步。在清洁能源利用方面加快技术革新、产品升级和盈利增长新模式构建，依照以点带面、以一带多，各行业、各上下游企业之间协同共进，摒弃依赖非可再生能源的发展旧模式，建设环保低碳、智慧科学、人性化的生产新模式，助力经济、社会、生态的良性发展。党的一百多年的奋斗历程展现出了这样一个事实：具有蓬勃生命力和创新活力的新中国，在奋斗实践中所取得的制度优势、文化优势、人才优势会在创新、协调、绿色的新发展理念中完美实现“双碳”目标，以实际行动彰显负责任大国的姿态，在建设人类命运共同体的行动中取得举世瞩目的显著成效，让后代子孙拥有蓝天白云、绿水青山的美丽家园。

总之，中国提出“双碳”目标的重大意义在于以下三个方面。

（1）促进产业与经济的发展。

在“双碳”背景下，中国制造业将发生深刻变革，尤其是基础制造业，实现高增长、高质量的转型。同时，中国在新能源技术、新材料、信息通信等领域将大幅提高对新技术的研究与开发投入，这样中国就能更好地发挥其在该领域的主导作用。

（2）加快推动能源革命，实现能源转型。

随着中国经济社会的持续发展，中国的能源消耗也随之不断增长。中国的能源消耗在过去几十年里经历了几次大规模的增长，目前正在努力实现绿色发展，不断降低能源消耗和增加清洁能源的使用，改善国民生活质量，保障中国能源供应安全，使中国的能源实现绿色变革。

（3）为了促进现代化工业的发展，我们必须努力实现高质量的经济增长。

“双碳”这个目标将会促使中国制造业，特别是基础制造业向绿色高增长方向转型，进而大幅度提高对绿色新技术的研究与开发投入，而这将有利于提高中国在绿色新技术上的领导地位。

第二节 研究现状综述

一、碳排放权交易对工业企业绿色创新效率的影响研究

碳排放权交易属于一种市场激励型的环境规制手段，探究其与绿色创新之间的关系可以从环境规制对绿色创新的影响出发。周海华等（2016）通过剖析正式与非正式的环境规制对企业绿色创新的影响机制后发现，正式环境规制与非正式环境规制对企业绿色创新均具有显著的影响作用，组织知识惯性对正式与非正式的环境规制与绿色创新之间的关系均具有负向调节效果。贾卢扎等（Jaluza et al.，2019）剖析了环境规制强度和国际竞争力对发达国家和发展中国家工业企业绿色创新的影响，认为环境监管与绿色创新之间的关系会受到公司规模的正向调节影响以及国际化程度的负向调节影响。周善将等（2022）探究了人力资源管理和环境规制在企业绿色创新中的影响与作用机理，发现：环境规制与制造业企业绿色创新显著正相关；相较于惩罚性环境规制，奖励性环境规制对人力资源管理强度与企业绿色创新的正向调节作用更为显著。李平等（2023）选取 2011～2020

年 A 股上市公司的面板数据，实证检验了环境规制对企业绿色创新的影响，研究结果表明：环境规制对企业绿色创新的影响存在显著的倒“U”型趋势，并且环境规制对企业绿色创新的影响存在异质性。

现阶段，关于碳排放权交易与绿色创新关系的研究也颇为丰富。西蒙尼等（Simone et al.，2015）认为，纳入碳排放权交易的部门比未纳入碳排放权交易的部门更有可能进行绿色创新，且碳排放权交易政策的严格性与绿色创新呈负相关关系。陈中飞等（Zhongfei Chen et al.，2021）以 1990～2018 年我国各省份的上市公司为研究对象，探讨了中国碳排放权交易方案试点政策对企业绿色创新的影响，研究结果表明，“弱”波特假说在我国目前的碳交易市场上尚未实现，试点政策在抑制企业绿色创新方面具有明显的滞后效应。肖振红等（2022）认为，要想加强碳排放权政策对绿色创新效率的影响，关键在于提高地方政府效率、数字金融使用深度和地方财政分权水平，与此同时，碳排放权交易政策能通过改变能源消费结构和产业结构促进区域绿色创新效率的提升。邓海燕等（Haiyan Deng et al.，2023）采用双重差分模型考察了碳排放权交易政策的实施对企业绿色创新的影响，实证结果显示，该试点政策会促进企业的绿色创新，且与非国有企业相比，试点政策更有利于促进国有企业的绿色创新。

总之，学者们对低碳、碳排放权以及绿色创新等领域做了大量的研究，并取得了丰硕的成果，这为本书的研究提供了完备的知识基础，同时关于碳排放权交易与绿色创新的有关研究也对本书具有十分重要的借鉴意义，但是在以下三个方面还值得进一步探索。

（1）没有从系统的角度全面考察碳排放权交易对企业绿色创新效率的影响途径。由于我国的环境规制政策多以命令控制型为主、市场激励型为辅，而碳排放权交易作为一项典型的市场激励型环境规制工具，其必然会受到命令控制型环境规制的影响，但是目前很少有人将命令控制型环境规制纳入碳排放权交易与企业绿色创新效率的研究体系中以探究其所发挥的作用。与此同时，相关学者也证实了媒体压力会对企业绿色创新效率产生影响，那么媒体压力在碳排放权交易影响企业绿色创新效率的过程中会发挥什么作用呢？目前，该方面的相关研究较少。因此，本书在探究碳排放权交易对企业绿色创新效率直接影响的基础上，将命令控制型环境规制和媒体压力纳入模型体系，以系统剖析碳排放权交易对企业绿色创新效率的影响途径。

（2）没有从微观企业层面探究碳排放权交易对企业绿色创新效率的影响。一方面，前人通常采用绿色技术创新变量来衡量企业的绿色创新水平，其实，绿色创新效率相比于绿色技术创新而言更能反映出企业单位的绿色创新能力，而目前很少有关于企业绿色创新效率的相关研究。另一方面，学者们广泛探究了碳排放权交易对宏观省域绿色创新效率的影响，但是企业是绿色创新的主体，而目前，就碳排放权交易影响微观企业绿色创新效率的相关文献却较为缺乏。因此，本书将从微观企业层面出发，借助企业的绿色专利数据和研发支出数据来测度企业的绿色创新效率，进而考察碳排放权交易对企业绿色创新效率所产生的影响。

（3）没有从政府和企业两个角度有针对性地提出进一步驱动企业绿色创新效率的治理策略。碳排放权交易是政府基于低碳视阈所发布的环境政策，是政府积极作为的体现，也为企业提供了碳配额交易的场所。企业作为碳减排的微观主体，其绿色创新效率的改善有助于响应国家的低碳理念。因此，要想借助碳排放权交易进一步驱动企业的绿色创新效率，政府和企业都要付诸行动。一方面，政府要加快全国碳排放权交易市场建设，完善碳排放权交易体系，并充分发挥环境法治的作用以促进企业绿色创新的落地转化，与此同时，政府也要根据企业异质性精准施策，实行差异化的绿色创新激励措施。另一方面，企业要增强绿色创新意识，打造企业绿色创新能力培养长效机制，加强企业合作以形成绿色创新联动格局，同时，也要正确面对媒体压力，增强企业绿色创新的内生动力。

为了弥补以上不足，本书将从微观企业层面出发，首先构建双重差分模型来剖析碳排放权交易对企业绿色创新效率的直接影响，其次借助调节效应模型来探究碳排放权交易对企业绿色创新效率的作用途径，即解构命令控制型环境规制和媒体压力在碳排放权交易影响企业绿色创新效率过程中所发挥的作用。同时，本书将基于企业性质和企业规模来解析碳排放权交易对企业绿色创新效率的异质性影响。此外，本书基于实证结果还提出了几点有针对性的、科学有效的治理策略，以期进一步驱动企业的绿色创新效率，促进企业的长远发展。

二、数字普惠金融与区域经济绿色发展的相关研究

目前关于直接探讨数字普惠金融与区域经济绿色发展之间关系的文献较少，大多数文献只是探讨金融与绿色经济之间的关系，但是这些研究仍然为本书提供了借鉴思路。现通过整理相关文献将其分为金融、普惠金融及数字普惠金融对区域经济绿色发展的影响三个方面。

（一）金融影响区域经济绿色发展方面

国外相关研究方面，格林伍德等（Greenwood et al.，2007）、霍滕罗特等（Hottenrott et al.，2012）和莱文等（Laeven et al.，2015）认为，金融专业水平提高可以降低发展过程中的各项成本，包括中小企业及环保型企业的融资成本，降低技术创新的风险，从而带动企业创新，促进经济绿色发展。苏达拉詹等（Soundarrajan et al.，2016）认为，金融服务如果包含环境部分，则可以通过环境保护激励商业发展，从而促进经济绿色可持续发展。阿松古等（Asongu et al.，2021）认为，政府应该减少对金融的干预程度，这样可以更好地促进金融提供绿色投资，缓解环境压力，从而带动经济发展。

国内相关研究方面，肖翠仙（2013）认为，绿色金融可以促进产业转型升级、加快能源结构转型，并带动经济绿色发展，不过目前绿色金融发展还存在不足。王锋等（2017）、曹鸿英等（2018）和高娅（2021）采用面板固定效应和空间模型实证表明金融集聚水平的提高可以显著促进绿色经济水平，但是其影响存在区域异质性。张建鹏等（2021）认为，金融发展在提高区域环境收益时并不会降低其经济收益，因此，应提高金融部门资金配置和开展绿色金融业务的能力，充分发挥金融的绿色特性，促进经济绿色转型。

（二）普惠金融影响区域经济绿色发展方面

国外相关研究方面，金融的普惠性对区域经济绿色发展的影响也是众多学者研究的重点。帕万等（Pawan et al.，2012）、乌米等（Wumi et al.，2014）和特里帕蒂等（Tripathi et al.，2017）认为，金融对于一些新兴和发展中的经济体的经济发展来说至关重要，而促进经济增长的关键不在于哪个部门提供资金，而在于金融服务具有包容性。刘震等（Zhen Liu et al.，2022）探究了中国的普惠金融与绿色经济之间的关系，实证表明增加普惠金融服务水平可能有助于提高绿色经济能力，这主要是通过收紧对碳排放企业的信贷限制来实现的。

国内相关研究方面，罗炜琳等（2018）选取中国2005～2015年中国30个省份的数据，采用DEA模型和Tobit模型研究普惠金融发展水平对绿色经济效率的影响，发现普惠金融发展有助于提高绿色经济效率且存在区域异质性。朱东波等（2018）认为，中国金融的包容性增长有助于减少碳排放，促进低碳经济发展，并且这种影响存在空间异质性。卢丁全（2022）认为，绿色金融和普惠金融的融合发展是金融发展的重要方向，可以作为推动经济绿色发展的金融工具。

（三）数字普惠金融影响区域经济绿色发展方面

国外相关研究方面，随着数字化进程的加快，普惠金融也应势发展成为数字普惠金融。王静等（Jing Wang et al.，2018）认为，中国通过数字普惠金融可以将互联网企业、中小企业、小散户等新型主体纳入金融体系，认为其可以缓解融资约束，促进经济发展。哈桑等（Hasan et al.，2020）主要探讨数字金融服务在促进中国普惠金融方面的贡献。实证表明数字金融服务显著促进了普惠金融的发展和转型升级，更好地实现了其对经济发展的促进作用。阿卜杜勒等（Abdul et al.，2021）认为，信息化技术的发展可以通过减少温室气体排放来提升环境质量，促进经济绿色发展。李广勤等（Guangqin Li et al.，2021）基于2011～2018年城市面板数据和数字普惠金融指数，采取门槛模型、工具变量模型等实证表明数字普惠金融与绿色发展之间存在显著的正“U”型非线性关系。

国内相关研究方面，王艳（2021）通过定性分析法认为数字普惠金融可以降低金融服务门槛、金融服务成本和扩大金融服务覆盖群体从而推动绿色经济发展。徐嘉钰（2022）、王霞等（2022）和汪莹莹（2023）均以绿色全要素生产率来衡量绿色经济，通过使用面板回归模型，实证表明数字普惠金融现阶段均可以促进经济实现绿色发展。

总之，众多学者已对数字普惠金融与区域经济绿色发展之间的关系做了一定的研究，也形成了一定的研究体系，这为本书的研究提供了相对完备的理论基础，对本书的研究有着重要的借鉴意义，但是在以下方面仍然需要进一步探索。

（1）缺乏对数字普惠金融影响区域经济绿色发展进行空间层面的探讨。由于数字普惠金融属于近些年来金融发展的重要形式，众多学者也是对其影响做出了大量丰富的研究，但是这些研究主要局限于缓解贫困、缩小贫富差距和缓解企业融资约束等，较少有学者研究其对区域经济绿色发展的影响，并且有也只是停留在简单的线性回归上，由于数字普惠金融具有普惠的特性，考虑其空间性是十分有必要的，因此关于数字普惠金融影响区域经济绿色发展的空间性是值得进一步探讨和研究的。

（2）缺乏从政府角度来探究数字普惠金融对区域经济绿色发展的影响。数字普惠金融区别于传统金融，它属于政府重点关注的金融发展形式，研究也表明各地政府越来越重视数字普惠金融的发展及其影响，但是较少有学者关注在数字普惠金融发挥作用的过程中政府所起到的作用，是一直促进还是抑制？抑或具有门槛效应？探究政府所起到的作用可以更有效地发挥政府对金融资源的合理配置，促使数字普惠金融稳健发展。因此，政府在此过程中的作用值得进一步探究。

（3）缺乏系统、全面地从数字普惠金融发展角度和政策角度提出数字普惠金融促进区域经济绿色发展的相关策略。随着普惠金融进入我国，再加上数字化技术的优势，已经在很大程度上缓解了我国诸多社会问题，越来越多学者开始对数字普惠金融的影响进行研究并且提出相关意见和策略，但是这些意见和策略很多缺乏针对性且过于空洞，有些政策意见甚至脱离实证结论。本身针对数字普惠金融对区域经济绿色发展的研究就较少，特别是从空间性、政府角度等提出全面系统的意见建议更是匮乏。因此，针对意见策略方面的研究有待进一步深化。

基于此，为了弥补以上不足，本书从系统的角度研究了数字普惠金融对区域经济绿色发展的作用机制，构建了更为科学合理的区域经济绿色发展水平测度模型，并在此基础上建立了空间计量模型和门槛模型来探究数字普惠金融对区域经济绿色发展的影响，基于实证结果提出了一些有针对性的、更为科学合理的意见策略，从而更好地实现数字普惠金融对区域经济绿色发展的促进作用，实现经济的可持续性和高质量发展。

三、产业结构升级、绿色技术创新与能源消耗的相关研究

（一）技术创新与能源消耗的相关研究

在技术创新对能源消耗的影响方面，学者们见解不一。多数学者发现技术创新能够节约能源、减轻环境污染。辛顿等（Sinton et al.，1994）基于中国工业部门的能源消耗及产值数据，以 Laspeyres 指数法作为工具对其进行分解，发现技术变革是中国能源消耗减少的主要原因。费希尔－范登等（Fisher－Vanden et al.，2006）基于微观视角，得出了提高研发（R&D）支出能够显著降低能耗的结论，并且还探究了国内自有技术与国外进口技术两种不同类型的技术研发对能源消耗的影响。冯烽（2015）将技术进步区分为“软”与“硬”两个方面，并指出“软”的技术进步能够提高能源利用效率，但“硬”的技术进步在提升能效方面的作用尚不显著。钱娟等（2018）基于中国工业行业面板数据研究发现，技术进步能够显著降低能源消耗强度，此外在表征技术进步的三种路径中，科技创新的节能效果最优。侯贵生等（2021）基于 PVAR 模型也证明了技术创新具有显著的节能效果，且相对于非产业聚集区，产业聚集区内技术创新的节能效果更强。陈茂志等（Maozhi Chen et al.，2021）探究了工业 4.0 的背景下，中东和北非国家技术创新对能源效率的影响，其研究表明技术创新对能源效

率有显著的积极影响，并根据该研究结果为中东和北非国家设计了一个可持续发展的目标框架。王巧等（2022）以我国长三角地区作为研究对象，得出了虽然短期内技术创新会增加能耗，但从长期来看技术创新会对能源消耗产生抑制效果的结论。

但也有学者认为技术创新会加剧能耗，学者布鲁克斯就是其中的典型代表。布鲁克斯（Brookes，1992）提出的能源回弹效应指出技术进步虽然具有良好的节能效果，可进一步推动经济发展，但经济发展又会对能源产生新的需求，从而刺激能源消耗的增加。林伯强等（Boqiang Lin et al.，2012）以中国为研究对象，采用 LMDI 指数对能源回弹效应进行进一步检验，发现技术进步引致的能源回弹效应曾达到 53.2%，所以其认为仅依赖技术进步不能完成节能任务。冯烽（2012）基于技术溢出的空间视角，也指出技术进步引致的能源回弹效应在我国显著存在且呈现区域异质性，中西部地区表现出较高的回弹效应。谢里等（2021）通过对节电技术创新与能源消耗的关系进行实证分析，也证明了我国确实存在杰文斯悖论的现象，即节电专利的增加反而会刺激能耗上升。许光清等（2022）以整体经济与工业两个层面为切入点，指出在 2005～2019 年技术进步引致的能源回弹效应一直存在，但就整体经济层面而言，其引发的能源回弹效应处于波动下降的态势。

（二）产业结构与能源消耗的相关研究

关于产业结构与能源消耗的关系，多内拉（Donella，1992）最早指出经济结构是影响能耗的重要因素。随后史丹等（2003）的研究也证明了这一点，但其也指出对于不同能源品种，经济结构的作用方向和影响效果存在差异。之后学术界基于不同国家和地区对产业结构与能源消耗的关系进行实证研究，根据作用效果的不同可将相关研究划分为三类。

第一类为抑制作用。如关阳等（Yang Guan et al.，2011）以我国广东省作为研究对象，指出产业结构的波动是导致能源消耗波动的主要因素，并指出第二产业在降低能源消耗强度方面发挥了正向的作用；纳拉亚南等（Narayanan et al.，2014）将印度作为研究对象，得出了产业结构变化是降低该国能耗的重要途径的结论；艾哈迈德等（Ahmed et al.，2014）基于巴基斯坦农业部门的相关数据，以 LMDI 和 SVAR 模型作为工具对其能耗强度进行分解，并得出了经济结构调整确实可以带来“结构红利”的研究结论；栾炳江等（Bingjiang Luan et al.，2020）的研究结果表明，中国的产业结构优化每增加 1%，能源强度则下降 0.02%，因此产业结构优化可作为降低能耗的有效措施。

第二类为促进作用。王玉潜（2003）指出，改革开放既释放了需求，又提供了满足需求的条件，因此在 1987～1997 年我国产业结构变动反而会提高能源消耗强度。刘立涛等（2010）认为，目前中国依旧处于工业化中期，现阶段我国第三产业发展模式较为粗放，导致产业结构调整尚未发挥出节能优势。吴琦等（2010）研究发现第三产业在国民经济中的占比越高反而越不利于能源效率的提升，因此其认为要想提高能效，不仅要提高第三产业占比，还要降低高能耗产业的比重。刘赢时等（2019）通过构建能源效率收敛性模型也得出了产业结构的变动会抑制能源效率提升的结论，因此其认为“退二进三”的产业结构调整虽然是大势所趋，但部分地区的经济发展仍依赖重工业，因此产业结构调整尚不能提升能效。

第三类为非线性作用。于斌斌（2017）基于中国城市面板数据的研究表明，能源效率随着经济结构调整呈现出“M”型的变化态势。陈菡彬等（2019）认为，产业结构高级化位于适度区间才可以有效降低能耗，过度执着于产业结构高级化的希冀反而会削弱其对能耗的抑制作用。张志强等（2021）运用在模型中添加二次项的方法进行研究，其结果表明产业结构升级与能源消耗强度的关系存在拐点，在拐点之前第三产业比例的提升会拉动经济社会低能耗发展，当跨越拐点后，经济形态向高级化演变又会加剧能耗。但付子昊等（2022）的研究结论与其恰好相反，其指出产业结构位于初期阶段时会导致能耗增加，但随着产业结构调整、转型，跨越拐点后，则可有效降低能耗。

总之，国内外学者对产业结构升级、绿色技术创新、能源消耗三个方面进行了较为丰富的研究，取得了一定的成果，对推动我国绿色发展、实现我国能源“双控”目标提供了有益参考，也为本书的撰写奠定了一定的基础。但是通过对文献进行总结，笔者发现仍有一些问题值得进一步探讨，主要表现在以下三个方面。

（1）鲜有文献探究产业结构升级、能源消耗与“绿色”技术创新的关系。目前相关文献主要聚焦在产业结构与技术创新的关系研究、能源消耗与技术创新的关系研究上，但相对于技术创新，绿色技术创新更加强调经济与生态的协同效益，因此探讨产业结构升级、能源消耗与绿色技术创新之间的关系，对于驱动我国绿色发展、实现生态环境改善与经济增长更具有现实意义。

（2）现有研究忽略了“产业结构升级—绿色技术创新—能源消耗”三者之间的相关性。目前学术界普遍认为产业结构升级对能源消耗存在显著影响，但对于其通过何种传导路径对能源消耗施加影响尚未进行深入分析并得出一致性明确答案，这为本书的探讨留下了空间。绿色技术创新作为加快我国推进生态文明建设的重要动力，可以推动我国的绿色发展进程，因此能否将其作为桥梁将产业结构升级与能源消耗链接起来，成为两者影响的传导途径？本书将基于中介效应模型进一步对绿色技术创新在产业结构升级与能源消耗中的作用进行探讨。

（3）现有研究忽视了在绿色技术创新约束下，产业结构升级与能源消耗之间是否存在非线性特征。目前部分文献仅关注了产业结构与能源消耗之间存在非线性影响，指出了经济结构形态的变化会使能耗水平呈现不同的特征。但绿色技术创新作为能源消耗的重要因素，尚未有研究关注不同绿色技术创新水平下，产业结构升级对能源消耗的作用方向与作用强度是否会发生变化。

基于此，为弥补现有研究存在的不足，本书将产业结构升级、绿色技术创新与能源消耗链接起来放置于一个统一的分析框架中予以研究。本书引入绿色技术创新，并将其设定为中介变量加入中介效应模型中，从而揭开产业结构升级抑制能耗作用机制的黑箱。此外，将绿色技术创新视为门槛变量构建门槛效应模型，探讨产业结构升级与能源消耗之间是否存在绿色技术创新门槛效应。最后基于研究结果，提出如何以产业结构升级、绿色技术创新作为驱动力实现我国能源革命、提升环境绩效的策略。

四、数字经济、产业结构升级对区域碳减排的影响研究

（一）数字经济与碳排放关系研究现状

国外关于数字经济与碳排放的关系问题研究较早，主要集中数字经济对碳排放的基本影响研究。在这一类研究中，学者多从能源角度出发研究数字经济对能耗的影响，进而引起碳排放的增加问题。学者普遍认为数字经济对碳排放是一种非线性关系，随着数字经济的发展，会先正向促进碳排放，后负向抑制碳排放。如皮卡韦特等（Pickavet et al.，2008）从能源和电力消耗角度，研究了信息技术对环境的影响并对未来的演变趋势进行预测，认为早期的基础设施建设会消耗大量的能源，但随着数字技术的进一步发展，这种影响会变成负向的。费斯克等（Fehske et al.，2011）从数字通信的角度出发，认为数据传输和移动通信是二氧化碳排放的主要贡献者，随着数据传输和移动通信量的增加，二氧化碳的排放量也将增加。萨拉赫丁等（Salahuddin et al.，2015）在分析互联网和经济增长对电力消费的影响时发现，现阶段互联网和经济增长对电力消费的影响是长期单向的，需要推广碳捕获和可再生能源的使用以降低碳排放。克亚尔（Kjaer，2018）、乌斯曼等（Usman et al.，2021）认为，数字经济是以信息技术为核心的经济形式，能够为环境的智能化管理提供技术支持，进而有利于环境保护。哈斯等（Hassed et al.，2019）认为，数字技术对二氧化碳排放有着显著的不利影响，即数字经济的发展可以对环境质量作出积极贡献，同时也表示电力消费、全球化和金融发展对碳排放也有显著的积极影响。

国内关于数字经济与碳排放的关系研究相对较晚，但我国学者也对此进行了大量的研究，研究多侧重于数字经济对碳排放的影响路径。王奉安（2010）指出，将数字技术和生态化理念融合可以大大提高城市的碳减排效率，这将是未来低碳城市建设的关键。徐建华（2019）认为，数字信息服务对环境的影响是负向的，主要通过大气污染、电磁污染和重金属污染对环境造成影响，这不利于环境的可持续发展，需要积极改进数字技术，

以减少数字信息服务对环境的不利影响。邬彩霞等（2020）则认为，数字经济主要通过能源和资源两个渠道带动区域低碳行业的发展，并发现数字经济有利于提升能源利用率和资源利用率，但由于区域数字经济发展阶段和潜力不同，我国数字经济对碳减排事业的影响存在一定的区域异质性。贺茂斌（2021）和姚凤阁（2021）等则从数字金融角度研究数字经济对碳排放的影响，认为数字金融可以通过区域创新水平和创业水平提高全要素生产率，进而有效降低区域第三产业的碳排放。谢云飞（2022）则通过对中国省级数字经济的发展与碳减排的关系进行研究，发现“数字产业化”的碳减排效应更为显著，并认为能源结构的改善是数字经济促进碳强度下降的主要因素。

（二）产业结构升级与碳减排关系研究现状

国外学者针对产业结构升级与碳减排的关系研究大多集中在两者之间的基本关系判定上。渡边（Watanabe，1999）通过分析日本经济增长和碳排放水平的关系发现，能源结构的提升和产业结构的优化能够提高能源使用效率，进而降低二氧化碳排放水平。费希尔 – 范登等（Fisher – Vanden et al.，2006）对中国的工业产业能源生产率进行了分析，发现产业结构的变化是影响能源使用量的主要因素，产业结构升级可以降低碳排放。切比（Chebbi，2010）探究了突尼斯三大产业的二氧化碳排放和经济增长的关系，发现三大产业的二氧化碳排放和经济增长的关联性不强。因此，判断产业结构的改变可以通过经济发展渠道影响碳排放。郑等（Jeong et al.，2013）分析了韩国工业制造业的温室气体排放问题，通过检验工业活动、工业活动组合效应、能源强度和能源组合效应对二氧化碳排放效应的影响，发现工业活动组合效应和能源强度在二氧化碳排放中扮演着重要的角色，其中工业活动组合效应大于能源强度效应。帕纳约托（Panayotou，2016）认为，产业结构能够影响碳排放的主要原因在于，产业结构的变化会对国民收入产生影响，影响居民的消费水平，进而改变区域的碳排放水平。同时，拉乌夫等（Rauf et al.，2018）则对 1968 ~ 2016 年中国的三大产业、能源消费和贸易开放的碳排放进行了研究，认为短期内工业、农业和服务业的发展依旧会导致二氧化碳排放量的增加，需要政府制定相应的法律法规对相应的产业部门征收碳税，来遏制碳排放量的增加。拉扎克等（Razzaq et al.，2021）认为，产业结构的变动会影响碳排放，而绿色技术在经济和产业中的应用可以有效减少碳排放量。穆罕默德等（Muhammad et al.，2022）通过对比发达国家和发展中国家三大产业部门产业结构、能源强度和环境效率之间的非线性关系，认为发展中国家三大产业的发展都会造成碳排放量的增加，其中第二产业的负面影响明显高于第一产业和第三产业，只有发达国家的第二产业和碳排放之间存在非线性“U”型曲线关系。

国内关于产业结构升级与碳排放关系的研究主要集中在产业结构升级是否显著影响碳排放，以及产业结构升级影响碳排放的传导机制是什么。部分学者认为产业结构升级能够显著影响碳排放，如谭飞燕等（2011）、郑长德等（2011）、李健等（2012）认为，第二产业是碳排放的主要产业，因此产业结构升级能够有效减少碳排放。王文举等（2014）利用投入产出模型，综合分析了产业结构调整对我国碳强度目标实现的贡献，认为产业结构调整能够为碳减排提供60%的贡献。孙攀等（2018）从产业结构高级化和产业结构合理化两个角度出发衡量其与碳排放的关系，认为产业结构高级化和产业结构合理化均会对碳减排起到积极的影响。王淑英等（2021）基于空间视角分析了产业结构和碳生产率的外溢效应，发现产业结构高级化和产业结构合理化也会对相邻地区的碳生产率产生影响，但产业结构高级化的溢出效应会正向促进碳生产率，产业结构合理化会抑制碳生产率。赵玉焕等（2022）则认为，产业结构升级可以通过能源消耗路径和技术创新路径影响区域碳排放，但在不同地区两者发挥的主导作用存在差异。

总之，学者们对数字经济、产业结构升级、碳减排等领域进行了大量的研究，并取得了丰硕的成果，这为本书的研究提供了丰富的理论基础。同时，关于数字经济与碳减排的有关研究也为本书提供了重要的借鉴。然而，在以下几个方面还需要进一步的探索。

（1）没有从数字经济特征角度提出数字经济的测算方法。目前国内外学者对于数字经济发展水平的测算主要有两种测量方法，即直接测算法和对比分析法。直接测算法是在界定数字经济范围的基础上，对其在各个领域上的贡献进行汇总，进而得出数字经济的规模和体量，但是该方法只能算出数字经济的经济贡献水平的高低，解释数字经济本身存在一定的不足和缺陷；对比分析法则是将数字经济分解成多个指标，从多个指标中找出各指标相应贡献占比，并以此为基础测算出数字经济总指标，但指标选取往往较为散乱，无法解释和说明区域数字经济发展差异性的原因。因此，如何在构建数字经济测量指标的同时兼顾数字经济特征，并便于区域间分析对比，需要进一步深入研究。

（2）没有从产业结构升级角度出发对数字经济影响区域碳减排的机制进行研究。前人对数字经济、产业结构升级、碳减排等领域都进行了丰富的研究，但很少有研究将三者结合在一起，对数字经济联结产业结构升级影响区域碳减排进行全面深入的研究。虽然也有不少学者探究了数字经济对碳排放的影响，并对其传导机制进行了一定的分析和论证，但提及产业结构升级这一机制较少，而且很多研究是从产业结构合理化和高级化的指标出发，不足以反映数字经济对产业结构的作用现状。同时，关于如何设计合理的机制来解读数字经济对产业结构升级的影响，并对产业结构升级的内涵进行解读，也鲜有学者进行研究。

（3）没有系统、全面、有针对性地从数字经济发展特征和影响区域碳减排的机制视角出发提出治理策略。数字经济发展存在区域差异性，但直接提出数字经济的发展策略是没有依据的，缺乏严谨性。虽然也有学者从技术层面、能源消费层面、产业数字化层面等视角出发进行了相应的研究，通过实证分析检验其影响机理，并提出相应的以数字经济驱动区域碳减排的治理策略，但综合考虑数字经济发展特征、区域发展差异性、产业结构升级传导机制和实证模型提出来的建议相对较少。因此，需要针对不同区域的数字经济发展特征，并结合区域产业结构升级现状以及碳减排现状进行深度研究。

基于此，为了弥补上述不足，本书从数字经济的基本特征出发，构建数字经济评价指标体系，并根据数字经济影响产业结构升级的机理，兼顾产业结构高级化以及产业革新，对产业结构升级概念进行明确和定义。在此基础上，通过中介效应模型和空间联立方程模型实证检验数字经济对碳减排的直接、间接影响机制和空间交互溢出效应。最后，基于实证结果提出具有针对性的策略和建议，以丰富数字经济影响碳减排的相关理论。

五、绿色金融与绿色技术创新对区域碳减排的空间效应影响研究

（一）绿色金融的功能研究

金融的主要作用就是推进经济的发展，而绿色金融作为金融业与环境保护两个体系的融合，在经济发展、生态保护、资源分配、产业升级等方面都发挥了重要作用。绿色金融作用的主体可以从微观、中观、宏观三个方面进行划分。微观层面包括企业、金融机构的绿色金融功能情况，中观层面包括省市、区域的绿色金融功能情况，宏观层面则是国家、社会的绿色金融发展情况。

学者们从微观角度对绿色金融的相关内容进行了探讨研究，汤普森-考顿（Thompson-Cowton，2004）指出，银行需要先对企业的环境信息进行审核才能将企业环境风险加入日常服务项目中，并根据对风险的承受能力选择是否对企业提供服务。何建奎等（2006）指出，绿色金融作为当前金融重要的发展趋势，是金融机构发展的必然要求，对实现经济、社会和环境协调发展非常重要，但是国内相关方面的研究比较落后。万志宏（2016）指出，绿色债券市场通过提供资金支持能够有效帮助可持续发展项目，中国应当鼓励绿色投资，监管部门应当制定明确的监管规则，鼓励商业银行发行绿色债券。王恩贤等（Enxian Wang et al.，2019）表明，绿色金融对污染企业的投资具有抑制作用，通过对产业投资产生作用来调整产业结构。崔和瑞（Herui Cui et al.，2020）研究了市场参与个体对绿色金融市场变化和发展的影响，指出要加强政府监督，降低企业绿色金融生产成本。

学者们从中观角度对绿色金融的相关内容进行了探讨研究。范和生等

(2016) 指出，要开拓人与自然和谐共生的绿色发展新格局，实现经济与生态和谐发展，就要坚持绿色金融为杠杆、科技创新为内驱、顶层制度设计为根本保障。田美玉等（2023）以我国省级数据面板为研究对象，研究生态城镇化与绿色金融发展综合水平的时空发展关系，研究指出我国生态城镇化发展呈现稳步上升趋势，但是绿色金融水平的发展却在波动中上升。

学者们从宏观角度对绿色金融的相关内容进行了探讨研究。任辉(2008) 指出，在中国要实现金融的可持续发展，必须正确处理金融业、环境保护与可持续发展的关系，从强化绿色信贷机制、培育绿色金融文化等方面构建可持续金融体系。张兵等（Bing Zhang et al.，2011）从绿色信贷的实施方面指出，中国主要利用降低贷款利率等支持环保企业的方式推动创新活动、减少环境污染。张生玲等（Shengling Zhang et al.，2021）从宏微观角度分析了绿色信贷对高排放量企业投融资行为的政策效应，指出该项政策会激励短期的融资行为，但长期内会抑制企业投资行为。此外，许多学者还将绿色金融与经济发展联系起来，如李等（Li et al.，2022）基于中国绿色经济增长、绿色金融和绿色能源之间的关系进行了研究，认为绿色经济增长、金融、能源之间存在正相关关系，并表明绿色经济增长对绿色金融的影响是对称且一致的。伊尔凡等（Irfan et al.，2022）探究了绿色金融对绿色创新和可持续经济转型的推动作用，检验了绿色金融对绿色创新的影响机制和政策干预效果。

（二）绿色技术创新的相关研究

近年来，绿色技术创新对各个行业产生的影响成为国内外学者们研究的热点和重点。学者们基于企业视角、地域视角研究了绿色技术创新对工业、制造业以及物流业等行业的影响。学者们关于绿色技术创新发展的影响因素以及在发展过程中对工业企业的影响效果的研究如下：陈劲(1999) 对相关案例进行分析，指出政府在国家绿色技术创新系统中起重要作用，我国中小企业的技术能力普遍较为低下，政府应当制定优惠政策鼓励企业绿色技术创新。吕燕等（1994）指出，工业化造成的环境污染严重影响着人类环境，以绿色技术创新为龙头的绿色革命迫使企业开始追求绿色能源、绿色工艺或清洁能源、绿色产品等绿色技术的提升，绿色技术创新的出现给企业带来了新的机遇和挑战。张晓红和王宇璐（Xiaohong Zhang & Yulu Wang，2013）探究了绿色技术创新对高碳企业绿色发展的影响机制，研究指出绿色资源与绿色企业特定利益之间的关系部分由环境绿色技术创新介导。徐建中和王曼曼（2018）从行业环境规制视角构建绿色技术创新对能源强度的非线性门槛模型，探究环境规制的时序变化，研究表明环境规制强度的增加会促进绿色技术创新降低能源强度。汪明月等（2019）指出，企业绿色技术创新具有进度紧迫性、社会实用性等特征，表明借助市场机制能够优化企业绿色技术创新要素的配置效率。杨菲等（2022）利用中国重污染行业上市公司的面板数据探究了低碳试点政策的绿色技术创新效应，表明低碳试点政策对企业绿色技术创新具有促进作用。李正辉等（Zhenghui Li et al.，2023）以重污染行业上市公司为研究样本，探究了新媒体环境规制对企业绿色技术创新的影响机制，表明新媒体环境可以激励重度污染企业提高绿色技术创新水平，环境规制可以通过倒推和补偿效应促进企业绿色技术创新。

除此之外，还有部分学者对绿色技术创新与制造业、物流业等行业之间的关系进行探究。颜青等（2018）基于节能减排视角探讨了绿色技术创新对制造业高质量发展的影响及作用路径，结果显示绿色技术创新对制造业高质量发展产生积极的正向促进作用。杨国忠和席雨婷（2019）探讨了制造业企业融资约束与绿色技术创新之间的关系，指出绿色技术创新存在一定程度的融资约束。朱芳阳和赖靓荣（2021）分区域分析了产业结构升级、技术创新和绿色物流之间的动态关系，指出东中部地区产业结构升级协同发展对绿色物流的发展有促进作用，西部地区的促进作用较弱。杨博和王征兵（2023）探讨了绿色技术创新对生鲜农产品绿色物流效率的影响及产业集聚在其中的调节效应，指出绿色技术创新与生鲜农产品绿色物流效率呈“U”型非线性关系。

总之，通过前文对国内外相关文献的梳理，可以看出学者们关于绿色金融、绿色技术创新和碳排放的相关研究已经十分丰富，形成了一定的理论体系，这为本书的研究提供了完备的理论基础和方法指导。综观国内外学者的研究现状，现有的研究存在以下不足。

（1）国内外学者对绿色金融、绿色技术创新、碳排放单独研究得较多，但很少有学者将三个元素置于一个体系内进行研究。尽管国内外对绿色金融、绿色技术创新或碳减排单方面研究的广度和深度都在不断扩大，但是对三者之间的相互关系和相互作用的研究较少。很少有研究从大数据出发验证三者的关系，实践研究不足，关联性研究缺乏。总之，关于绿色金融与绿色技术创新的研究理论与方法比较丰富，但是从二者协同发展的角度研究碳减排的文献较少，所以本书将绿色金融、绿色技术创新与碳减排相结合，对三者之间的相互促进作用进行了研究。

（2）虽然有少数学者分别对绿色金融、绿色技术创新与碳减排关系展开了研究，但理论与方法存在逻辑不一致的问题，研究内容也较片面。多数学者对其关系只进行了定性或定量的研究，并没有从定性定量相结合的角度出发。所以将绿色金融、绿色技术创新和碳排放联系起来，定性和定量分析相结合探讨三者之间的相互作用和相互影响是当前需要研究的问题。

（3）现有研究大多是从时间序列等截面数据研究绿色金融和绿色技术创新。但是二者在地域上也具有空间关系，存在着溢出效应。绿色活动对本区域和邻近区域的辐射作用也值得深入研究。因此，本书在分析绿色金融与绿色技术创新时间维度的变化趋势后，利用空间计量模型研究二者在空间维度上对碳排放的影响作用，使结论更加准确。

基于此，本书从时间和空间双重角度，将绿色金融、绿色技术创新和碳排放放置在同一个研究体系内，通过构建空间计量模型探究绿色金融、绿色技术创新对碳减排的空间溢出效应，并划分区域探究空间分解影响效应的异质性，根据实证研究结果，提出发展绿色金融、提升绿色技术创新水平、减少碳排放的对策建议。

第三节　相关理论基础

近年来，随着环境污染的不断加剧，碳排放问题引起了许多国家和机构的关注。与此同时，随着数字经济的快速发展，数字经济逐渐进入人们的视野，为抑制二氧化碳排放总量的增长提供了新的可能。然而，由于数字经济是继农业和工业经济后的新兴经济形态，具体的发展规模并不容易被准确衡量，但可以确定的是，未来数字经济的持续发展将有利于环境保护。从当前已有的统计数据来看，我国数字经济仍处于高速成长阶段，数字经济的优势并没有得到充分地发挥。基于此，本章初步梳理了数字经济理论、产业结构升级理论和碳排放理论，为研究低碳视阈下多维度因素对区域碳减排的影响奠定了理论基础。

一、碳排放理论

（一）碳排放的概念界定和测度

碳排放是指自然或者人类活动所产生的温室气体排放到大气中，这些温室气体通过吸收太阳红外线辐射，阻挡热量散失，使地球表面热量得以保持，从而导致全球气温升高，出现温室效应。《京都协定书》中指出温室气体的主要核算指标包括二氧化碳、甲烷、氧化亚氮、氢氟碳化物等六种。其中二氧化碳排放量是碳排放量的主要组成部分，占温室气体排放总量的70%以上，二氧化碳的增温贡献率更是达到55%，因此降低二氧化碳排放量是缓解温室效应的关键。[①] 据统计，世界经济发展过程中能源、农业、工业生产活动，土地利用变化和废弃物处理是温室气体产生的主要来源，煤炭、焦炭、石油等化石能源在燃烧过程中产生的二氧化碳排放量超过其他生产活动的总和，且呈现不断增长的趋势。因此，各国在进行全球温室气体治理中应将减少能耗作为减排的首要举措。

对于碳排放的测度，由于碳气体形态的原因，导致其在排入大气中后无法有效测量和捕捉，且生产环节的复杂性也导致碳排放的记录和监管难以做到全面有效。由此可见，对于当前各产业部门而言，如何准确核算碳

① 资料来源：《京都协议书》。

排放量是亟须解决的问题之一，同时也是制定碳减排政策、量化碳排放责任的重要依据。综上所述，在核算各环节碳排放量时，引入合理高效的核算方式显得尤为重要。当前官方针对二氧化碳的排放量没有进行全面系统的统计，现阶段主要是通过能源消耗量来进行大致估算。目前，对二氧化碳的测算方式包括两种：一种是自下而上审核计算二氧化碳排放量。该方法是收集和汇总相关企业项目实施或者产品生产所带来的二氧化碳实际排放量，是一种从市场向政府转移的测算行为。另一种是自上而下地核算二氧化碳排放量。目前国际通用的是，根据政府间气候变化专门委员会制定的《IPCC 国家温室气体指南》，通过层层分类二氧化碳的主要来源主体，计算二氧化碳排放量，简称 IPCC 法（曾贤刚和庞含霜，2009）。基于普适性和数据可得性，本书采取 IPCC 方法测算碳排放。

（二）低碳经济理论

低碳经济是 2003 年所提出的概念，是从经济可持续发展的角度提出的一种新的经济发展模式，要求在经济发展和生活水平不断提高的背景下，减少对环境的破坏和资源的消耗（许广月，2017）。从狭义上看，低碳经济是用更低的碳排放来进行经济的发展，实现一种绿色、环保、可持续的经济发展模式，而从广义上看，碳不仅代指二氧化碳，还包括如甲烷、全氟碳化合物等，低碳经济的发展主要包括以下三个部分。

1. 低碳能源

低碳能源的实现不仅需要能源消耗的降低，还需要提高能源的利用效率，减少能源的浪费。如今构建低碳能源系统，不仅需要不断减少化石燃料的使用、开发清洁能源、加大再生能源在能源消费中的比重，也需要立足长远注重能源技术的研发和使用、提高能源的利用效率，进而减少因能源消费而产生的碳排放，延缓全球气候变暖的速度。

2. 低碳技术

低碳能源的升级和完善需要低碳技术的发展和应用，低碳技术主要分为三种类型：（1）减碳技术，减碳技术是在一些能耗较高且碳排放量大的产业中使用的技术，以实现碳排放量的减少，如煤炭和石油的清洁使用；

(2) 无碳技术，无碳技术是指清洁能源的开发和使用，从源头处减少碳排放量，如风能发电、太阳能发电等；(3) 去碳技术，去碳技术是指通过一定的技术将碳收集并储存，让其无法释放到外界环境中，如二氧化碳的捕获与埋存。这三种技术的使用可以有效减少碳排放，形成低碳的发展模式。

3. 低碳产业

碳排放的主要产业是第二产业，其中火电、建筑是二氧化碳排放的主要行业，为了降低碳排放总量，需要完善产业链，形成一个低碳的产业体系，这样可以从产业链的上游到产业链的下游，全方位多角度发力，如资源回收利用、去产能、火电减排等，从产业层面促进低碳经济的发展。

总之，低碳经济不仅是应对当前日益严峻环境问题的需要，也是一个国家经济发展和产业转型的本质要求，加快产业更迭，淘汰落后、高能耗、高污染行业，扶持创新、绿色、高技术行业，充分挖掘产业潜力，提高产业竞争力，促进我国经济的长期高质量发展。

（三）环境库兹涅茨理论

环境库兹涅茨理论最早由格罗斯曼和克鲁格（Grossman & Krueger, 1995）提出，用于反映经济增长与环境污染的关系，该理论认为经济发展与环境污染存在一种非线性的关系，即在经济发展初期，会以环境污染为主，而当经济发展到一定阶段，经济发展反过来又可以促进环境保护（李巧华等，2015）。后来，这一理论得到了学者们的验证和拓展，国内学者也通过实证分析，验证了该理论在中国的适用性。不过，鉴于各个国家和地区的经济发展水平存在差异，经济发展特征也存在诸多不同，因此在环境库兹涅茨曲线的拐点上也具有较大的差异。同时，由于经济的发展必然会伴随着产业结构的变动，在产业结构升级的过程中也与环境污染存在一种非线性的关系。因此，环境库兹涅茨理论对研究产业结构升级与碳排放的关系具有重要的借鉴意义（见图 1.1）。

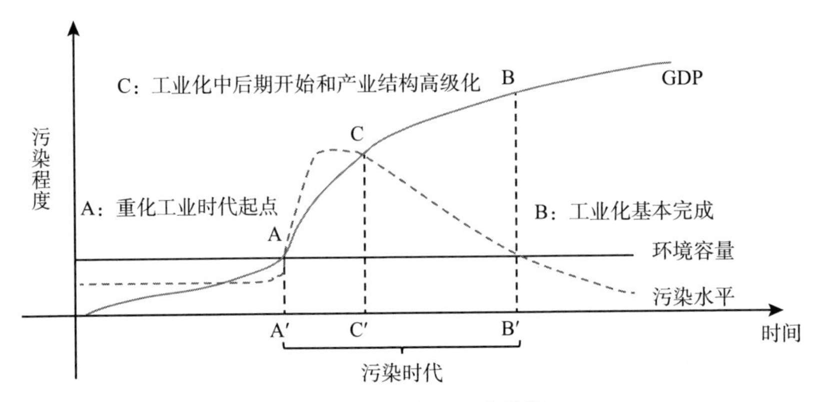

图 1.1　环境库兹涅茨曲线

二、绿色经济发展理论

绿色经济发展理论是经济发展理论中的重要组成部分，也是经济实现长久发展所必须坚持的理论。大卫（David）于 1989 年在他的著作《绿色经济的蓝图》中最早提出了“绿色经济”这一概念。他认为绿色经济是人类实现可持续发展的经济形态，并且从倡导当前的生态条件出发，也是一种既满足自然经济又满足人类发展需求的一种经济发展模式（大卫·皮尔期和何晓军，1996）。这也说明经济发展要与环境保护协调发展，既不能因为发展经济而忽略环境保护和资源节约，也不能因为保护环境而导致经济发展停滞不前，提高资源使用的可持续性。绿色经济发展理论涉及范围广泛，可以划分为以下四个理论。

（一）生态经济理论

生态经济理论在 20 世纪 60 年代提出，是经济实现绿色和可持续发展的重要基础理论。该理论是指在经济发展过程中要遵循自然生态系统的发展规律，同时在生态系统的可承受范围内推动经济生态化发展，采用系统工程学的方法和生态方面的经济学原理去研究和改变消费和生产方式，发掘所有可以被综合利用的生态环境资源，在确保经济稳定发展的前提下，形成一种经济与生态系统可持续协同发展的新的经济形式。该理论的重点在于保持经济增长和环境保护之间的协调发展，强调生态环境对经济发展的制约。其中环境污染程度与经济增长之间的具体作用关系如图 1.2 所示。

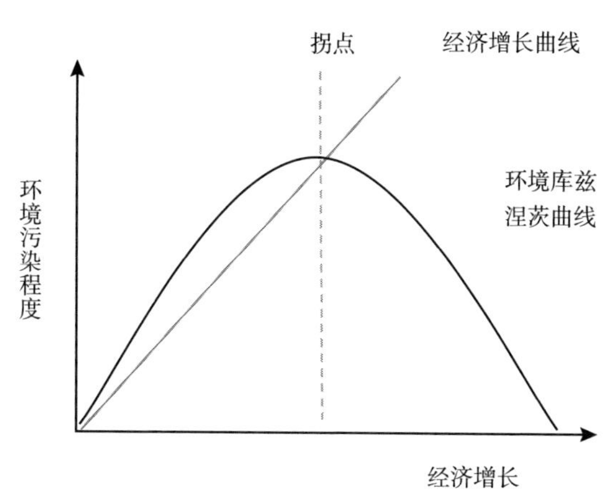

图 1.2　环境污染程度与经济增长的作用关系

（二）可持续发展理论

可持续发展理论于 20 世纪 70 年代被提出，该理论认为经济发展既要满足当下人们的需求，也需要考虑到后人对资源的使用，不能以过度使用后代人的资源来发展当下的经济，进行经济决策要综合考虑环境和资源的可利用情况。可持续发展有两种表现形式：一种是弱可持续性，也就是说自然资源可以由人力资源进行替代，只要这两种资源总量保持不变，那么人类利用资源的能力就不会改变；另一种是强可持续性，也就是说有些自然资源是无法用人力资源进行替代的，那么就需要通过提高技术创新能力来促进资源的合理高效利用。无论哪一方面都需要重视自然资源的利用。

（三）循环经济理论

循环经济理论于 20 世纪 60 年代被提出，该理论以提高资源的利用率和实现资源循环利用为核心，以"减量化、再利用、资源化"为原则，以"低消耗、低排放、高效率"为基本特征，该理念有利于实现经济可持续增长，不同于传统的对资源大量使用、大量废弃的经济发展模式。循环经济的发展不再只是单纯地进行环境治理，而是从资源使用的源头就进行控制，同时在资源使用后进行治理，实现环境与资源协调发展。

（四）低碳经济理论

低碳经济理论于21世纪初被提出，低碳经济是指在可持续发展理论的指导下，通过技术创新、产业转型、清洁能源使用等多种方式，降低煤炭、石油等高碳能源消耗，缓解温室气体排放，实现经济绿色发展的一种经济发展形态。煤、石油等能源的使用在加快工业化、促进经济发展的同时，也带来了不可忽视的环境问题，这些问题不但不利于人类目前的生活环境，还严重阻碍人类的长远发展，而解决这一问题的关键就是实现低碳经济，改变传统的高碳发展模式。世界各国都对碳排放问题格外重视，碳减排、碳循环等诸多理念都深入贯彻经济发展当中，可见实行低碳发展是经济发展需要坚持的重要原则。

三、绿色技术创新理论

（一）创新理论

1912年，熊彼特首次表述了创新的概念与理论，由于他的观点具有较强的前瞻性，因此对整个经济学的体系框架造成了颠覆性的影响。熊彼特在《经济发展理论》一书中，指出创新体现在品种、技术、市场、组织与资源配置这些形式上。此外，熊彼特的创新理论还阐述了三个主要概念。

1. 创新的内涵

创新即指厂商破坏掉原有的生产体系，对生产要素进行重新配置，对生产条件进行重新整合，以构造出新的生产体系，从而获得经济利益的过程。

2. 创新与发明的关系

发明是创新的基石。发明意为通过探索研究出的新的方法或工具，创新则是将发明付诸实施或进行孵化，从而将其应用于人类生产生活中并实现其社会价值的活动。

3. 创新与企业家的关系

企业家是创新活动的引导者，其能够敏锐地嗅到市场需求的变化，故而发现创新机遇，并雇用人员开展创新活动，为其提供激励性报酬与创新环境。

根据熊彼特的创新理论，从本质上来讲，创新是经济变革的基本驱动力。经济发展的根本原因在于原有的经济结构逐步被破坏、瓦解，资源的重新配置与组合构造出新的结构，即内在的创造性破坏推动了经济的增长。一个创新活动出现的同时也造就了一个新的投资机会，其外溢效应引致社会各主体竞相模仿，从而引起全社会范围内的大规模投资，经济呈现繁荣的状态。当该项创新成果普遍应用于人类的生产生活中时，此创新活动产生的盈利机会消失，经济逐渐呈现萧条状态，直到出现新一轮的创新才会复兴。因此，“创新”的经济发展逻辑就是持续破坏、不断优化的过程。

（二）技术创新理论

20 世纪 60 年代，技术创新受到主流思想的重视。罗斯托（1960）指出，技术创新依托工作中的学习行为以及知识的积累行为，通过知识储备与实践能力推进技术进步。南希·施瓦茨（1962）也对罗斯托的观点表示认同，并着重研究了技术扩散、转移以及推广，建立了技术扩散体系，构建了创新周期理论模型。还有部分学者对技术进步与经济增长之间的关系给予了关注，逐步完善了技术创新理论。比如，索洛（1965）在研究中发现，除了资本和劳动力两大生产要素，技术进步也是经济增长的重要动力。他提出了索洛经济增长模型，从宏观经济的角度定量论证了技术进步对于经济增长的重要贡献，从而深化了熊彼特的创新理论。不同于索洛模型将技术进步视为外生因素，罗默（1986）强调技术进步在经济增长中是重要的内生因素，起着决定性作用。在内生增长模型中，除列入劳动和资本要素外，罗默还加入了知识要素，他认为，知识积累会产生溢出效应，要实现经济增长必然要在知识上进行投资，要对新知识进行创造、积累、扩散和应用，这也进一步推动了熊彼特创新理论的发展。

总体来看，技术创新是推动人类社会走向文明与繁荣的重要驱动力，但该理论也存在一定的弊端。由于技术创新理论过于重视经济效应，以实现财富积累为出发点和落脚点，认为世界万物都是追求人类社会发展的手段与途径，导致通过不断破坏资源环境换取自身利益的现象频发，因此该创新体系是一种结构简单的、强调人类中心主义的体系，还需进一步完善与优化。

（三）绿色技术创新理论

一方面，技术创新通过提高劳动生产率，对人类社会进步作出了极大的贡献；另一方面，有些技术创新活动没有将环境影响考虑在内，对生态环境造成了不容忽视的影响，如墨西哥井喷事件、日本福岛核泄漏事件等。人们逐渐意识到技术进步固然重要，但经济社会的可持续发展也不容忽视，因此绿色技术创新这一概念应运而生。该项创新活动是以传统的创新理念为基础，以可持续发展理念为宗旨。其与传统技术创新相比，具有以下特征。

1. 可持续性

企业开展的技术创新活动具有鲜明的可持续性与绿色性，其将环境绩效考虑其中，尽可能地在生产过程中少产生甚至不产生污染物。

2. 系统性

绿色技术创新活动以企业为实践主体，是考虑企业“硬件”与“软件”的综合性绿色创新过程。对于“硬件”，是包含流程、产品以及服务等全过程在内的绿色创新过程。对于“软件”，是包含意识、组织结构、管理方式等全方位在内的绿色创新过程。

3. 协调性

以创新活动的环境友好型为原则，综合考虑经济效益与环境效益，避免牺牲其中一种效益换取另一种效益的增长，从而实现环境保护与经济增长的良性循环。

4. 双重外部性

一方面，领先企业开展绿色技术研发获得先动优势抢占细分市场租金，进而刺激竞争对手争相模仿或逆向研发，最终提升整体绿色技术创新水平。另一方面，相较于社会平均成本，企业排污所付出的成本较小时，企业为追求经济效应不愿意将污染的外部成本内部化，从而削弱了企业绿色创新意愿。

（四）效率理论

效率理论作为度量绿色创新进展程度的理论基础，其能克服不同变量间单位不统一等困难，通过数值大小来表示效率的高低，图 1.3 为效率理论的溯源。

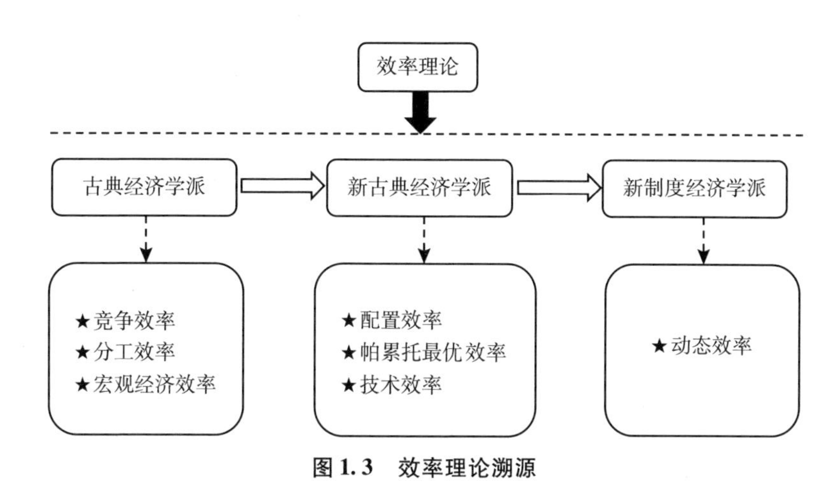

图 1.3 效率理论溯源

具体而言，效率理论的思想最早能够追溯到古典经济学时期。虽然古典经济学没有关于效率理论的明确表述，但却蕴含着深刻的效率思想。亚当·斯密（Adam Smith）在《国富论》一书中的分工与竞争思想均涉及效率问题。大卫·李嘉图（David Ricardo）在《政治经济学及赋税原理》中进一步指出，每个国家都应专注于生产效率最高的产品，以获得国际分工中的竞争优势。因此，古典经济学的效率理论主要是竞争效率、分工效率和宏观经济效率。首先，就分工效率而言，亚当·斯密认为，一国国民财富 = 有用劳动量 × 劳动生产力，分工有利于提高劳动生产率；其次，就竞争效率而言，亚当·斯密认为，劳动分工因市场交换产生，而竞争是交换的灵魂。竞争一方面将生产效率较低的企业淘汰，另一方面产生了“交易价格”，极大提高了经济的效率。此外，宏观经济效率是指在自由竞争的市场机制之下，整个市场是出清的，即不存在任何一般性的“生产过剩”，不会产生资源的闲置和浪费。

新古典经济学理论则批判继承了古典经济学理论的效率论断，将配置效率与经济效率相区分。马歇尔在《经济学原理》一书中指出配置效率最优依赖完全竞争市场中均衡价格等于边际成本的条件，并提出生产效率的影响因素包括生产者身体条件、生产者综合能力与生产组织的分工协作等。维弗雷多·帕累托（Vilfredo Pareto）在《政治经济学讲义》中提出了帕累托最优效率，即资源的最优配置是在不损失任何人利益的前提下，无法再增加其他人利益的理想资源配置状态。因此，新古典经济理论反对垄断，鼓励竞争。美国经济学家迈克尔·法雷尔将效率作为经济学评价的一种标准，提出“技术效率”，即在控制生产的技术条件、市场规定的价格及产量一定的情况下使投入成本最小化。

进一步地，新制度经济学派基于动态视角考察了效率问题，加深了对于效率差异的成因分析，其认为正是因为产权和交易费用的存在导致效率的降低，产生这一现象的根源是信息不对称。科斯在《企业的性质》一文中指出清晰界定的产权能够解决外部经济问题，产权交易结果能够引导资源向最有效率的地区或部门流动。肯尼思·阿罗（Kenneth Arrow）在其文章《经济活动的组织：关于市场配置与非市场配置之间选择的争论》中首次提出“交易费用”一词，认为在市场失效时，组织可进行资源的高效率配置。奥利弗·威廉姆森（Oliver E. Williamson）在《资本主义经济制度》一书中进一步指出经济组织运行效率会受到交易技术结构和组织形式组合状态的影响，当两者匹配度高时，交易费用最低，而资源配置效率最高。

基于效率理论的原理，绿色创新效率在借鉴效率定义的基础上，添加了绿色和创新赋予的实际意义，这一概念的确定，给不同地区的企业一个衡量本单位绿色创新质量的统一标准，有助于企业间的横向和纵向比较。

四、产业结构升级理论

（一）产业结构升级内涵

从宏观上看，产业结构升级是国家经济增长方式的转变，例如，劳动密集型产业转向资本密集型产业、要素驱动产业转向创新驱动产业等。因此，宏观的产业结构升级通常是指新的、更高级产业业态产生的过程（谢里和陈宇，2021）。从中观上看，产业结构升级是指产业中主要企业的管理模式、技术水平、产品生产率、产品质量、产品价值上升到新的水平，进而促进产业结构档次的提高，形成更为高级的产业结构，如传统农业到智慧农业、轻纺工业到智能制造等。而从微观上看，产业结构升级是指企业运用技术、管理，提升产业生产效率，实现产业链改造，进而实现企业的整体结构升级。无论是宏观、中观还是微观，产业结构升级主要包括两个部分（见图1.4），一是国民产业经济重心的第一、第二、第三产业的变化，二是产品附加值的提高，而较为常见的产品附加值提高的方式就是提高产品的生产率（刘赢时和田银华，2019）。

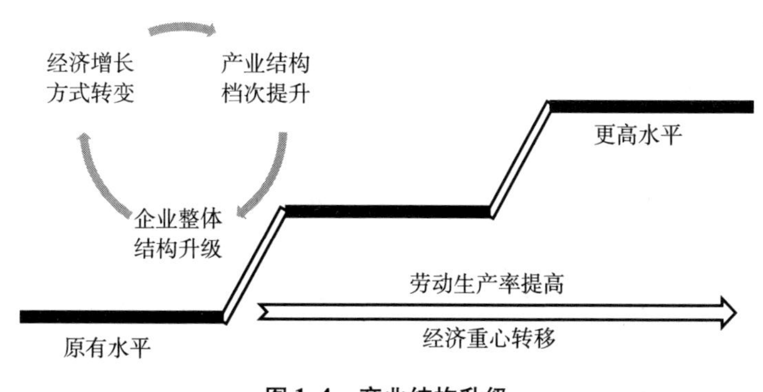

图1.4 产业结构升级

在这里需要特别说明的是，产业结构升级和产业结构优化是两个不同的概念。产业结构优化通常是指通过三大产业所占比例的变化实现各行各业的协调发展，满足社会和经济长期高速发展的需要，其中产业结构优化主要包括产业结构合理化和产业结构高级化两个方面，与产业结构升级的概念具有本质的区别。在现有的研究文献中，不少学者将产业结构升级、产业结构优化、产业结构升级优化的概念混淆。因此，需要明确产业结构升级的内涵，并根据产业结构的主要内容，结合实际情况，对产业结构升级指数进行测算。

（二）工业化阶段理论

工业化阶段理论是美国经济学家霍利斯·切纳里（Hollis B. Chenery）提出的，可以用于划分工业化发展的时期和阶段，该理论将经济发展划分为3个时期6个阶段（Matthess M. et al.，2023），具体如图1.5所示。

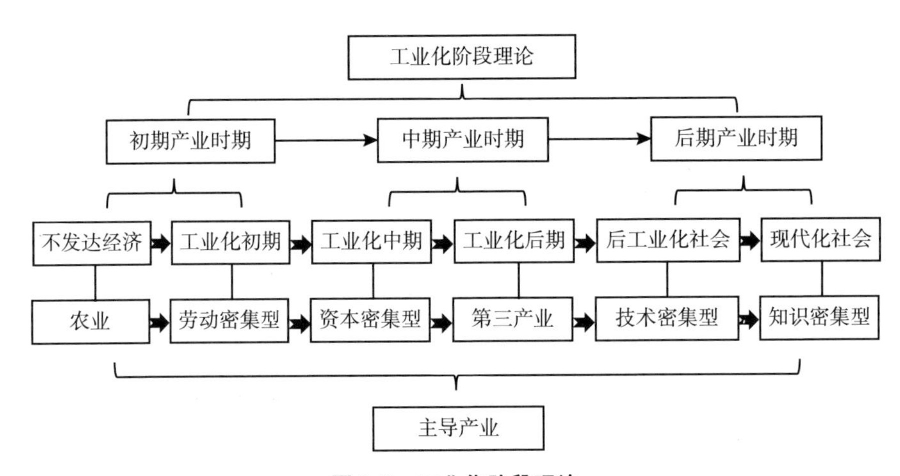

图1.5 工业化阶段理论

（1）初期产业时期，初期产业时期又可以细分为不发达经济阶段和工业化初期阶段，在不发达经济阶段，产业结构以农业为主，生产力水平极低；在工业化初期阶段，产业结构逐步向现代化工业过渡，以劳动密集型产业为主。

（2）中期产业时期，中期产业又可以细分为工业化中期阶段和工业化后期阶段，在工业化中期阶段，轻工业开始向重工业迅速转变，第三产业也开始迅速发展，以资本密集型产业为主；在工业化后期阶段，第三产业开始高速增长，并成为促进经济增长的主导产业，产业结构从劳动密集型转变为资本密集型，生产力得到大幅度释放，环境问题也在这一时期变得越发严峻。

（3）后期产业时期，后期产业时期又可以细分为后工业化社会和现代化社会，在后工业化社会阶段，产业结构从资本密集型转向技术密集型，技术密集型产业开始逐步进入主导地位；在现代化社会阶段，第三产业会产生进一步的分化，知识密集型产业会逐步占据主导地位。理论上，在这一时期，经济增长与环境破坏问题会得到改善，甚至经济增长在一定程度上会有利于环境的保护。

（三）配第－克拉克定理

配第－克拉克定理最早由英国经济学家威廉·配第（William Petty）提出，后经科林·克拉克（Colin Clark）进一步验证和体系化，主要用于揭示就业人口在三次产业中分布变化的理论。该定理认为，随着经济的不断发展，就业人口会逐渐向第二、第三产业集中。主要原因在于：第二产业的收入比第一产业多，而第三产业的收入要比第二产业更多，这种由收入差异产生的推动力，会促使劳动力转移向收入更高的部门。

从生产角度上看，第一产业的生产周期长，产品附加价值低，当农业生产投资达到一定规模时，报酬会逐级递减。相较而言，第二产业生产周期较短，产品的附加价值也更高，投资多更容易带来高报酬。

从需求角度上看，第一产业生产的产品大部分是生活必需品，需求弹性小，即使国民收入水平提高，第一产业所带来的经济效益增幅也不会太明显，而第二、第三产业的产品需求弹性大，当国民收入提升时，第二、第三产业的产品需求量也会随之增加，继而会带来经济效益的增加。在生产和需求机制的作用下，随着国家经济发展水平的不断提高，劳动力会不断向第二、第三产业转移，第二、第三产业在经济增长中的贡献也会不断提升，这会引起产业结构的变化，使第二、第三产业在产业结构中的比重不断增加。

五、数字经济理论

（一）数字经济内涵

数字经济是指继农业经济和工业经济之后，数字技术高度发展和广泛应用所产生的新型经济模式，它以数据资源为组成要素，将现代网络技术作为主要载体，通过数字技术的融合应用、生产要素的数字化转型，极大地降低了社会的交易成本，提高资源利用效率，也能够提升产品、企业、产业的附加价值，推动生产方式、生活方式和治理方式的快速变革（陈菡彬等，2019）。数字经济的发展不仅为发展中国家的弯道超车提供了可能，也是改变全球竞争格局、重塑全世界经济架构的重要力量。此外，数字经济也是工业 4.0 和后工业时代的新特征，是构成“信息—知识—智慧”经济的核心组成要素。同时，数字经济的发展已经是驱动我国经济发展的重要引擎，是催生新型产业、实现产业升级、构建新型环境治理模式的关键力量。

（二）数字经济定律

1. 摩尔定律

摩尔定律是半导体行业和计算创新领域的全球领先厂商——英特尔创始人戈登·摩尔（Gordon Moore）所提出的，即集成电路上可以容纳晶体管的数量每经过 18 ~24 个月就会增加一倍，这意味着处理器的性能每两年就能翻一倍，且相同性能的处理器每两年价格就会降低 50%[①]。此定律虽然不是客观统计而得出的结果，但也在一定程度上揭示了信息技术的进步速度。由于处理器是数字经济发展的重要技术要素之一，其快速更新换代也代表数字经济的高速发展，即当数字经济诞生之始，就带有高速增长性和边际效益递增性。

---

① 逄健，刘佳．摩尔定律发展述评［J］．科技管理研究，2015，35（15）：46 -50.

2. 梅特卡夫定律

梅特卡夫定律是3COM公司的创始人罗伯特·梅特卡夫（Robert Metcalfe）提出的，指网络节点的价值与网络用户数量的平方成正比，即网络上的节点越多，该网络的价值就越大（Hendler J. & Golbeck J.，2008）。此定律揭示了网络所产生的效益会随着网络用户的增加而呈现指数增长的态势。同时，这种特征也会让数字企业在竞争中出现“强者更强，弱者更弱”、第一梯队和第二梯队之间的差距不断扩大的局面，即数字经济具有高自我膨胀性。

3. 吉尔德定律

吉尔德定律又叫胜利者浪费定律，成功的商业模式往往需要尽可能消耗低价的资源并保存昂贵的资源。具体的描述为：主干网络的增速要比处理器的更新换代速度快得多，随着网络带宽的逐渐增加，上网的流量费用也会逐渐下降，甚至会在有朝一日上网的代价会变成零（Croes & Tesone，2004）。换言之，随着数字经济的不断发展，数字经济的数字传输能力将不断增强，而且数字经济的扩张成本将不断降低。这将使互联网突破传统产业的地理因素限制，突破地域甚至是国家上的界限，同时随着数字传输技术的不断突破，信息传输也在突破时间上的限制，使信息传播能够在更短的时间内完成。当数字经济的数据传输处于实时进行时，收集信息、处理信息和应用信息的速度将大大加快。

4. 反摩尔定律

反摩尔定律指出计算机和新兴科技公司的产品革新速度快，产品每18个月就会贬值50%。[①] 若计算机和新兴科技公司没能及时推出新的产品，那么这个企业很快就会被市场淘汰。随着科技进步的不断加快，产品的贬值速度也会不断加快。由于反摩尔定律的存在，产业需要不断加大在技术领域上的投入，以保持市场优势。同时，产业也需要不断加快技术和产品的融合速度，这将从科技层面加速产业结构的改变，引起产业结构的升级以及产业自身竞争力的提高。

---

① 吴军．浪潮之巅［M］．北京：人民邮电出版社，2019.

5. 安迪比尔定律

安迪比尔定律指出硬件的更新换代速度不及软件的更新速度，无论硬件的更新速度有多快，新的软件都会消耗掉这些溢出的硬件性能，正是由于这一定律的存在，操作系统、应用软件所占内存越来越多，对硬件的要求也在不断提高（Wang F.，2021）。因此，软件行业的产品需要不断推陈出新，这将倒逼硬件行业加大在科研上的投入，驱动数字软件技术和硬件技术的高速发展。迅速发展的硬件技术和软件技术具有极高的行业渗透性，能够让数字经济向第一产业和第二产业扩张，使三大产业出现相互融合、相互促进的新态势。

（三）数字经济的测度方法

1. 直接测算法

直接测算法比起其他测算方法具有更加直观的特点，因为它能够直接反映出数字经济的经济体量和规模，通常用数字经济在其各个领域上的贡献进行加总分析。常见的直接测算法主要有以下两种。

一种直接测算法是美国商务部数字经济咨询委员会（DEBA）提出的4部分框架衡量体系（徐清源等，2018），即：

（1）对各领域的数字化水平进行测算。

（2）经济活动中的数字化影响。

（3）对实际 GDP 和生产率等经济指标的复合影响。

（4）新兴数字化产业的规模。

该方法的主要优点是能够清晰界定数字经济的范围，明确数字化对经济活动各个领域的影响，进而测算出数字经济的规模。然而，在统计结果上，其表达形式是数字经济的总量和在 GDP 中的占比，这无法反映出数字经济的基础、技术、未来潜力等维度上的价值，所以这种方法具有一定的参考价值，但也存在着一定的瑕疵。

另一种直接测算法是中国信息通信研究院提出的根据数字经济的定义将数字经济分解为数字产业化和产业数字化两个部分（鲁玉秀，2022），其中数字经济的具体计算方式如下：

$$DE = DIN + IND \tag{1-1}$$

其中，DE 代表数字经济规模，DIN 代表数字产业化程度，IND 代表产业数字化程度。数字产业化的测算是以信息产业的增加值与国民经济统计系统中各行业增加值进行直接加总，其中信息产业主要包括电子信息设备制造、电子信息设备销售和租赁、电子信息传输服务、计算机服务和软件业、其他信息相关服务，以及由于数字技术的广泛融合渗透所带来的新兴行业，如云计算、物联网、大数据、互联网金融等；产业数字化的测算是指数字技术在传统产业中的贡献值，即将传统产业中与数字技术有关的部分单独剥离，并对各个行业的此部分进行加总，进而可以计算出数字经济的规模总量。

通过上述梳理可以看出，运用直接测算法对数字经济的规模总量进行核算时，能够直观地看出数字经济具体的规模和在经济领域中的贡献，测算的难点仅是在于对数字经济在各个领域中贡献的界定，具体计算起来只是简单地相加和汇总，技术难度较低。同时，这种方法也存在一定的缺陷。

一方面，数字经济的直接测算法只考虑其在经济上的贡献，数字技术发展、数字人才以及数字基础设施建设等因素并未纳入计算模型中，这会使直接测算法所得到的数字经济规模的结果存在片面性问题，不能全面反映数字经济的发展状况；另一方面，数字经济的界定在不同组织和国家中的范围也存在差异，这使数字经济产业和数字经济贡献的统计结果在一定程度上存在误差，而且在众多统计指标中可能存在一个国家有，而在另一个国家未统计的情况，使在世界范围内的通用性存在障碍。因此，本书认为数字经济的直接测算法可以用于反映数字经济的发展趋势，但在对比区域数字经济发展状况上存在一定的局限性，所以在对中国各省份的数字经济发展水平进行分析时，运用直接测算法，会忽略很多必要的因素，造成区域数字经济发展水平过大或过小的问题。

2. 对比分析法

对比分析法是对多个维度的指标进行综合分析对比，进而计算出相关指标的权重，在对各项指标进行加权汇总的基础上，可以衡量出各个地区数字经济的相对发展水平。对比分析法主要有以下两种。

一种是联合国国际电信联盟（ITU）提出的 IDI 指数，该指数将数字经济分为信息与通信技术（ICT）接入、使用和技能三个维度，设立 11 项测度指标，综合分析世界 176 个经济体的现实状况而提出的对比分析方法（张建光，2014）。该方法的测度数据从 1995 年至今，具有专业性和连续性，能够对不同国家和地区的数字经济相关情况进行对比分析，但是由于该方法提出较早，在信息技术高速爆发的今天，ICT 与其他领域密切融合，并影响着各个方面。因此，ITU 提出的 IDI 指数在衡量当今的数字经济发展水平时可能会存在考虑不足的情况，但是该指标的设定具有很强的经验价值。

另一种是经济合作与发展组织（OECD）衡量数字经济的具有国际可比较性的 4 维度 38 指标分析法，通过将数字经济指标分解为基础设施、创新能力、社会赋权、数字经济增长与就业四个维度，然后对相应的指标进行赋权和汇总分析（张建光，2014），值得注意的是，该测度方法是 OECD 所提倡的衡量方法，并未对所选样本国家进行全面的对比分析。因此，这种测算方法虽具有一定的参考价值和借鉴意义，但在具体的应用上可能会存在相关统计数据难以获得的情况，在测度我国数字经济发展水平时不能直接使用。

综上所述，目前政府和国际机构对数字经济的测度指标进行了一定的探讨，由于上述两种测算方法的统计和计算原理不同，应用场景和条件也存在一定的差异，所以各有优点和不足。直接测算法能够更直观地测算出数字经济在经济上的影响，对比分析法则更有利于对比区域间的差异性，分析数字经济在各个维度上的优缺点。学者们也对数字经济的测算方法进行了一定的讨论，在测算分析中，不管采用哪种方法，都需要兼顾数据的可得性和样本的适用性，从而更为科学、客观地解读分析出数字经济的发展水平，为研究数字经济相关问题提供便利。

六、数字普惠金融相关理论

（一）金融发展理论

金融发展理论是金融研究中的经典理论，主要探究金融发展与经济增长之间的关系，其关注对象主要是发展中国家。金融发展理论认为金融发展与经济增长之间存在双向促进的关系，即成熟金融系统有利于激发经济发展潜力，从而促进经济发展，而经济的迅速增长又产生了更多的金融需求，进而反过来促进金融业的发展，形成双向促进的局面，而这种特性下又产生了金融抑制与深化理论。

1973 年，罗纳德·麦金农在《经济发展中的货币与资本》中提出金融抑制理论（罗纳德·麦金农，1997），该理论认为发展中国家多采取严格的金融政策且金融系统发展不够成熟，这种管控措施导致利率和汇率波动难以反映货币市场真实的供需情况。例如，严格的利率管控，资金配置以配额模式为主，导致资金难以得到充分利用，同时利息较低也导致居民不愿将钱存储进银行，银行就缺乏足够的资金进行市场投资，从而导致资源配置效率低下，经济发展缓慢，经济增长变缓又进一步抑制了经济主体的金融服务需求，损害了金融体系的健康发展，经济和金融发展进入恶性循环。

1973 年，爱德华·肖在《经济发展中的金融深化》中提出金融深化理论（爱德华·肖，1989），该理论基于金融抑制理论认为金融发展市场需要适度的自由，政府不应该对金融市场过分干预，应该将重点放在建设成熟的金融系统和开发完备的金融产品和服务上，遵循市场，促进金融市场渐进式改革，充分发挥其促进经济增长的功能，而经济增长又从需求端拉动金融产业的进一步发展，形成金融发展和经济增长的良性螺旋式上升。

上述这两种理论即金融发展与经济增长之间的反向和正向作用，无论是金融对经济是促进还是抑制都反映了金融与经济不可分割的关系。

（二）普惠金融理论

普惠性是数字普惠金融的重要特性，近年来，大多数发展中国家开始转变金融主要服务于中高收入人群的观念，逐渐重视和发展普惠金融，以期用普惠金融解决经济迅速增长而带来的贫富差距过大等问题。尽管众多学者对普惠金融的定义不一样，但是其都认为普惠金融的普惠性是核心，强调社会各阶层均能机会平等地享受到适当的金融服务。普惠金融的出现缓解了金融排斥问题，提高了“长尾”用户的金融可获得性。

金融排斥理论是指一部分社会群体由于失业、残疾、足值抵押物缺乏、金融储备知识不足等原因，很难获得符合自己需求的金融产品和服务（Leyshon et al.，1993）。产生这种现象的原因主要为以下两个方面：一是从金融使用群体分析，很多低收入人群和中小微企业存在信用不足、缺乏可借贷的抵押物等问题，同时也有很多金融需求者地处偏远难以接触金融服务，这种种原因导致部分金融需求者难以获得金融服务；二是从金融服务机构分析，提供给低收入人群和中小微企业的资金可获得的收益较低，同时还面临着较高的违约风险，很难形成规模效应，导致金融机构不愿向这部分人群提供金融服务，因此形成了金融排斥。“长尾”这一概念源于统计学，是指在正态概率分布中处于末端的集合。该理论认为，随着社会的发展，生产力水平提高，降低了产品的生产、交易等成本，逐渐完善了市场的基本功能，这就使市场的关注重点由原来的“优质”客群逐渐扩大到“劣质”客群。所谓的“劣质”客群就是“长尾”群体，该群体尽管个体“价值”较低但是基数大（Anderson，2004）。长尾理论如图 1.6 所示。

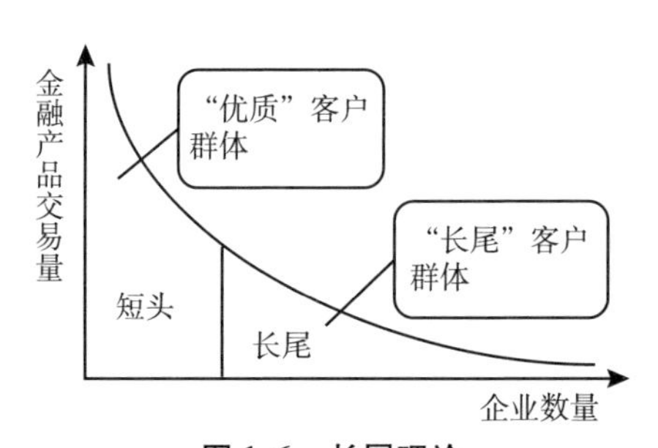

图 1.6　长尾理论

普惠金融的出现从一定程度上缓解了金融排斥所造成的社会危害，一方面普惠金融缓解了城乡二元结构失衡问题，普惠金融将原本只注重向城市人群提供金融服务和产品的传统金融逐渐扩大到农村地区，使农村地区的低收入人群尽可能享受到符合自己的金融服务，激发了农村发展活力，促进了农村经济的发展，打破了城市金融服务充足而农村金融服务缺乏的失衡局面；另一方面减小了贫富差距，普惠金融所提供的金融服务很好地照顾了“长尾”客户群体，提高了“长尾客群”获得金融服务的可得性，缓解了“长尾客群”发展内生动力不足的问题，缩小了“长尾”客户群体与金融服务“优质”客户群体之间的差距，缩小了社会贫富差距，降低了社会矛盾的发生，有利于促进经济均衡发展。普惠金融的发展是基于传统的金融模式，尽管得到了政府的帮持，但是发展仍然缓慢，而数字技术的出现及迅速发展，为普惠金融的发展提供了技术支持，助推普惠金融实现了普惠性和精准性的统一。

七、绿色金融相关理论

（一）绿色金融的概念界定和测度

1. 绿色金融的概念界定

绿色金融作为一种特殊形式的创新型金融工具，是对金融结构的重新解读。金融结构作为金融组织的内部框架，是各种金融元素相互联合的结果，能够从内部引导金融资本的流向。可以说，金融结构是经济制度的核心部分，金融体系不同的结构安排会对经济的增长产生深刻影响，是金融工具和金融机构的融合。绿色金融作为以绿色发展为主的金融结构，会在很大程度上对经济的可持续发展起到促进引导作用。

绿色金融自诞生以来其定义就一直变化，目前在国际上并没有实现统一。梳理各国的绿色金融业务及目标，总结国外对绿色金融的定义，目前主要分为三种：第一种是将绿色金融视为一种专门针对环境保护的创新型金融工具，用途专一，主要包括绿色信贷、绿色债券等。第二种是将绿色金融视为一种环境规制政策，认为是政府大力推进绿色发展的结果，为鼓励企业结构升级会优先向绿色企业提供金融服务，这些服务主要包括信贷投放量、信贷利率、贷款期限等。第三种是将绿色金融看作一种运营战略，绿色金融作为一种中间介质，通过发挥中介作用协调经济发展与生态保护之间的关系，从而确保经济和社会的绿色可持续发展。

国内关于绿色金融的定义形成统一是在 2016 年发布《关于构建绿色

金融体系的指导意见》和国家环保总局2007年发布《关于落实环保政策法规防范信贷风险的意见》后，总体上将绿色金融定义为：支持环境改善、应对气候变化和资源高效利用的经济活动，认为其是环境保护、资源节约等环境友好型活动的总称。

在国家一系列环境政策的高压下，绿色金融无疑成为绿色发展的重要措施。面对各行各业对生态保护的持续关注，商业银行推出的金融项目是实现银行和企业双赢的工具。随着“双碳”目标的提出，绿色金融体系布局越加清晰，金融产品、金融衍生品随着碳减排政策、碳排放交易应运而生。绿色金融早期研究主要集中在银行业务，尤其是绿色信贷等方面，但是现在已经成为以商业银行体系为主导，以建筑业、制造业、农业等与环境保护和资源节约息息相关行业为对象的大的体系。可见，绿色金融以金融业贯穿可持续发展行业中，是一种绿色发展理念，也是实现可持续发展的创新性战略，通过支持绿色项目、帮助绿色企业，实现经济和环境的协同进步。

2. 绿色金融的测度

为了体现出绿色金融的金融本质和绿色属性，选取的指标和数据须具有代表性。借鉴张莉莉等（2018）、吕鲲等（2022）和李云燕等（2023）学者构建绿色金融发展水平测度指标的思路，为了更好地研究绿色金融在中国省域内的发展水平，本书从绿色信贷、绿色证券、绿色投资、绿色保险和碳金融五个层面构建评价指标，收集相关数据对各个指标进行度量，利用熵值法对各指标确定权重并进行计算评分。

绿色信贷作为绿色金融体系中备受关注的问题，学术界有许多学者对其进行了单独的研究。对于绿色信贷的测度，采用的测量指标包括以下两个方面：一是六大高耗能工业产业利息支出占工业产业利息总支出的比值，这一指标体现出绿色金融对企业的规制作用，通过对高污染高耗能企业提高利息、抑制贷款所得，达到淘汰落后产能、促使产业结构升级的目的，因此该衡量指标为负向指标。二是环保企业发展水平，用环保企业贷款额表征，这一指标体现出绿色信贷对节能环保企业的支持作用，通过增加贷款额度和降低贷款难易度来激励环保企业发展，促进企业绿色转型。

本书以中国30个省份的面板数据为研究对象，采取上述两个指标测度绿色信贷，从正反两个方面进行衡量，能够更加全面反映绿色金融的发展水平。

绿色证券是指通过发行股票、债券等为企业筹备资金提供资金平台，以及为企业绿色发展提供融资渠道。对于绿色证券的测度，本书采用的测量指标包括以下两个方面：一是六大高耗能行业总市值占A股总市值的比值，这一指标体现了高污染企业目前在市场中的占比，是反向的衡量指标；二是环保企业总市值占A股总市值的占比，这一指标是环保企业目前在市场中所占比例，体现了环保企业在整个资本市场的重视程度，是正向的衡量指标。选取这两个指标从正反两个方面反映资本市场对绿色企业的支撑程度，能够更加全面地测量绿色金融。

绿色投资主要是指政府对各地区环境污染治理投入资金的水平，能够侧面反映出政府对环境保护做出的努力以及政府与企业的融资能力。本书采用的测量指标包括以下两个方面：一是节能环保财政支出与财政支出总额的比值，这一指标表示的是政府财政支出中用于环境治理支出所占比重，体现的政府对绿色发展的重视程度是正向的衡量指标；二是环境污染治理投资占GDP的比重，这一指标是企业在发展经济、获取利益的同时对生态保护的社会责任感的体现，是正向的衡量指标。从政府和企业两个方面考虑绿色投资，能够更加全面地测度绿色金融。

绿色保险主要指的是环境保护责任险，是当前绿色保险的主要险种。由于该保险实施得较晚，研究数据不完备，而农业最易受到环境的影响，因此以农业险为测度的主要指标变量，本书采用的测量指标包括以下两个方面：一是农业保险规模占比，用农业保险支出与保险总支出的比值衡量，是正向的衡量指标；二是农业保险赔付率，用农业保险支出与农业保险收入的比值衡量，是正向的衡量指标。选取这两个方面衡量保险行业对环境保护的重视程度，能够更加全面地测量绿色金融。

碳金融是一种金融服务和金融交易活动，其实质目标是减少温室气体排放。主要包含的活动内容是碳排放权和衍生产品的交易与投资、开发低碳项目以及其他与低碳发展相关的中介活动等。通俗来说就是将碳排放作为一种价格商品，进行期货等交易。本书采用的衡量指标为碳排放贷款强度，即贷款余额与碳排放量的比值。

（二）可持续发展理论

随着全球工业化进程的不断推进，能源消耗量愈加增多，环境也面临着严峻的挑战，解决气候恶化、生态污染等问题成为当务之急。可持续发展最早来源于生态控制论的自生原理，又被称为生态发展和绿色发展，在范围上包括自然、环境、社会、科技、经济等多个方面，区别于传统的经济发展模式，其主要目的是节约资源、实现生态与社会共同发展。1978年，世界环境发展委员会就已经提出可持续发展的概念，这种新发展观的提出是为了让人类社会更好、更科学地发展。随着工业化和社会化进程的加快，中国也意识到要走得更远就要走可持续发展的道路，于是相继提出了“科学发展观”“绿水青山就是金山银山”等发展理念。从生态伦理观出发，可持续性发展主张和生态环境友好相处，并倡导降低物质欲望，进行绿色生活（韩文辉等，2002）。

可持续发展与人类的生存环境密切相关，是生态、经济和社会共同发展的需求。可持续发展理论的核心是发展，可持续发展理论的目标是实现经济与社会发展之间的良性循环。而绿色金融运行的目标则是可持续发展，实现生态与经济发展的可持续性，走绿色发展道路。绿色金融作为一种金融手段，以调控金融市场的方式为实现可持续发展开拓了道路，而该发展理论又成为绿色金融水平的提升指南。科学的发展是既要考虑当前发展的需要，又要考虑到未来发展的需要，持续关注经济活动发展的合理性，节约生态资源、保护生态环境，这样才能更加长久地发展。

可持续发展的原理如图 1.7 所示，可持续发展理论主要包括经济发展可持续、环境发展可持续和社会发展可持续三个方面。经济发展可持续要求经济的发展必须满足资源的持续利用，不能谋求以生态破坏为代价的经济提升，要改变原有的传统生产模式，生产效率提升的同时提高能源的利用率。环境发展可持续表明企业在追求效益、发展进步的同时要减少甚至避免环境的破坏，注重环境效益。社会发展可持续是指要保证社会选择的平等性，既要保证同代人之间的横向公平性，又要保证代际之间的纵向公平，实现社会资源分配的协调统一。绿色金融起到的政策导向作用为发展指明方向，以一种新型金融工具的形式引导社会资源与生态资源流向环境友好型企业，有利于实现可持续发展。

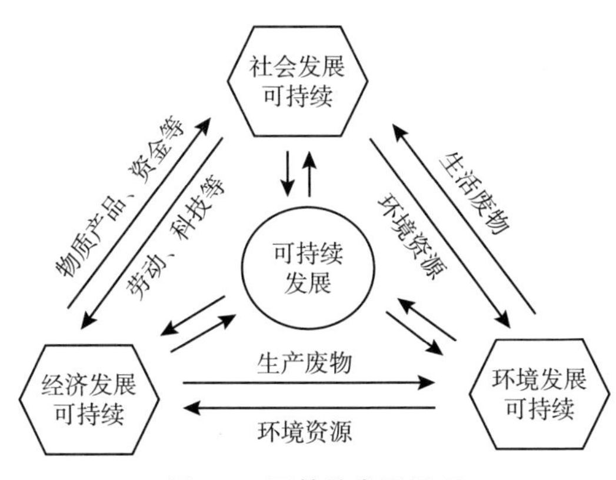

图 1.7 可持续发展原理

（三）外部性理论

外部性经济这一概念最早是由马歇尔在 1890 年发表的《经济学原理》中提出的，他指出因生产规模扩大而产生的经济分为外部经济和内部经济，内部经济是个别企业依赖自身资源、经营效率的提升产生的经济，外部经济是由于规模效应的存在，同行业所有厂商均从扩大生产规模中获利，有赖于产业的一般发展所形成的经济。外部经济的实质是企业之间的合理分工提高了生产效率，从而减少了长期平均成本。马歇尔从企业内部分工和企业间外部分工角度来解释外部经济这一概念，为之后外部性理论的研究奠定了基础。

1920 年，庇古在《福利经济学》中，运用现代经济学的方法，从福利经济学的角度对外部性问题进行了研究，扩充了外部经济的概念，并将外部因素对企业的影响外延到企业对其他企业产生的影响，并提出资源开发作为一种外部因素会对环境产生影响。庇古主张外部性是由边际私人成本收益与社会成本收益的不一致而引发的。当边际私人收益小于边际社会收益时，表明生产者正处于正外部性，其生产行为可以增加社会中其他生产者的福利；当边际私人成本小于边际社会成本时，表明生产者处于负外部性，其生产行为会减少其他生产者的福利。庇古将经济活动对环境的不利影响看作是一种负外部性。“庇古税”是通过国家征收边际社会成本高于边际私人成本额度的税。当社会成本无法得到补偿、社会福利水平在自由竞争下无法实现最大时，“庇古税”就能够发生作用。通过“庇古税”，一方面向存在外部经济的生产企业征收额外税费，另一方面向处于外部经济的生产企业发放财政补贴。因此在面对经济对环境的负外部性时，庇古税就被广泛地应用在环境保护政策上。1960 年，在《社会成本问题》中科斯研究了如何解决外部性问题，对庇古的传统外部性理论进行了创新发展，他指出在交易费用为零和产权明确界定的背景下，市场交易可以实现资源最优配置，无须政府的外部干预手段，排污权交易制度就是科斯定理的现实运用。

八、能源消耗理论

能源关乎国民经济运行的命脉，一方面，其既是各行业各产业的动力源泉；另一方面，其又是人类生存生活的基础。由于能源消耗日益可观引致了能源危机与能源安全问题，因此以能源为研究对象的理论引起了学者们的重点关注。目前，学术界提出的有关能源消耗的理论主要分为以下几个方面。

（一）能源经济理论

能源对于推动各经济体的发展至关重要，但其又不是可以无限开采的，这也造成了能源这一资源的特殊性。而人类社会是无限发展，存在无限需求的，从而引致了其与有限能源的矛盾，这也奠定了能源经济理论的形成基础。能源经济理论旨在以尽可能少的能源投入获得尽可能多的经济产出，即以实现能源效率的提升作为其研究的主要内容。最初，该学派的学者们主要关注能源的开发与利用，其研究的重点在于满足经济发展，即应怎样做才能实现能源开发、利用效率的最大化，此时能源经济理论的研究仅限于能源本身。但随着能源生产技术的优化与进步，人们逐渐发现，即使能够最大化地使用能源，也不能避免经济发展存在能源有限性的约束，因此学者们逐渐将研究的重点放在有限能源的分配上来。

其中，霍特林以不可再生资源为基础，对能源的分配与利用进行了探讨，形成了可耗竭资源理论，构成了能源经济理论的重要分支。可耗竭资源理论指出，能源在相当长的一段时期内具有有限性以及难以再生性，在能源价格较低的情境中，开发者会因为开发成本较小而加大对能源的开采强度，甚至出现垄断竞争现象，进一步加剧能源消耗，导致能源逐步枯竭。其经过计算与推导发现，可耗竭资源的价值达到最大的必要条件是其净价格增长速度与社会效益贴现率一致，且可耗竭资源要实现效用的最大化，开采量应随时间逐渐降低。相对于我国迅猛发展的经济，我国能够开发利用的能源十分有限，因此不能仅依靠大量消耗能源来实现经济的增长，为此我国提出了可持续发展理念，这恰好与霍特林理论的核心要旨不谋而合，为我国在不同阶段如何分配与利用能源奠定了理论支撑。

（二）能源—经济—环境系统理论

能源—经济—环境系统理论又名3E系统理论，其主要内容是在社会不断进步的过程中实现能源、经济和环境的协同持续发展。早期，研究者们基于经济学的概念与方法，逐步演化出两种相互割裂、独立的研究体系——一种是仅考虑经济与能源的相关性，另一种是仅将环境与经济纳入其中。伴随着研究的进一步深入，人们发现，若不把环境这一个重要变量引入能源经济体系中，将很难运用系统可持续的理论与方法研究彼此间的相互关系与变化规律。

具体而言，一方面，能源是生产生活的底层逻辑，是保障人类社会活动有序展开的必要条件。特别是工业革命以来，机械化的出现使人类对能源的需求大大增加，于是煤炭、石油等一些能源被大量挖掘并使用，使工业化国家的经济水平得到迅速发展。但另一方面，由于能源的大量使用以及技术的相对落后，能源的利用效率较低，在20世纪引发了大量危及人们生命健康的环境污染事件，此后人们才逐渐意识到环境保护的必要性。因此20世纪80年代后，国际上众多机构逐步将三种子系统同时考虑在内，建立了能源—经济—环境的研究体系。该体系的核心理念在于无论人类社会如何变迁，这三个子系统都不是割裂、独立、对立的，而是存在相互依存、互补的关系。此外该体系还指出这三个子系统的地位是等同的，绝不能为追求其中一种系统的进步而破坏其他系统。3E系统理论中各子系统的关系如图1.8所示。

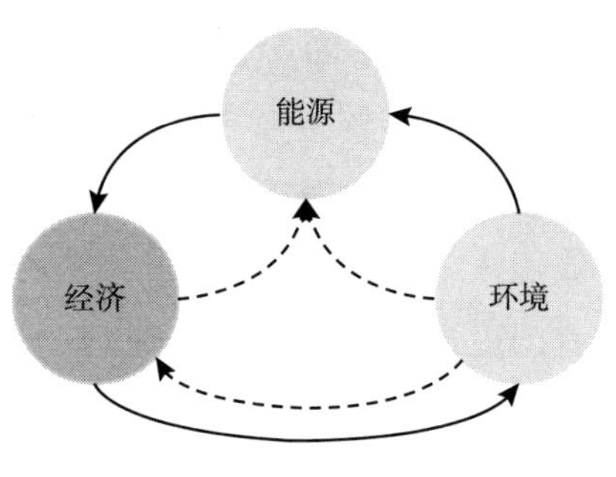

图1.8　3E系统理论

（三）循环经济理论

循环经济在20世纪60年代初具雏形，其以太空舱理论为起点，此后学者们将研究重点着眼于资源环境保护方面，掀起了循环经济研究的思潮。该经济理念新颖之处在于其侧重于经济发展的反馈式流动，以污染物的无害化处理为中心，以生产资料的循环使用来获取经济效益。在传统经济中，线性利用理念是其经济增长的底层逻辑，源头上大量投入、生产中大量浪费与污染是其基本特征。而循环经济摒弃了原有的投入与生产理念，强调能源、生产资料的闭环利用，以源头上少投入、生产中再循环为特征，以缓解甚至弥合人类发展与资源环境的冲突。其与传统线性经济的区别如图1.9所示。需要指出的是，循环经济中的“循环”二字并非代表封闭，因为任何一个子系统都无法实现永动式发展，其也需要与外界进行能量、物质的交换来追求自身的发展。

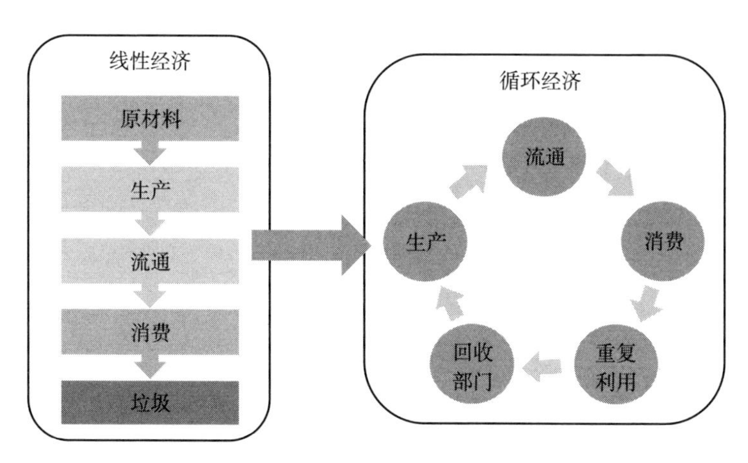

图 1.9 循环经济与线性经济对比

要想将循环经济付诸实施，仅依靠一个或几个主体的努力是远不够的，需要全社会的共同努力。具体来讲，政府是践行该理论的引导者，其通过制订目标规划从整体上把握经济运行的方向，并对践行不到位的市场参与者进行监督与整顿，同时其还负责宣传循环经济理念，号召各主体积极参与。企业是该理论的具体实施者，其将循环经济理论应用于生产流程中，在生产源头减投入，在产品制造、设计方面少产生甚至不产生废弃物，对于不得不产生的废弃物实现利用价值最大化。公众也是该理论的重要组成部分，其承担消费者与监督者的双重身份。前一种身份指的是公众通过积极购买循环经济企业提供的产品与服务，能够鼓舞此类企业继续践行该理念的决心。后一种身份指的是公众为实现环境质量与生活质量提高的目的，会自主监督企业的污染行为，从而对企业造成社会压力，敦促其积极践行该理论。

总之，本章阐述了本书涉及的相关理论，为后续研究奠定了基础。首先，本章厘清了产业结构升级理论的主要演变过程，主要包括配第—克拉克定理、库兹涅茨产业结构论以及赤松要的雁行形态理论。其次，本章对绿色技术创新理论的演变过程进行了简要概括，主要涵盖了创新理论、技术创新理论以及绿色技术创新理论三个阶段。最后，介绍了当前学术界对能源消耗理论研究的重点，具体包括能源经济理论、3E 系统理论以及循环经济理论。

第四节 学术价值与创新之处

一、碳排放权交易对工业企业绿色创新效率的影响研究

通过对现有文献的研读，结合时代背景，本部分确定了主要的研究对象：碳排放权交易政策与工业企业绿色创新效率，基于碳排放权、绿色创新效率以及其他相关理论，本部分解构了碳排放权交易政策对工业企业绿色创新效率的直接影响以及媒体压力、环境立法和环境执法的调节机制并进行了相应的实证研究，根据实证结果从政府和企业两个角度提出了进一步驱动工业企业绿色创新效率的相关对策。因此，本部分的学术价值与创新之处主要有以下三点。

（1）揭示了媒体压力在碳排放权交易政策影响工业企业绿色创新效率过程中发挥的调节作用。目前，虽然多数学者探究了碳排放权交易政策对企业绿色创新的影响，但很少有学者基于媒体压力角度去考察，而且就媒体压力与企业绿色创新的关系研究而言，一般可分为两种假说，即“公司治理假说”和“市场压力假说”，前者强调媒体压力会促进企业创新，而后者认为媒体压力会抑制企业创新，那么在碳排放权交易政策影响工业企业绿色创新效率的过程中，媒体压力到底会起到正向调节还是负向调节作用，很少有学者进行相关研究。因此，本部分将基于媒体压力视角来解析碳排放权交易政策对工业企业绿色创新效率的影响机制。

（2）解构了环境立法和环境执法在碳排放权交易政策影响工业企业绿色创新效率过程中的调节机制。目前，虽然多数学者探究了碳排放权交易政策对企业绿色创新的影响，但很少有学者基于环境立法和环境执法角度

去考察，一方面，就环境立法与企业绿色创新的关系研究而言，“波特假说”认为环境立法会激励企业绿色创新，而“制约假说”则表示环境立法会挤出企业绿色创新投资，降低企业绿色创新效率，那么在碳排放权交易政策影响工业企业绿色创新效率的过程中，环境立法到底会起到正向调节还是负向调节作用，很少有学者进行相关研究。另一方面，已有部分学者探究了环境执法对企业绿色创新的促进作用，但很少有学者从环境执法角度来剖析碳排放权交易政策对企业绿色创新效率的影响，因此，本部分将基于环境立法和环境执法视角来解析碳排放权交易政策对工业企业绿色创新效率的影响机制。

（3）构建了碳排放权交易政策影响工业企业绿色创新效率的评价模型体系。以往的研究通常采用绿色技术创新变量来衡量工业企业的绿色创新水平，其实，绿色创新效率相比于绿色技术创新而言更能反映出企业单位的绿色创新能力。与此同时，学者们广泛探究了碳排放权交易政策对宏观省域绿色创新效率的影响，而企业是绿色创新的微观主体，因此，本部分收集了企业层面的数据，基于相关的理论基础和影响机制分析，构建了碳排放权交易政策与工业企业绿色创新效率的模型体系，借助双重差分模型探究了碳排放权交易政策对工业企业绿色创新效率的直接影响，借助调节效应模型探究了媒体压力、环境立法和环境执法在碳排放权交易政策影响工业企业绿色创新效率过程中所发挥的作用。

二、数字普惠金融与区域经济绿色发展的相关研究

根据本部分的研究目标，本部分设计了六个小节对数字普惠金融对区域经济绿色发展的影响进行了研究，利用理论研究和实证研究的方法对数字普惠金融影响区域经济绿色发展的相关理论、发展现状、作用机制进行了分析、揭示和验证，并从金融层面和政策层面提出了提高数字普惠金融促进区域经济绿色发展的意见和建议。因此，本部分的学术价值与创新之处主要有以下三点。

（1）构建了区域经济绿色发展的评价体系。通过采用熵值法选取多个

指标对区域经济绿色水平进行衡量，相较于单纯地采取绿色全要素生产率来衡量绿色经济更为全面和合理，更能从多维度体现出经济的绿色发展。

（2）探究了数字普惠金融与区域经济绿色发展之间的空间影响。以往较少有探究数字普惠金融与区域经济绿色发展之间的关系，有也是简单的线性回归，忽视了地理因素对经济发展的影响，因此本部分考虑到数字普惠金融与区域经济绿色的空间相关性，在此基础上探究二者之间的空间效应，拓展了此领域相关的研究。

（3）重视政府在数字普惠金融影响区域经济绿色发展的过程中所起到的作用。数字普惠金融是政策引导型金融，在其对社会的影响方面，政府起到了不可忽视的作用，本部分参考以往文献，验证了政府在此过程起到了门槛效应，以期从政府角度促进数字普惠金融发挥更大的效用。

三、产业结构升级、绿色技术创新对能源消耗的影响研究

根据本部分的研究目标，本部分设置了六个小节对产业结构升级、绿色技术创新以及能源消耗的关系进行研究，基于相关文献研究与相关理论基础，利用机制研究与实证研究相结合的方式对三者的关系进行了深刻的剖析与验证，最后基于相关研究结果从产业结构升级、绿色技术创新两个视角提出了降低我国能源消耗、实现我国绿色发展的对策和建议。因此，本部分的学术价值与创新之处有以下三点。

（1）揭示了产业结构升级对能源消耗影响效果的异质性。现有研究指明了产业结构升级对能源消耗具有一定的影响，但鲜有文献探讨产业结构升级对能源消耗影响效果的异质性。因此本部分首先运用分位数回归模型从分布异质性视角，探讨产业结构升级对不同分位点上能源消耗强度的影响效果；此外，本部分还依据国务院提出的八大综合经济区的划分标准从区位异质性视角探讨两者的关系，以期更全面、更丰富地评估产业结构升级的节能效应。

（2）厘清了产业结构升级、绿色技术创新与能源消耗之间深层的关系。目前文献主要关注产业结构升级、绿色技术创新与能源消耗中两两关

系的研究，鲜有将三者纳入同一框架综合考虑的实证研究。本部分通过构建中介效应模型，将绿色技术创新作为传导路径引入产业结构升级与能源消耗关系的研究框架中。此外，尚未有学者讨论在绿色技术创新约束下产业结构升级的节能效应是否表现出非线性特征。为此，本部分还构建门槛效应模型以探究产业结构升级与能源消耗间是否存在绿色技术创新的门槛效应。

（3）基于产业结构升级、绿色技术创新两个视角，提出了实现我国能耗降低的对策建议。首先基于产业结构升级对能源消耗的影响，从持续推进“退二进三”的产业结构升级政策以及因地制宜地制定产业政策两个方面提出了促进我国节能发展的建议；其次基于绿色技术创新在产业结构升级与能源消耗关系中的中介效应与门槛效应，从国家支持、市场构建、企业发展三个层面提出了推动我国经济低能耗发展的对策，以期为之后学者的研究提供一定的理论依据与研究基础。

四、数字经济、产业结构升级对区域碳减排的影响研究

本研究主要关注了数字经济、产业结构升级和区域碳减排三者之间的关系。在分析数字经济区域发展现状的基础上，探究了数字经济发展对我国区域碳减排的直接、间接和空间交互影响。最终，为区域碳减排工作提供合理的建议，以期发挥数字经济的驱动作用，促进我国产业结构升级，进而加速我国“双碳”目标进程。因此，本部分的学术价值与创新之处有以下三点。

（1）解构了数字经济、产业结构升级对区域碳减排的影响机制。基于数字经济对碳减排的影响路径，本部分在文献梳理的基础上，首先，从基建和运行的抑制作用、技术研发和流动的促进效应、数据监测的促进效应，解析了数字经济对区域碳减排的直接作用机制。其次，从数字经济对产业结构升级、产业结构升级对碳减排、产业结构升级的中介作用机制三个方面，分析了产业结构升级的中介作用机制。最后，从数字经济与碳减排的溢出效应，以及数字经济与碳减排的空间交互溢出效应，解构了数字

经济与碳减排的空间交互影响机制。

（2）构建了数字经济、产业结构升级对区域碳减排影响的路径模型，并进行了实证分析。本部分在借鉴现有研究的基础上，对数字经济影响区域碳减排的产业结构升级路径进行了研究。先对数字经济和产业结构升级指数进行测度，并以数字经济作为解释变量，碳减排作为被解释变量，引入产业结构升级指数作为中介变量，构建数字经济、产业结构升级与区域碳减排计量模型，并对区域异质性进行深层次分析。在此基础上，构建出数字经济与碳减排的空间联立方程模型，对两者间的空间交互溢出效应进行探讨。

（3）提出了我国数字经济、产业结构升级与区域碳减排的发展政策。基于我国数字经济和碳减排现状，综合考虑本部分的实证检验结果，本部分分别从数字经济促进区域碳减排和产业结构升级促进区域碳减排两个方面，提出以数字经济协同产业结构升级驱动碳减排的治理策略，丰富了我国数字经济和碳减排的研究体系，拓宽了以数字经济驱动碳减排的产业结构路径思路，同时也能为后来的学者提供一定的借鉴和参考。

五、绿色金融、绿色技术创新对区域碳减排的空间效应影响研究

本部分对国内外文献进行查阅之后，对其中的观点进行梳理分析，意在对当前绿色金融、绿色技术创新的研究现状以及实施碳减排政策后我国整体效应做出更加准确的了解。在综合大量文献的基础上，运用理论研究以及实证分析的方法进行叙述，研究重点即为绿色金融、绿色技术创新与碳减排之间的空间影响效应关系。因此，本部分的学术价值与创新之处如下所示。

（1）拓宽了绿色金融、绿色技术创新与碳排放方面的研究。目前关于碳排放的研究中，大多只研究绿色金融对碳排放、绿色技术创新对碳排放的影响，很少将绿色金融、绿色技术创新、碳排放三者置于同一体系中研究三者之间的相互作用关系。本部分在建立绿色金融、绿色技术创新评价

指标体系的基础之上，着眼于当前我国绿色金融、绿色技术创新的现状和发展趋势，分析二者对碳排放的空间影响，为以后相关领域的研究提供了一定的借鉴。

（2）解析了绿色金融、绿色技术创新与碳排放的空间溢出效应关系。在对绿色金融与绿色技术创新时间趋势进行研究的基础上，对二者与碳排放的关系进行定性分析，并进一步将空间因素纳入绿色金融、绿色技术创新和碳排放体系之内，不仅分析了绿色金融发展和绿色技术水平提升对本区域碳排放的影响效果，还分析了二者对空间关联区域碳排放的影响，并划分东部、中部、西部区域探讨不同地区之间空间溢出效应的差异性，从而更客观、更深层次解析绿色金融、绿色技术创新与碳排放之间的作用关系，为现有理论研究提供空间实证依据。

（3）从绿色金融角度和绿色技术创新角度提出了推进碳减排的对策建议。本部分针对研究的主要结论，为实现绿色金融和绿色技术创新协同发展，实现“双碳”目标、推动碳减排，提出了相关的对策建议。基于当前绿色金融和绿色技术创新的发展现状，结合实证研究结果，就提高绿色金融水平、加大绿色创新技术研发，促进碳减排，从政府政策规制，金融机构、主要企业以及群众环保意识提升等方面给出建议。

第二章　碳排放权交易对工业企业绿色创新效率的影响

第一节　引　　言

一、研究背景

2021年4月2日，联合国气候峰会在爱尔兰首都柏林开幕，此次峰会举办的目的是推动全球各国面对日渐严峻的气候状况，能够积极应对，采取行动，共同解决全球气候问题。在此次气候峰会的现场，习近平主席发表重要讲话，习近平主席表示，过去那种一味发展经济，漠视环境效益的经济发展模式，是一种典型的短视思维，在当今情况下是应该摒弃的，面对当前复杂的全球气候问题，全球各国应该携手并进，共同采取措施，为尽早解决全球气候问题贡献自己的一份力量。但是，工业革命以来，蒸汽时代到来，煤炭成为主要能源，这对世界经济无疑是一个巨大的利好，但是以化石燃料为主要能源的弊端也随着时间的推移愈加明显，温室气体大量排放，大气层受到污染，全球气候发生变化，加上城市面积快速扩展，森林面积急剧下降，在多方因素的作用下，地球大气污染引发的温室效应加剧，严重威胁到人类社会和世界经济的可持续发展。2020年，新冠疫情加剧，对全球经济产生了巨大影响，根据国际能源署（IEA）在当年发布的权威报告，在2020年，全球碳排放量比上一年减少了

5.2%，但由于各国采取经济刺激政策和疫苗普及，世界经济迅速复苏，2021年的碳排放量比2020年增加6%，达到了363亿吨，创历史新高，抵消了此前一年疫情导致的大幅下降，正因如此，如何进一步降低碳排放、促进低碳发展，已经成为全世界经济学家和政治学家研究的话题，引起全世界的关注。[①]

我国是世界上最大的发展中国家，目前仍处于工业化发展阶段，对于能源使用的需求仍然在上升期，而我国当前的能源结构又存在不合理的地方，就像会产生巨大碳排放的化石燃料，仍然是我国最为主要的能源，化石燃料的使用必然会产生大量的碳排放，所以当前我国面临的情况是十分严峻的。作为负责任的大国，中国始终坚定不移地开展碳排放治理工作以推动低碳发展进程，如建立碳排放权交易市场以及开设低碳城市试点等都是行之有效的减排措施。2020年9月22日，中国宣布将提高国家自主贡献力度，提出了"双碳"目标，即二氧化碳排放力争于2030年前达到峰值，力争于2060年前实现碳中和。自"双碳"目标提出后，我国积极作为，这一重大战略决策是对全球节能减排、可持续发展的积极响应，是我国作为负责任大国为解决全球气候问题，结合我国当前国情做出的庄严承诺，也为实现我国提出的人类命运共同体作出了重要贡献，为世界治理气候变化、寻求人与自然和谐发展指明了道路。[②]

在低碳视阈下减少碳排放的各种方式中，被社会所公认的最有效的就是碳排放权交易，正是基于这种情况，对于碳排放权的研究是我国当前低碳研究的主要方向。碳排放权作为一种重要的资源，对其进行交易会使排放主体的活力充分激发，利用市场机制来调节，从而优化碳配额。推动我国低碳发展。已有研究表明，我国碳排放权交易试点地区的二氧化碳排放量明显低于非试点地区（刘传明等，2019），碳排放权交易机制已经起到了节能减排的效果（杨秀汪等，2021）。当前，要想借助碳排放权交易政策实现我国"生态优先，绿色低碳"的高质量发展目标，绿色创新是基

---

① 资料来源：国际能源署（IEA）。

② 习近平总书记在第七十五届联合国大会一般性辩论上发表重要讲话［N］．人民日报，2020－09－22．

石，而企业是绿色创新的主体，要想更加深入贯彻“绿色”新发展理念，少不了各大中小企业的共同努力，及时了解国家政策，积极采取措施，提高律法创新效率。因此，越来越多的企业选择了绿色发展路径，并将其提升到公司战略层面。积极开展绿色创新，促进低碳化发展已经是大势所趋，这对企业来说既是挑战，也是机遇。面对这种趋势，企业要抓住机遇，提高绿色创新技术，加强绿色创新能力，才能在绿色发展大势中抢占先机，在激烈的市场中处于不败之地，从而保证企业经济效益与环境效益的协同发展。

针对当前我国的现实情况，评估碳排放权交易对企业绿色创新的实施效果已成为学术界的研究热点。企业，尤其是工业企业，其碳排放量尤为明显，因此，工业企业的绿色创新行为将会直接影响我国的碳减排工作。基于此，本书从微观企业角度出发，以北京、天津、上海、重庆、湖北、广东、深圳和福建这些碳排放权交易试点省市的工业企业为处理组，以其余省市的工业企业为对照组，采用双重差分模型来解构低碳视阈下碳排放权交易对工业企业绿色创新效率的影响及其作用机制，以更好地为政府和企业在制定并优化低碳战略以及驱动绿色创新过程中提供支持。

二、研究目的

本书的研究目的主要有以下三点。

（1）检验碳排放权交易对企业绿色创新效率的直接影响。

碳排放权作为一种以市场需求为导向的权利，其交易将激发各类排放主体积极参与运作，以灵活的市场机制促进碳排放配额的合理配置，从而驱动我国的低碳发展。此前，绝大多数学者都是基于宏观视角探究该政策与绿色创新之间的关系，而企业是绿色创新的微观主体，尤其是碳排放量更高的工业企业，对于此类企业进行绿色创新所产生的积极影响更加显著，所以，基于这种情况，从碳排放权交易的角度去研究其对于各类企业在绿色创新阶段效率的影响，是非常符合当前我国现实且意义重大的。基于此，本书以工业企业为研究对象，把 7 个试点地区的工业企业作为处理组，把其余省份的工业企业作为对照组，以探究碳排放权交易对企业绿色创新效率的直接影响。此外，本书针对企业性质和企业规模还解析了碳排放权交易对企业绿色创新效率影响的异质性。

（2）揭示碳排放权交易对企业绿色创新效率的间接作用机制。

一方面，网络媒体已经发展到了会对企业发展产生影响的程度，如果企业在低碳环境中积极参加碳排放权交易所取得的正向成果会通过媒体快速扩散，对于企业本身来说，提高了企业在社会中的声誉，是有积极影响的，反之亦然。在“公司治理假说”下，媒体的负面报道会缓解企业内外部的信息不对称，提高公司的治理水平，督促管理者减少短视行为，促进企业创新。在“市场压力假说”下，媒体压力带来的负面效应会直接影响企业的短期绩效，加重管理者短视行为的发生，打击企业的创新。不论是哪一种假说，媒体压力均会对企业创新产生影响，因此，本书借助调节效应模型探究了媒体压力在碳排放权交易影响企业绿色创新效率过程中所发挥的作用。另一方面，我国在环境政策方面，通常首先采取的是政府强制命令型，其次才是利用市场机制进行激励。多种措施联合所产生的效果往往比使用单一政策更加有效，作为一项典型的利用市场机制来进行激励的政策，碳排放权交易或多或少会受到政府发布的强制性命令政策的影响，因此，本书借助调节效应模型探究了命令控制型环境规制在碳排放权交易影响企业绿色创新效率过程中所发挥的作用。

（3）提出低碳视阈下进一步驱动企业绿色创新效率的对策建议。

企业绿色创新效率的改善是保障企业经济和环境可持续发展的重要因素。基于各方研究结果，本书从政府和企业角度提出了有针对性的对策建议。从政府角度讲，当前全国市场依旧不完善，特别是在碳排放权交易方面，所以首先要对市场进行建设，完善碳排放权交易体系，以形成驱动企业绿色创新效率的碳交易环境；其次，要强化政府发布的管理规划，发挥好法治的积极作用，更好地帮助企业制定绿色创新策略，为成功向绿色发展转化奠定基础；最后，要根据企业性质和规模的异质性精准施策，实行差异化绿色创新激励措施。对于企业而言，最重要的是首先要提高绿色环保意识，提高绿色创新的能力，企业能够自发为保护环境进行高效的创新才是长久有效的机制；其次，要加强企业合作，通过缔结技术联盟的形式形成企业间的绿色创新联动格局；最后，要正确面对媒体压力，增强企业绿色创新的内生动力。

三、研究意义

（一）理论意义

1. 丰富了碳排放权与企业绿色创新效率的相关理论研究

作为低碳视阈下驱动碳减排的有效手段，碳排放权及其交易成果一直是政府和学术界的关注重点。首先，本书从三个方面揭示了碳排放权作用于企业绿色创新效率的理论依据。其一为碳排放权理论，碳排放权理论具体可以细分为两个方面：外部性理论和科斯定理；其二是绿色创新效率理论，绿色创新效率理论同样包含两个方面：绿色创新理论和绿色效率理论；其三为低碳相关理论，包括低碳理论和可持续发展理论，这些理论有助于丰富碳排放权交易与企业绿色创新效率的研究架构。其次，本书解构了碳排放权交易对企业绿色创新效率的作用机制，一方面，基于波特假说以及相关学者的研究成果探究了碳排放权交易对企业绿色创新效率的直接影响机制；另一方面，探究了碳排放权交易对企业绿色创新效率的间接影响机制，即基于“公司治理假说”和“市场压力假说”剖析了媒体压力在碳排放权交易影响企业绿色创新效率过程中所发挥的作用，并提出了相对立的研究假设；基于我国环境规制手段的多样性解构了命令控制型环境规制所施加的影响，为开展碳排放权交易对企业绿色创新效率影响的实证分析和对策研究提供了理论支撑。

2. 拓展了碳排放权交易与企业绿色创新效率的关系研究

目前，有许多学者都在研究碳排放权与绿色创新的问题，一方面，这些研究大都聚焦于省域层面数据，缺乏微观企业层面的数据；另一方面，在衡量企业绿色创新水平时，大都采用绿色技术创新变量，而绿色创新效率相比于单纯的绿色技术创新而言更能有效反映每单位研发支出的绿色创新效果。因此，本书将从微观企业层面出发，通过构建双重差分模型来探究碳排放权交易对企业绿色创新效率的直接影响，以期丰富市场激励型环境规制的相关研究。此外，企业参与碳排放权交易，积极开展绿色创新活动容易受到媒体的正面报道，企业对环境造成的危害也会受到媒体的负面报道，因此，媒体压力有可能会影响碳排放权交易对企业绿色创新效率的作用过程。与此同时，我国的环境管理方式，主要以政府强制命令为主、利用市场机制进行激励为辅。因此，命令控制型环境规制也有可能作用于碳排放权交易影响企业绿色创新效率的过程。对此，本书将构建调节效应模型来探究媒体压力和命令控制型环境规制所发挥的影响，这有利于剖析碳排放权交易对企业绿色创新效率的间接作用路径，并在一定程度上拓展碳排放权交易与企业绿色创新效率的关系研究。

（二）实际应用价值

（1）有助于探究在企业的绿色创新过程中，碳排放权交易是否会产生影响，以及产生影响的具体渠道，通过变量控制对企业绿色创新进行干预，充分迸发碳排放权交易对于企业绿色创新的积极影响。本书在理论上厘清了碳排放权交易与企业绿色创新效率的关系：一方面，基于“波特假说”，碳排放权交易会激励企业开展创新活动，提高其生产效率和竞争力，进而驱动企业的绿色创新效率。另一方面，已有学者证明了媒体压力和命令控制型环境规制会影响企业绿色创新效率，那么碳排放权交易有可能会与两者产生空间交互作用进而对企业绿色创新效率产生影响。因此，通过对媒体压力和命令控制型环境规制的研究分析，可以为碳排放权交易作用于企业绿色创新效率的过程提供路径借鉴和着力点。

（2）有助于剖析碳排放权交易对不同企业绿色创新的促进效应，为进一步驱动企业绿色创新效率提供经验启示。碳排放权作为低碳视阈下驱动碳减排的有效环境手段，探究其对企业绿色创新效率的影响具有深远的现实意义。基于企业性质和企业规模的异质性，本书深入探究了碳排放权交易对不同类型企业绿色创新效率的影响，根据实证分析结果，本书将从政府和企业两个角度提出进一步驱动企业绿色创新效率的适应性对策。一方面，政府要加快全国碳排放权交易市场建设，完善碳排放权交易体系，充分发挥环境法治的作用，促进企业绿色创新的落地转化，与此同时，要根据企业异质性精准施策，实行差异化的绿色创新激励措施。另一方面，企业要增强绿色创新意识，打造企业绿色创新能力培养长效机制，加强企业合作以形成绿色创新联动格局。与此同时，也要正确面对媒体压力，增强企业绿色创新的内生动力。

第二节　碳排放权交易对企业绿色创新效率的作用机制

全球变暖的环境问题日益引起社会各界的关注，近几年来，我国一直强调低碳节能的生活方式和生产模式，并且始终贯彻“绿色发展”理念。企业作为碳排放的主体，通过政府出台的碳排放权交易政策，积极参与市场碳配额交易，有利于促使其进行绿色创新活动，提升绿色创新效率，从而降低碳排放量，促使企业形成低碳环保的绿色生产方式，从而更好地改善生态环境，实现绿色发展。本章主要梳理了碳排放权交易对企业绿色创新效率的直接和间接影响机制，为接下来的实证分析以及相关的对策研究提供了思路。

一、碳排放权交易对企业绿色创新效率的直接影响机制

公共产品理论认为，由于公共产品没有竞争性，可以被大家共同无偿使用，因此，往往会带来“公地悲剧”“搭便车”等负面效应。生态环境作为一种资源就是典型的公共产品，企业组织生产、开展营利性活动，带来的收益由企业私享，而带来的环境问题却需要社会大众来承担，如果企业增加环境治理的投入，营业成本就会增加，社会享受环境优化的好处，企业却可能不能实现盈利。因此，为了解决这个问题，就需要企业将生产经营活动中产生的外部费用纳入自己本身的成本结构中。世界各国控制污

染、保护环境使用最多的方式就是环境规制。通常情况下环境规制包含命令控制型和市场激励型。命令控制型是通过刚性法律法规限制对资源的开发利用；市场激励型则是利用市场的交易行为，使企业边际成本一致，碳排放权交易制度就是典型的市场激励型环境规制。自市场激励型环境规制政策问世以来，各国学者纷纷对市场激励型环境规制政策能否改善生态环境进行了理论和实证研究，得到的结果都是肯定的。可以看出环境规制的实施确实可以改善环境质量，但是企业的目的是追求利润最大化，那么环境规制能否促进企业创新呢？

目前，关于环境规制影响企业创新的研究主要形成了两类观点，如图 2.1 所示。具体而言：一类是基于新古典经济学的传统假说，该假说从静态模型出发，认为环境规制的出现使企业在创新及环境方面的投入增多，企业在长期的高投入下会导致经营成本提高，竞争力下降和收益不稳定，造成企业研发资金缩减，影响创新活动的开展，这个结论也被部分学者所验证（Zhou et al.，2021）。另一类是著名的波特假说，与传统假说不同，该假说从动态模型出发，认为合适的环境规制可以通过技术革新降低成本，通过创新产品增加收入，激励企业开展创新活动，提高其生产效率和竞争力，并强化产品的质量以实现收益的最大化，进而提高企业的创新效率。

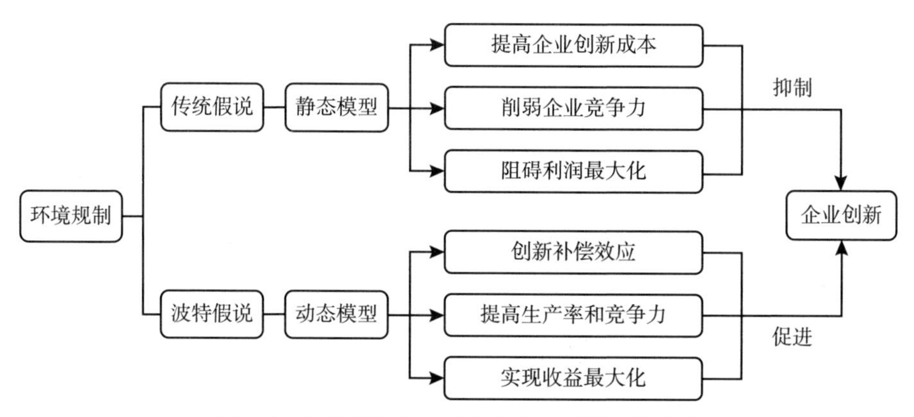

图 2.1　环境规制影响企业绿色创新的两种观点

同时波特假说还认为，如果有一种环境规制对企业开展创新活动有益，一定包括以下几个特点：第一，给企业留下创新方法的同时给予最大范围的创新空间；第二，其保持创新的持续性依赖各种类型的创新；第三，其可以在一定程度上增强确定性。本书主要研究的碳排放权交易是一种市场激励型环境规制政策，资源配置高效，体系设计灵活，在碳排放权交易市场中，企业可以通过购买其他企业的盈余配额来弥补超额的排污成本，也可出售为实现排污成本节约而产生的配额盈余。企业通过科研技术创新将污染物的排放量降至规定配额或以下，不仅节约了外购配额的成本，还可以通过出售配额获利，从而更有利于激励企业创新。到当前为止，许多学者对市场激励型环境规制对企业创新是否产生积极影响进行了大量研究，得出的结论几乎都论证了“波特假说”的真实性（Richard et al.，2012；Yin et al.，2023）。综上所述，本书提出如下假设（见图 2.1）。

H2－1：碳排放权能够有效提升企业的绿色创新效率。

二、碳排放权交易对企业绿色创新效率的间接影响机制

（一）媒体压力的调节效应机制

在当今网络媒体高度普及的大环境下，外部媒体带来的舆论压力会影响企业战略的制定和企业的创新积极性。目前关于媒体压力影响企业创新的研究存在两类假说，分别为：公司治理假说和市场压力假说，两类假说的代表性观点如图 2.2 所示。

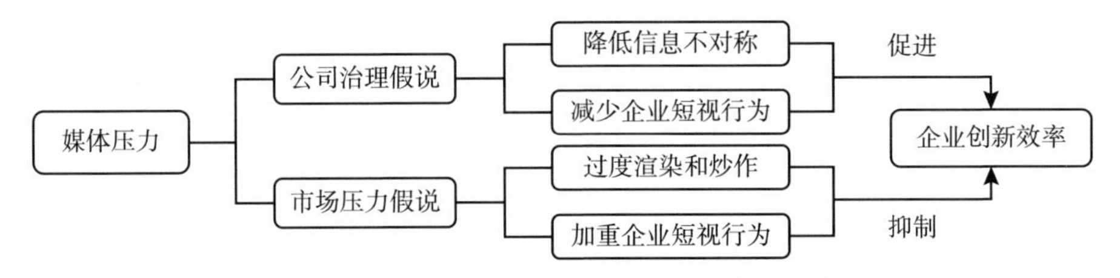

图 2.2　媒体压力影响企业创新的代表性观点

具体而言，在公司治理假说下，一方面，媒体作为一种传播媒介，能够让大众通过其得到企业的相关信息，从而引导大众对上市公司的评价取向，降低上市公司和利益相关者之间的信息不对称，这不仅能够帮助外部投资者客观了解企业的实际经营状况，还会影响企业的行为决策。企业积极参与碳排放权交易市场并取得良好的减排成效，易受到媒体的关注并作为正面宣传对象进行采访报道，向社会宣传碳排放权战略的优势和成果，而企业的媒体关注度上升后，会在监督下进一步规范自身的经济和社会行为。此外，媒体能够发现公司的不当行为，能起到纠偏的作用，主要体现在纠正上市公司的违规行为、加强投资者保护、提高薪酬的合理性水平以及加强企业社会责任管理等方面。

另一方面，媒体报道能提高公司的治理水平，抑制管理者的享乐主义行为，督促管理者主动提高企业业绩，做好企业长期规划，减少短视行为，有利于企业创新。媒体对企业的正面行为如绿色技术创新、研发成本的投入等关注可以帮助企业树立良好形象，增加社会公众对其的认可度，激励企业持续开展绿色创新。媒体对企业负面行为如偷排污染物、监测数据造假等违规违法的报道和关注可以对企业施加社会舆论压力，监督企业改进生产和污染治理，并承担相应的违规后果。与此同时，媒体对企业环境行为的负面报道容易引起社会公众的共鸣，会对当地政府及相关部门产生舆情压力和环境绩效压力，激励当地官员督促企业进行整改，提高企业绿色创新效率。为了消除负面新闻所带来的不良影响，企业也愿意承担一些社会责任来挽回声誉。相关研究发现，媒体对企业的报道数量越多，监督强度越大，企业的绿色创新绩效就越好（汪建成，2021）。

在市场压力假说下，一方面，媒体能够对企业管理者施加压力，从而使企业管理者更加注意自己的行为与决策可能产生的影响，更加注重长期利益。创新作为一种典型的长期项目，具有极大不确定性和高风险性，因此，对企业研发项目进行投资需要对短期失败和风险有相应的容忍度。媒体压力带来的负面效应会直接影响企业的短期绩效，打击企业的创新积极性，让原本就处于高投资风险的企业雪上加霜。当大量关于特定企业的媒体报道在短时间内涌现时，无论是企业外部利益相关者、政策制定者和监管部门，其对于媒体报道的真实性都难以在短期内进行合理的预判，而媒体为了吸引公众视线，会轮番报道企业的高风险投资决策，一旦这一过程中出现创新投资活动失败等有损企业价值或财务状况的情况，媒体报道就会为了引起公众热议而持续跟踪。而在这一过程中，由于资本市场有效性低，投资者与监管部门的信息来源有限，此时，企业管理者为了尽可能降低市场压力对个人和企业带来的负面影响，便极有可能减少企业创新投资，从而造成管理者更加短视的决策行为。

另一方面，媒体为了追求“轰动效应”可能会在报道中对新闻事件进行过度渲染和炒作，这会对企业造成严重的影响。为了缓解巨大的市场压力，管理者亟须提高企业短期业绩，此时管理者会减少失败概率高、投资回报周期长的创新活动，减少企业研发创新。而媒体正面的报道更有利于树立企业形象，吸引外部投资者，缓解企业的外部融资压力，在一定程度上化解企业绿色技术创新高成本、高风险的难题，激励企业的创新积极性。相关研究发现，媒体的负面报道越多，企业的短期财务业绩压力就越大，对企业创新的抑制作用就越显著（杨道广，2017）。

综上所述，本书根据以上两类假说提出了下面彼此对立的研究假设：

H2 - 2a：媒体压力增加，会强化碳排放权交易对企业绿色创新效率的激励作用。

H2 - 2b：媒体压力增加，会弱化碳排放权交易对企业绿色创新效率的激励作用。

（二）命令控制型环境规制的调节效应机制

命令控制型环境规制是一种以行政为主导的环境治理机制体系，即政府通过强制命令性的法规政策、技术标准、行动规划等手段来保证实施，以达到保护环境、提高资源利用效率、减少污染排放的目的，这一政策工具是实现环境治理目标的有效手段。20 世纪 50 年代，社会生产规模不断扩大，经济发展导致向自然界中排放的大量污染物远远超过了环境的负荷容量。命令控制型环境规制政策工具一般不直接作用于企业生产过程，而是直接控制生产中的污染物排放，从源头控制，加强环境保护，实现绿色经济。其通常通过以下方式发挥作用：第一，在事前通过颁布一些预防性的、惩罚性的法律法规或事后采用环境行政处罚等方式影响产业布局。比如，限制污染行业准入、鼓励发展低碳环保型产业、采用行政手段关停重度污染和落后产能企业、对污染产业转移等方式促进地区经济可持续发展。第二，把控污染源头，控制排污量，提高排放标准以及技术标准。第三，投入资金进行环境治理，最根本的是提高技术，减少对传统能源的需求，从而抑制或减少碳排放。

为了解决环境污染所造成的负外部性问题，政府部门会依托行政权力对污染排放和能源利用的行为进行直接管制，将企业污染问题内部化，而企业内部迫于政府压力和环保要求，将投入更多资源进行绿色技术研发和绿色创新活动以减少污染，使企业达到规制政策的要求与标准。违反环境保护法规的企业，也必将受到政府的经济罚款、查封扣押、停产整治等一系列惩罚，这些惩罚所造成的损失往往会大于企业违反法规所带来的收益。因此，企业为降低违反法规的成本并满足政府的硬性要求，就会倾向于放弃原有的生产与运营模式，转而采取提升技术研发、改良生产工艺、运用先进设备等绿色发展方式，提高资源的使用效率以从源头上解决污染问题，降低对外部环境造成的负面影响。而积极响应政府绿色发展政策的企业，可以通过获得政府的资助缩小绿色发展的研发成本，降低绿色技术研发过程中的诸多风险和不确定性，进而最大限度地激发其绿色创新的积极性，推动企业的可持续发展。

与此同时，也存在不同的观点认为命令控制型环境规制会对企业绿色技术创新能力产生严重阻碍，对企业绿色创新效率有负面影响（Per，2014）。李婉红等（2013）认为，命令控制型环境规制作用有阶段的差别，其对企业绿色创新效率的影响作用也可以划分为不同阶段，其可以有效促进企业治理末端方面的绿色技术创新。但是也有研究发现受到命令控制型环境规制会更容易产生绿色技术创新相关的意愿，激发企业的科技研发动力（王娟茹，2018）。

目前，我国的环境规制工具仍是“以命令控制型为主、以市场激励型为辅”，在社会公众环保意识薄弱以及企业社会责任未普遍承担的情况下，政府主导环境治理显得尤为重要。命令控制型环境规制包括各种环境立法和执法手段，其作为强制性的约束措施能够对市场激励型环境规制政策的实施产生极大影响，进而影响企业的决策行动及其绿色创新能力。如徐开军等（2014）综合分析了这两种环境规制手段，发现两者的相互配合能够明显推动绿色创新的发展。张平淡等（2021）则将命令控制型环境规制划分为环境立法和执法两个变量，发现这两个变量均可以正向调节碳排放权交易对企业全要素生产率的作用过程。由此，本书提出以下假设。

H2－3：命令控制型环境规制能够在碳排放权交易影响企业绿色创新效率的过程中发挥正向调节作用。

三、碳排放权交易对企业绿色创新效率影响的异质性

（一）企业性质异质性分析

我国国有性质的企业在资源禀赋、决策部署和战略目标等方面均与民营性质的企业存在不同。关于企业绿色创新，有学者认为国有企业缺乏开展绿色创新的积极性（朱俏俏等，2020），但是，考虑到绿色创新成果从某种程度上可以说类似于公共物品，因此，作为弥补市场失灵工具的国有企业可能更重视绿色创新。

一方面，国有企业不仅是贯彻我国低碳发展理念的重点监察对象，也是国家碳排放权交易政策的坚决执行者。长期以来，我国的碳排放总量居高不下，这严重违背了我国的低碳发展理念，要想控制温室气体的过量排放从而推动绿色发展，就必须坚定不移地进行绿色创新，而企业是绿色创新的微观主体，这就迫使企业不仅与国际接轨，响应国际关于绿色发展的号召，还要迎合国家政策，着力发明绿色技术，增强本企业的绿色创新效率，降低能源消耗，减少污染气体排放。就国有企业而言，当政府制定相关环境政策后，国有企业会更积极地响应该政策以作表率，

同时，其响应成果也更容易受到政府的重点监测。碳排放权交易政策是政府基于低碳视阈所制定的环境政策，由于国有企业会带有一定的政治属性，因此其会承担更多的社会责任，广泛开展绿色创新活动以提高企业的绿色创新效率。

另一方面，国有企业可以获得持续的资源支持，更能承担绿色创新的高风险。一般而言，国有企业背靠国家，绿色创新研发团队的质量会更高，且其创新活动更容易受到政府的资金支持，这保证了企业绿色创新研发投入的持续性。但是，企业对绿色创新活动投资的金额是一次次不断增加的，并非只投资一次就完成，这要求企业不仅要具有较强的资金投入能力，而且要能妥善处理来自市场以及产品不确定性的压力；而民营企业相对于国有企业而言，其资金来源会受到一定的限制，且无法保证资金的持续性和长期性，因此，绿色创新活动可能无法在短期内给民营企业带来足够的经济效益，这便导致民营企业面临更高的绿色创新风险。基于此，本书提出以下假设：

H2－4：与民营企业相比，碳排放权交易更能提高国有企业绿色创新效率。

（二）企业规模异质性分析

规模经济是现代企业理论研究中的关键概念，它代表了企业规模越大，更能节约成本，竞争优势也就越大。一般而言，同样的产品，小规模企业比大规模企业的售价更高，这是因为单位成本取决于公司生产多少。较大的企业可以通过将生产成本分摊到大量商品上来生产更多产品。规模经济之所以会带来比较低的单位成本是因为：首先，劳动力专业化和更集成的技术提高了产量。其次，单价的降低可能使来自供应商的批量订单、大量的广告购买或资本成本的降低。最后，将内部功能成本更多分散到生产和销售环节有助于降低单位成本。

在碳排放权交易机制下，企业边际减排成本不同所作出的决策也会有所差异：当企业的边际减排成本高于碳交易市价时，企业不会想办法减少二氧化碳的排放，而是会在碳排放权交易市场上购买配额来缓解初始配额的约束。当企业的边际减排成本低于碳交易市价时，企业可以采用绿色创新技术，在产量不减少的前提下减少二氧化碳等温室气体的排放量，并可以在碳排放权交易市场上出售富余的碳配额获取收益。一般来说，企业的规模大小决定了企业的边际减排成本。根据规模经济，大规模企业边际减排成本较低，更有资本和精力进行绿色技术创新，进行温室气体减排，多出的配额还可以作为卖方在市场上进行出售。而小规模企业的边际减排成本较高，其进行高成本、高风险的绿色技术创新是不可行的，基于趋利考虑，小规模企业最可能是碳排放权交易市场的买方。

此外，“熊彼特假说”也认为企业的大小对科技方面的创新有一定的影响。企业规模大证明其内部资源丰富、行业地位高，可以投入大量的绿色创新研发经费，平摊研发成本，降低 R&D 经费冗余和新产品开发经费冗余，从而让企业在面对风险时，有能力维持自身发展。与此同时，企业规模越大，则用于开展绿色创新活动的人力和资金就越多，这有利于提高企业的绿色创新效率。基于此，本书提出以下假设：

H2 -5：相较于小规模企业，碳排放权交易更能促进大规模企业的绿色创新效率。

总之，本章主要解构了碳排放权交易对企业绿色创新效率的作用机制，具体而言，一方面，本章节阐述了碳排放权交易对企业绿色创新效率的直接影响机制，基于新古典经济学的传统假说和波特假说并结合前人的研究成果提出了 H2 -1。另一方面，本节阐述了碳排放权交易对企业绿色创新效率的间接影响机制，首先，就媒体压力的调节机制而言，本书基于公司治理假说和市场压力假说提出了相对立的研究 H2 -2a 与 H2 -2b。其次，环境规制有两种类型，就命令控制型的调节机制而言，本书介绍了命令控制型对企业绿色创新的作用。由于不同环境规制政策是相辅相成的，因此，本书认为，碳排放权交易作为市场激励型的一种，命令控制型会调节其影响企业绿色创新的过程，即 H2 -3。此外，本书基于企业性质和企业规模分析了碳排放权交易对企业绿色创新效率的异质性影响，并提出了 H2 -4 和 H2 -5。根据以上所述，本书的研究框架如图 2.3 所示。

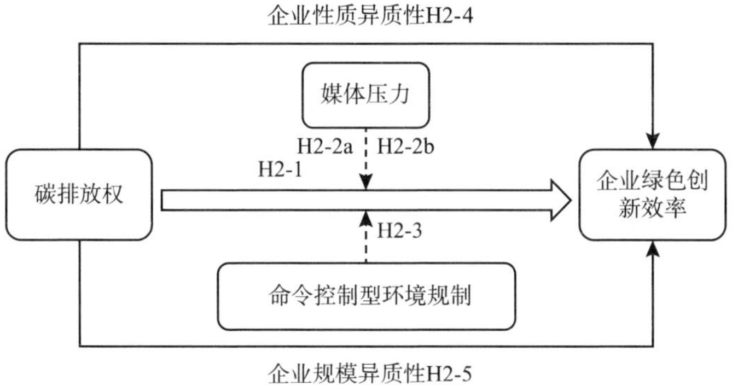

图 2.3　理论框架模型

第三节　碳排放权交易对企业绿色创新效率影响的实证研究

一、变量说明与模型构建

在全球气候治理和我国“双碳”目标的大背景下，本书以企业为例，对其进行实证分析，以揭示碳排放权交易对企业绿色创新效率的作用机理。其中主要解释变量为碳排放交易政策，被解释变量为企业绿色创新效率，同时将媒体压力与命令控制型环境规制作为调节变量，构建双重差分模型与调节效应模型，对碳排放权交易影响企业绿色创新效率的机理进行实证研究，为驱动企业绿色创新效率提升的相关研究提供参考。

（一）变量说明

1. 被解释变量

本书以企业绿色创新效率为被解释变量，记为 GreenInnov，其值可以通过企业绿色创新产出和创新投入的比值来测算，即式（2-1）。

$$GreenInnov_{i,t}=\frac{Gpatent_{i,t}}{RD_{i,t}} \tag{2-1}$$

对于企业绿色创新产出而言，在此借鉴宋清华（2023）的测算方式，选择企业绿色专利的总申请量（Gpatent）来衡量，相对专利授权量来说，由于绿色专利申请量不会受到官僚机构的影响，可以更好地反映出在政策的影响下，企业实际创新能力的提升，并且没有时滞性。在申请的时候企业可将其运用在生产经营活动中，此时便已产生经济效益。此外，受限于上市公司绿色创新投入数据的难以获得性，本书借鉴刘畅等（2023）的衡量方式，选用企业年度研发支出（RD）对绿色创新投入进行近似替代。

2. 解释变量

本书采用了碳排放权交易政策作为解释变量，并用 Treat × Time 来表示。首先，将碳排放权交易试点作为一个地区虚拟变量，以 Treat 来表示，具体而言，如果某一试点地区的企业参与了碳排放权交易，则 Treat = 1，反之 Treat = 0。其次，为碳排放权交易试点政策构建一个时间虚拟变量，以 Time 来表示，因为深圳、天津、上海、广东、北京都是在 2013 年开始实行碳交易的，湖北、重庆是在 2014 年开始实行碳交易，而福建是在 2016 年开始启动试点工作，所以，属于深圳、天津、上海、广东、北京 5 个省份的工业公司，2013 ~ 2021 年的 Time 数值应该是 1，属于湖北、重庆的工业公司，2014 ~ 2021 年的 Time 数值应该是 1，属于福建的工业公司，2016 ~ 2021 年的 Time 数值应该是 1。除上述情况外，其余均取值为 0。

3. 调节变量

本书以媒体压力和命令控制型环境规制为主要调节变量，分别记为 Media 和 ER。

首先，在媒体压力变量（Media）方面，我们从中国主要新闻媒体全文数据库以及百度咨询的公司简介中获取与企业有关的新闻报道，以及上市公司简称、全称和股票代码、简称等信息，根据获取的内容，将媒体压力变量划分为媒体中性报道、媒体负面报道和媒体正面报道。通常企业的规模越大，带来的曝光度越大，为了消除由于企业规模带来的影响，在此将依据克拉克森的研究（Clarkson et al.，2008），用 Jains – Fadner（JF）

系数来表示企业面临的媒体压力，如式（2.2）所示。JF 系数的取值范围介于［-1，1］，其中，e 为负面报道数，c 为正面报道数，t 为正、负面报道之和，JF 系数越接近 1，表明负面报道越多，企业面临的媒体压力越大；系数越接近 -1，表明正面报道越多，企业面临的媒体压力越小。相关的度量公式如下：

$$
\text{JF 系数} = \begin{cases} \dfrac{ec - c^2}{t^2} & e < c \\ \dfrac{e^2 - ec}{t^2} & e > c \\ 0 & e = c \end{cases} \tag{2-2}
$$

其次，对于命令控制型环境规制变量（ER）而言，本书将借鉴张平淡等（2021）的研究成果，采用以下两种方式来衡量命令控制型环境规制：以各地区在各年度的环境标准和环境法规文件累计颁布数的对数值表示当年的命令控制型环境规制的环境立法变量，用符号 LEG 表示；以各地区在各年度的环境行政处罚案件数的对数值来表示当年的命令控制型环境规制的环境执法变量，用符号 ENF 表示。

4. 控制变量

以现有文献为基础，考虑到企业绿色创新效率的影响因素较多，为更加准确地度量碳排放权交易对企业绿色创新效率的影响，本书选取的控制变量为：资产负债率（Lev）、现金流比率（Cashflow）、总资产周转率（ATO）、公司成立年限（FirmAge）、公司上市年限（ListAge）、企业社会财富创造力（TobinQ）。

被解释变量、解释变量、调节变量以及控制变量的对应测度方式如表 2.1 所示。

表 2.1　变量的测度方式

变量类别	变量名称	符号	测度方式
被解释变量	企业绿色创新效率	GreenInnov	见式（4.1）
解释变量	碳排放权交易政策	Treat × Time	0 - 1 变量

续表

变量类别	变量名称	符号	测度方式
调节变量	媒体压力	Media	见式（4.2）
	命令控制型环境规制	ER	借助环境立法与环境执法测度
控制变量	资产负债率	Lev	年末总负债/年末总资产
	现金流比率	Cashflow	经营活动产生的现金流量净额/总资产
	总资产周转率	ATO	营业收入/平均资产总额
	公司成立年限	FirmAge	ln（当年年份－公司成立年份＋1）
	公司上市年限	ListAge	ln（当年年份－上市年份＋1）
	企业社会财富创造力	TobinQ	（流通股市值＋非流通股股份数×每股净资产＋负债账面值）÷总资产

（二）模型构建

1. 双重差分模型

对于分析某一政策所产生的效应来说，双重差分法是行之有效的。双重差分法常用于观测随机试验或自然实验的实施效果，能够量化政策对实施对象的影响大小，是一种常用且重要的政策观测工具。其具体模型的建立方法，是通过设置政策实施时间点，根据政策试点的区域分为处理组和对照组，最后，将两个样本的结果进行比较，得出政策执行的结果。利用双重差分法对政策效果进行分析，其优势在于：一是回归分析方法简便、科学性强，可以通过相互作用项的回归系数显著度来判断政策效果；二是双重差分法既能高效地规避内生性问题，减少随机误差的干扰，使实验结果更加可靠，又能有效地抑制个体差异对被测结果的影响。

就本书的研究而言，以2013年为政策节点，将碳排放权交易试点地区（深圳、上海、北京、广东、天津、湖北、重庆以及福建）的企业设置为处理组（Treat＝1），非试点区域企业设置为对照组（Treat＝0），将试点地区启动碳排放权交易的第一年及以后年份的Time均取值为1，之前年份的Time则取值为0，并将解释变量用碳排放权交易政策（$Treat_i \times Time_t$）来表示，被解释变量用企业绿色创新效率（$GreenInnov_{i,t}$）来表示，构建碳排放权交易政策影响企业绿色创新效率的双重差分模型如下：

$$GreenInnov_{i,t} = \alpha_0 + \alpha_1 Treat_i \times Time_t + \alpha_2 \, control_{i,t} + \mu_i + \delta_t + \varepsilon_{i,t} \quad (2-3)$$

其中，$GreenInnov_{i,t}$代表企业在 i 地区 t 年度的绿色创新效率，$Treat_i \times Time_t$则代表碳排放权试点变量，如果试点地区的某企业在试点年度内参与了碳排放权交易，则该值为 1，否则取 0。$control_{i,t}$表示本书所选取的控制变量组，μ_i 代表地区固定效应，δ_t 代表年份固定效应，$\varepsilon_{i,t}$表示随机扰动项用。就 Treat 与 Time 交乘项的回归系数 α_1 而言，其能很好地衡量碳排放权交易政策对企业绿色创新效率带来的净效应。若该系数显著为正，则表明碳排放权交易政策能有效引导企业绿色创新效率，同理，若该系数显著为负，则碳排放权交易政策会对企业绿色创新效率的提高产生阻碍作用。

2. 调节效应模型

在当今网络媒体高度普及的大环境下，外部媒体带来的舆论压力会影响企业碳战略的制定和企业的创新积极性。一方面，在公司治理假说下，媒体的负面新闻可以缓和内部和外部的信息不对称，使外部投资者能够更加客观地认识公司的真实经营情况，减轻高管的工作压力；它还可以改善公司的治理，约束高管的享乐行为，促使高管积极地改善公司绩效，做好公司的长远规划，减少短视行为，从而提升公司的创新效率。另一方面，在市场压力假说下，媒体压力会加重管理者短视行为的发生，其带来的负面效应会直接影响企业的短期绩效，打击企业的创新积极性，让原本就处于高投资风险的企业雪上加霜。且媒体为了追求“轰动效应”可能会在报道中对新闻事件进行过度渲染，影响新闻的真实性，对企业绿色创新的负面影响更甚。由此，本书将在此探究企业所面临的媒体压力在碳排放权交易影响企业绿色技术创新效率过程中所发挥的影响。

此外，碳排放权交易属于一项典型的市场激励型环境规制政策，要改善生态环境质量，需要环境保护，强化协同合作。作为一种“硬约束”，加强环境立法和环境执法，不仅会对市场激励型环境规制的效应产生影响，还是法治的需要。为此，本书在此将命令控制型环境规制划分为环境立法和环境执法变量，以进一步讨论其在碳排放权交易影响企业绿色创新效率的过程中所发挥的作用。

综上所述，本书将使用调节效应模型分别检验媒体压力与命令控制型环境规制在碳排放权交易政策影响企业绿色创新效率过程中所发挥的调节作用，基于双重差分的主效应模型，构造了接下来的调节效应模型：

$$GreenInnov_{i,t} = \beta_0 + \beta_1 Treat_i \times Time_t + \beta_2 Treat_i \times Time_t \times Mod_{i,t} + \beta_3 Mod_{i,t} + \beta_4 control_{i,t} + \mu_i + \delta_t + \varepsilon_{i,t} \quad (2-4)$$

其中，$Mod_{i,t}$为调节变量的集合，具体包括 $Media_{i,t}$、$LEG_{i,t}$以及 $ENF_{i,t}$。$Media_{i,t}$指的是 i 企业在 t 年度所面临的媒体压力，用 JF 系数进行测度，$LEG_{i,t}$和 $ENF_{i,t}$变量表示 i 企业所在的地区在 t 年度所发布的环境立法和环境执法变量，环境立法变量可以用各地区在各年度的环境标准和环境法规文件累计颁布数的对数值来表示，环境执法变量可以用各地区在各年度的环境行政处罚案件数的对数值来表示。其中回归系数 β_2 的值是调节效应的估计值。

二、样本选择与数据预处理

以 2013 年为起点，碳排放权交易试点工作接连成功运转。本书以 2009~2021 年的 A 股上市工业企业为初始研究样本，由于电力、石化、化工、建材、钢铁、有色金属以及造纸等高耗能行业对我国生态环境造成了巨大压力，因此本书将对这些行业的工业企业重点考察。上市企业所属工业标准依据的是中国证监会行业分类，企业经济特征数据和绿色专利数据来自国泰安数据服务中心（CSMAR）和中国研究数据服务平台（CNRDS）。

此外，为确保数据在后续研究的准确性，本书遵循以往研究，在初始样本的基础上，进行以下处理：（1）剔除 ST、ST* 的观测样本；（2）剔除专利申请总量为 0 或缺失的样本，并剔除控制变量中缺失值严重的样本。对于连续变量，在 1% 和 99% 的分位上，都做了缩尾处理，以剔除极值。经过上述处理，最终得到 1876 家公司共计 7292 个观测值，数据类型为非平衡面板数据。

在展开实证研究前，我们先采用描述性的统计分析方法，开展企业样本数据的研究，来判断样本的分布状况。现将本书的变量描述性统计分析的具体情况呈现在表 2.2 中。由该表可知，企业绿色创新效率的最小值为 0.044，最大值为 68.325，均值为 0.575，这表明企业间的绿色创新效率差距较大。

表 2.2　　变量的描述性统计分析结果

变量类别	变量名称	符号	观测值	均值	标准差	最小值	最大值
被解释变量	企业绿色创新效率	GreenInnov	7292	0.575	2.504	0.044	68.325
解释变量	碳排放权试点变量	Treat × Time	7292	0.333	0.471	0	1
调节变量	媒体压力	Media	7292	-0.228	0.249	-1	1
	环境立法变量	LEG	7292	4.969	6.620	0	9
	环境执法变量	ENF	7292	8.668	1.060	4.219	10.717
控制变量	资产负债率	Lev	7292	0.427	0.190	0.027	0.924
	现金流比率	Cashflow	7292	0.050	0.065	-0.200	0.282
	总资产周转率	ATO	7292	0.692	0.387	0.053	2.906
	公司成立年限	FirmAge	7292	1.928	0.901	0	3.367
	公司上市年限	ListAge	7292	2.822	0.349	1.098	3.610
	社会财富创造力	TobinQ	7292	1.933	1.126	0.802	11.393

2013 年我国开启了碳排放权交易试点，以此年份为界线可以将研究区间分为两个时期，即试点期与非试点期。表 2.3 将各省份分成试点地区和非试点地区，然后对两者在试点期与非试点期的被解释变量和控制变量进行了均值检验。由表 2.3 可知，不管是否处于试点期，各省份之间的企业绿色创新效率差别明显，而且试点地区的企业绿色创新效率显著大于非试点地区。此外，非试点地区的资产负债率、总资产周转率以及公司上市年限显著大于试点地区。在试点期内，非试点区的公司成立年限要长于试点区，而其社会财富创造力则小于试点区。

表 2.3　　碳排放权交易试点前后各变量的均值比较

变量	非试点期			试点期		
	非试点区	试点区	均值检验	非试点区	试点区	均值检验
GreenInnov	0.296	0.734	-0.438***	0.401	0.877	-0.476***
Lev	0.435	0.378	0.057***	0.438	0.420	0.018***
Cashflow	0.035	0.041	-0.006	0.053	0.053	0.000
ATO	0.800	0.757	0.044*	0.683	0.664	0.019*
FirmAge	2.496	2.529	-0.033	2.895	2.872	0.023***
ListAge	1.638	1.510	0.127**	2.069	1.893	0.176***
TobinQ	1.706	1.781	-0.075	1.892	2.089	-0.197***

注：*、**、*** 分别表示 10%、5%、1% 的显著性水平。

使用面板数据进行分析时，解释变量之间存在多重共线性会导致模型估计结果不满足无偏性，因此对样本变量开展相关性分析尤为必要。表 2.4 展示了模型所涉及的样本相关性分析结果。

表 2.4　　相关性分析检验结果

变量	GreenInnov	Treat × Time	Lev	ATO	Cashflow	TobinQ
GreenInnov	1					
Treat × Time	0.089***	1				
Lev	0.094***	-0.027**	1			
ATO	0.105***	-0.054***	0.181***	1		
Cashflow	0.065***	0.027**	-0.106***	0.220***	1	
TobinQ	-0.069***	0.097***	-0.294***	-0.032***	0.126***	1
ListAge	0.072***	-0.026**	0.424***	0.091***	0.093***	-0.062***
FirmAge	0.024**	0.110***	0.189***	0.032***	0.110***	-0.049***
ENF	0.053***	0.201***	-0.102***	-0.054***	0.078***	0.041***
LEG	0.013	0.111***	-0.002	-0.014	0.037***	0.037***
Media	0.015	-0.037***	-0.002	-0.033***	-0.061***	-0.054***

续表

变量	ListAge	FirmAge	ENF	LEG	Media
	1				
FirmAge	0. 472 ***	1			
ENF	-0. 110 ***	0. 094 ***	1		
LEG	-0. 019	0. 091 ***	0. 285 ***	1	
Media	-0. 048 ***	-0. 105 ***	-0. 055 ***	-0. 057 ***	1

注：*** 表示 $p<0.01$，** 表示 $p<0.05$。

从表 2. 4 中我们可以看到，碳排放权交易试点与企业的绿色创新效率之间存在正相关关系，并且已经通过了 1% 的显著性检验。另外，控制变量和调节变量与解释变量之间的相关系数都不大于经验值 0. 5，被解释变量与其他大多数变量在 1% 水平下具有显著的相关性。

为了对变量之间是否存在多重共线性进行更深一步的检验，本书在这里计算了方差膨胀系数（VIF），对应的 VIF 检验结果如表 2. 5 所示。通常，如果 VIF 的值比 0 大，比 10 小，就没有多重共线性，如果 VIF 的值比 10 大，就说明有多重共线性。从表 2. 5 可以看出，每个变量的 VIF 值均小于 5，均值为 1. 21，这也证实了变量之间不存在多重共线性问题。

表 2. 5　　多重共线性检验

变量	VIF	1/VIF
Treat × Time	1. 07	0. 935
ListAge	1. 58	0. 632
Lev	1. 42	0. 705
FirmAge	1. 36	0. 733
Cashflow	1. 13	0. 888
TobinQ	1. 13	0. 888
ATO	1. 11	0. 903
ENF	1. 17	0. 858

续表

变量	VIF	1/VIF
LEG	1.10	0.909
Media	1.02	0.980

三、低碳视阈下碳排放权交易对企业绿色创新效率的直接影响

（一）碳排放权交易现状分析

近年来，世界各国纷纷推行低碳发展，而中国作为一个负责任的国家，也通过一系列的政策和措施，来兑现自己的减排承诺，比如，2013年，我国设立碳排放权交易市场，选择北京、天津、湖北、重庆、福建、上海、广东、深圳8个城市为“碳交易”的试点城市，进行碳配额交易。由于各主要交易所的开始时间都不一样，因此，为了进行对比，根据《中国统计年鉴》的数据，以每年8月的碳排放权交易信息作为基础，2013~2021年各试点地区碳配额的累计交易量变化如图2.4和图2.5所示。

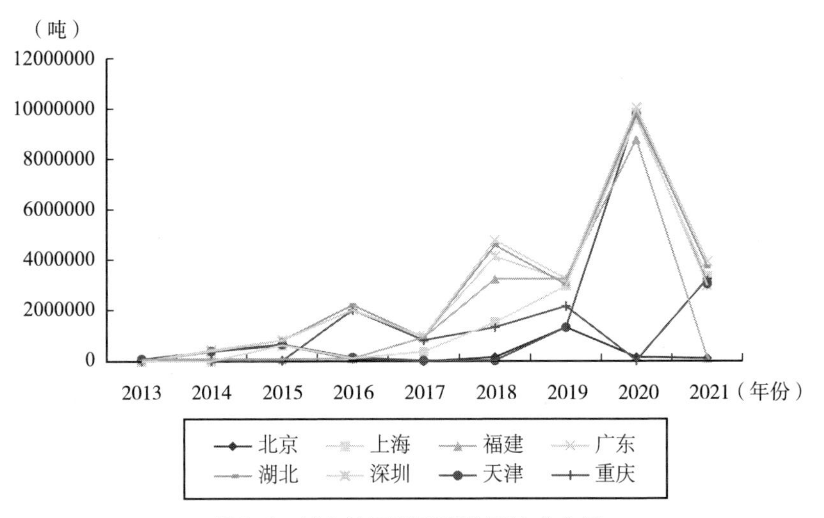

图2.4 试点地区碳配额的累计成交量

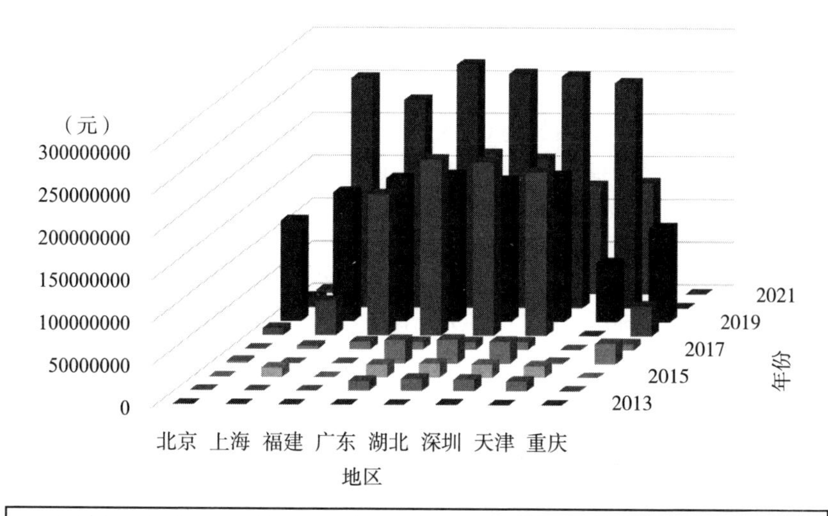

图 2.5　试点地区碳配额的累计成交额

在图 2.4 和图 2.5 中，广东地区的累计成交量和成交额居于首位，之所以能够取得如此突出成效有两个方面原因：一方面，广东始终将碳市场作为加快区域转型升级，推动节能减排的重要实践思路，在碳排放权交易市场筹备和建设过程中，广东地区建立了完善灵活的工作机制，制作了科学合理的配额分配方案。另一方面，广东的碳配额需求量高，广东政府在设计碳排放权交易机制时充分尊重了市场规律，引入多元市场参与主体，从而扩大了碳排放权交易的市场规模。另外，湖北、深圳两个区域的累计交易量、成交量均排在广东之后。值得注意的是，湖北开启碳排放权交易的时间较晚，但其成交量和成交额却很突出，这与其雄厚的工业基础以及多元化的参与主体密不可分。北京地区的成交量和成交额处于较低水平，这是由于北京地区的碳价偏高，且碳配额有限，进而导致该地区碳排放权交易市场的活跃性不足。

（二）基准回归结果分析

在测度出相关数据的基础之上，借助前述所构建的双重差分模型来剖析碳排放权交易对企业绿色创新效率产生的直接影响，回归结果如表 2.6

所示。在列（1）和列（2）的模型中，没有加入控制变量，在未添加年份和企业固定效应时，Treat × Time 的系数为 0.473，在添加年份和企业固定效应时，Treat × Time 的系数为 0.485，且两种情况下 Treat × Time 的回归系数均在 1% 的水平上显著。在列（3）和列（4）的模型中，加入控制变量，在未添加年份和企业固定效应时，Treat × Time 的系数为 0.564，在添加年份和企业固定效应时，Treat × Time 的系数为 0.566，且两种情况下 Treat × Time 的回归系数均在 1% 的水平上显著。综合表 2.6 可知，无论是否加入控制变量，Treat × Time 的系数均为正且 P 值始终在 1% 的水平上显著，这表明我国实行的碳排放权交易政策能够提高企业绿色创新效率，由此，H2 - 1 成立。出现这样的结果，有可能是由于实施了碳排放权交易政策，并构建了碳交易市场，让企业可以通过碳排放权交易市场进行一系列没有约束的排放权的交易，从而获取利润，同时倒逼那些高耗能的工业企业提升绿色创新效率，在市场激励型环境规制下企业实施绿色创新行为有助于获得更多的净收益，这时企业将主动开展绿色创新以提高其绿色创新效率。

表 2.6　碳排放权交易对企业绿色创新效率的直接影响：基准回归

变量	(1)	(2)	(3)	(4)
Treat × Time	0.473*** (0.0619)	0.485*** (0.065)	0.564*** (0.062)	0.566*** (0.065)
Lev			0.690*** (0.182)	0.696*** (0.183)
ATO			0.543*** (0.079)	0.547*** (0.080)
Cashflow			2.185*** (0.473)	2.242*** (0.481)
TobinQ			−0.149*** (0.027)	−0.152*** (0.028)

续表

变量	(1)	(2)	(3)	(4)
ListAge			0.143*** (0.040)	0.145 (0.040)
FirmAge			-0.249*** (0.095)	-0.239** (0.107)
常数项	0.417*** (0.035)	0.456** (0.195)	0.324 (0.262)	0.210 (0.327)
Year FE	No	Yes	No	Yes
Company FE	No	Yes	No	Yes
Observations	7292	7292	7208	7208
R^2	0.800	0.930	0.343	0.358

注：**、***分别表示回归系数达到了5%、1%的显著性水平。

（三）稳健性检验

通过对双重差分模型基准回归分析，证实了我国开展碳交易对促进我国企业绿色创新具有积极作用。为保证研究成果的可靠性，我们还将对以上研究成果进行一系列稳健性检验。具体包括：（1）平行趋势假设检验。即检验碳排放权试点政策是否符合DID模型的平行趋势假设，即处理组企业与对照组企业是否具有共同趋势。（2）PSM－DID检验。即选择基准回归的控制变量作为协变量进行logit回归以得到倾向得分值，从而保证处理组和对照组的可比性以避免内生性对实证结果的影响。（3）安慰剂检验。也就是，虚构处理组或者虚构政策时间，对其进行估计。如果在不同虚构方式下，对虚构结果进行分析，假如先前的估计结果存在偏差，那么估计量的回归结果通过分析应该仍然是显著的。企业在绿色创新效率上的改变，在很大程度上是因为被其他因素所影响，如其余相关政策改变、受到了随机性因素作用。相反，假定先前估计结果相对较为可靠的话，则虚构的估计结果应该是不显著的。

1. 平行趋势假设检验

双重差分模型运用平行趋势假设的检验是其应用的先决条件，如果在政策出台之前，企业的绿色创新效率并没有系统性的差别，且总体的时间趋势一致，那么双重差分方法的应用就会被证明是可行的。鉴于各试点区域的正式实施时间不尽相同，本书拟利用“事件分析”方法对平行趋势假设进行检验。以 2013 年为政策冲击点，考虑碳排放权交易试点前 3 年以及后 4 年的研究样本，将解释变量构建为时间虚拟变量与政策执行虚拟变量的交互项，对其进行回归分析，并对其系数的显著程度进行观察。在表 2.7 中，current 表示 2013 年，代表碳排放权交易政策冲击点；pre_3、pre_2 与 pre_1 分别表示 2010 年、2011 年与 2012 年，post_1、post_2、post_3、post_4 以及 post_5 分别表示 2014 年、2015 年、2016 年、2017 年以及 2018 年。由表 2.7 可知，pre_3、pre_2 与 pre_1 的回归系数并不显著，政策当期以及滞后一期的回归系数也不显著，而 post_2、post_3、post_4 以及 post_5 的回归系数显著，这说明在碳排放权交易政策执行前，企业间的绿色创新效率不存在显著差异，在碳排放权交易政策启动后，由于政策效果具有滞后性，因此碳排放权在滞后两期后开始对企业绿色创新效率产生作用。由此可知，在碳排放权交易政策实施之前企业绿色创新效率之间并不存在明显的系统性差异，平行趋势假设得到验证。

表 2.7　　平行趋势

变量	回归系数	标准误差
pre_3	0.063	(0.238)
pre_2	0.137	(0.217)
pre_1	0.082	(0.207)
current	0.085	(0.150)
post_1	0.194	(0.143)
post_2	0.309 **	(0.137)
post_3	0.413 ***	(0.132)
post_4	0.376 ***	(0.121)

续表

变量	回归系数	标准误差
post_5	0.479 ***	(0.118)
Control	Yes	
Year FE	Yes	
Company FE	Yes	
Observations	7292	
R^2	0.306	

注：** 、*** 分别表示回归系数达到了 5%、1% 的显著性水平。

将表 2.7 的回归结果用 coefplot 图反映，绘制了碳排放权交易影响企业绿色创新效率的边际效应线以及碳排放权交易政策变量回归系数的置信区间，如图 2.6 所示。由该图可知，pre_3、pre_2 与 pre_1 的系数在 0 附近波动；current 之后的年份，回归系数表现出明显的上升趋势，影响逐渐增强，这说明碳排放权交易政策对企业绿色创新效率产生了正向激励，且影响效应呈现逐渐增强的趋势。

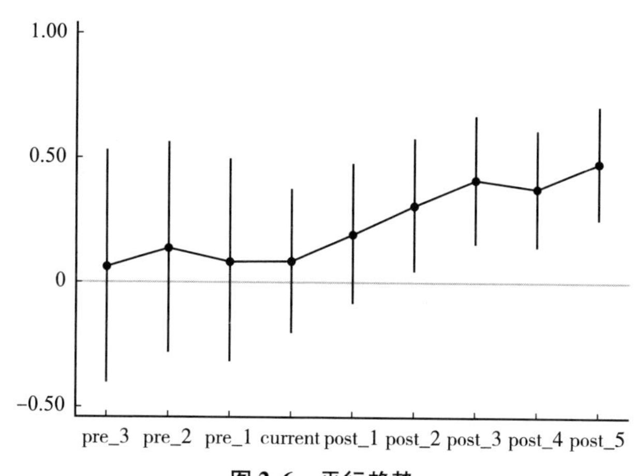

图 2.6　平行趋势

2. PSM - DID 检验

为排除样本选择性偏差的干扰，本书采用倾向得分匹配法（PSM）对被纳入碳排放权交易政策的试点企业与其他企业进行特征变量匹配。利用Stata 16.0 的 psmatch2 命令，将控制变量作为协变量，利用 Logit 模型对每一个样本中被选为碳排放权交易的试点进行回归分析，计算倾向得分，然后，借助最近邻匹配在对照组中为处理组寻找倾向匹配得分分值相近的样本，最终得到的样本匹配量表如表 2. 8 所示。由该表可知，7208 个观测值中，处理组和对照组分别有 4 个和 32 个观测值不在共同取值范围内，有效的处理组观测值有 2390 个，有效的对照组观测值有 4782 个。

表 2. 8　　处理组和对照组的样本匹配量表

类别	未在共同取值范围内	在共同取值范围内	观测总数
对照组	32	4782	4814
处理组	4	2390	2394
观测总数	36	7172	7208

为了使实验过程更完整，本书在此借助 psgraph 命令绘制了倾向得分的共同取值范围，如图 2. 7 所示。从图中可以直观地看出，匹配后处理组和对照组中大部分的样本都在共同取值范围内（on support），结果只损失了少部分不在共同取值范围内的企业样本。

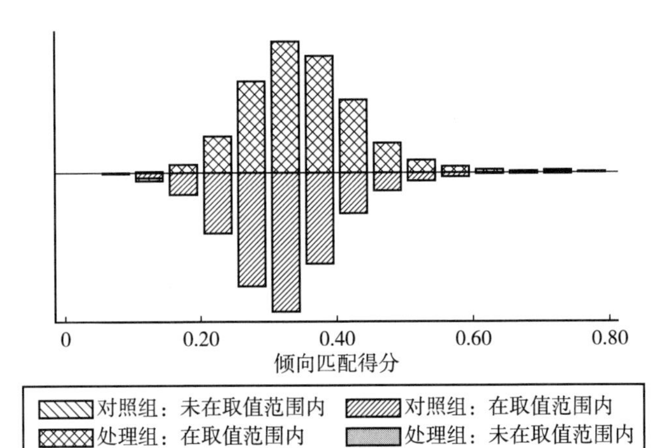

图 2. 7　倾向得分的共同取值范围

在匹配样本倾向得分之后，就可以找出相应于处理组的对照组样本，然后就要对匹配结果的有效性进行测试，即检验倾向得分匹配平衡性。具体而言，就是对匹配后的协变量在处理组和对照组之间是否有显著差异进行检验，若差异不显著，说明匹配效果比较好，采用这种匹配样本进行双重差分模型回归比较适用。对应的平衡性检验结果如表 2.9 所示。

表 2.9　　平衡性检验

变量	匹配处理	处理组均值	对照组均值	标准化误差（%）	标准化误差减小幅度（%）	t	p > |t|
Lev	匹配前	0.42118	0.43133	-5.4		-2.13	0.033
	匹配后	0.42121	0.42172	-0.3	95.0	-0.09	0.926
ATO	匹配前	0.66399	0.70774	-11.5		-4.53	0.000
	匹配后	0.66415	0.65928	1.3	88.9	0.48	0.630
Cashflow	匹配前	0.0528	0.04923	5.5		2.20	0.028
	匹配后	0.05288	0.05507	-3.4	38.7	-1.18	0.238
TobinQ	匹配前	2.0883	1.8563	20.1		8.27	0.000
	匹配后	2.0756	2.0672	0.7	96.4	0.23	0.817
ListAge	匹配前	1.8974	1.9438	-5.2		-2.06	0.040
	匹配后	1.8972	1.9227	-2.8	45.0	-0.98	0.329
FirmAge	匹配前	2.8787	2.7959	24.3		9.50	0.000
	匹配后	2.8781	2.8825	-1.3	94.7	-0.49	0.624

标准化误差值能用来衡量数据间的差异幅度，该值越小越好，一般小于 20% 便可以认为匹配效果良好。标准化误差减少幅度则用于衡量标准化偏差值的减少幅度情况，若该值大于 0，则说明匹配效果优于匹配前，若该值小于 0，则说明匹配效果不如匹配前。该数值越高效果越好，但是没

有一个确定的标准。在表 2.9 中，匹配后的 Lev、ATO、Cashflow、TobinQ、ListAge 以及 FirmAge 变量的标准化误差值均低于 20%，标准化误差减小幅度均大于 0。与此同时，匹配后各变量的 p 值均未通过显著性检验，结果显示，实验组与对照组的协变量均值没有显著差别，说明匹配效果良好。为了更清楚地呈现两组的匹配效果，本书在此绘制了协变量的标准化误差对比图，如图 2.8 所示。

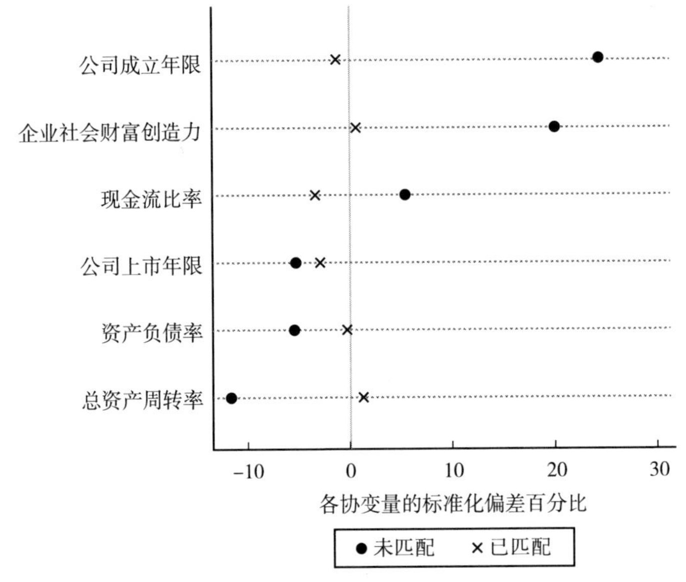

图 2.8　标准化误差对比

在图 2.8 中，●表示匹配前，×表示匹配后，与匹配前的结果相比，匹配后各个变量的标准化误差大幅降低，因此，本书通过 PSM 获得了可靠的匹配结果，即匹配出的对照组个体与处理组个体具有可比性。图 2.9 表明，处理组样本与控制组样本在匹配前存在明显差异。通过倾向得分匹配后的处理组样本和对照组样本核密度值和趋势基本吻合，说明匹配效果较好，通过 PSM 方法，可以有效解决选择性偏差和“反事实”问题，提高双重差分模型的准确度。

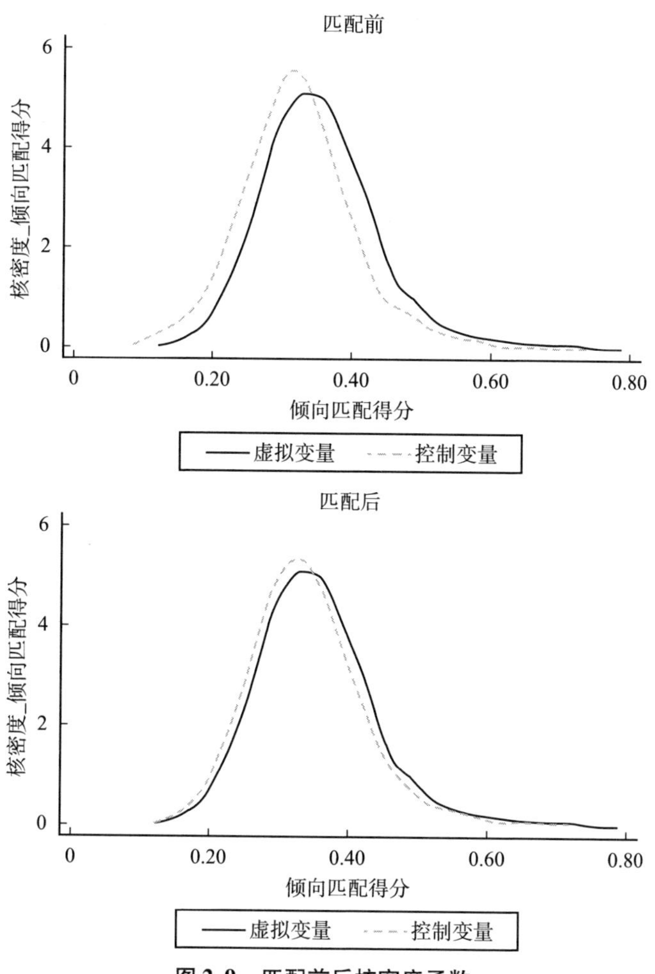

图 2.9　匹配前后核密度函数

根据匹配后的样本，本书在此进行了 PSM - DID 检验，以验证基准回归结果的稳健性，如表 2.10 所示。表 2.10 给出了两种匹配方法下的 PSM - DID 检验结果，列（2）回归结果为基于最近邻匹配模式，列（3）相关结果为基于核匹配模式，无论采用何种匹配模式，Treat × Time 的回归系数都是正数，显著性都在 1% 以上，通过检验，这表明碳排放权会显著提高企业的绿色创新效率，因此，基准回归结果具有稳健性。

表 2.10 PSM – DID 检验

变量	最近邻匹配	核匹配
	GreenInnov	GreenInnov
Treat × Time	1.910 *** (0.097)	0.992 *** (0.048)
Lev	0.683 *** (0.208)	0.403 *** (0.118)
ATO	–0.847 *** (0.083)	–0.479 *** (0.048)
Cashflow	2.870 *** (0.538)	1.578 *** (0.304)
TobinQ	0.349 *** (0.041)	0.197 *** (0.022)
ListAge	–0.211 *** (0.047)	–0.109 *** (0.026)
FirmAge	3.600 *** (0.129)	2.023 *** (0.069)
常数项	–9.195 *** (0.355)	–5.160 *** (0.193)
观测值	7208	7208
R^2	0.2695	0.2656

注：*** 表示回归系数达到了 1% 的显著性水平。

3. 安慰剂检验

基准回归结果显示，在提高企业绿色创新效率中，碳排放权交易政策产生了积极的正向影响，但是这并不能完全证明，绿色创新效率的提升得益于碳排放权交易试点政策的实施，可能存在其他影响因素，因此，为避免处理组和对照组的变化可能受到同时期其他政策干扰，解决可能出现的同时期政策并行问题，因此需要对处理组进行安慰剂检验。具体做法为：随机生成一份碳排放权交易试点名单以构造“伪碳排放权交易试点地区”，以这些随机样本为新的处理组，在 Stata 软件中运行 500 次基准回归，然后绘制出解释变量回归系数以及对应P值的密度分布图，如图2.10所示。图2.10（a）是解释变量回归系数的密度分布图，其中实心圆圈代表估计值，曲线代表正态分布曲线，由于解释变量碳排放权交易政策回归系数的密度分布曲线与正态分布曲线大体一致，且估计系数的平均值在0附近，与前文基准回归中测度出来的系数差距明显，因此，随机抽样结果表明因变量不受自变量影响，即碳排放权对企业绿色创新效率没有影响。此外，本书在此绘制出了回归系数P值的密度分布图，如图2.10（b）所示，很明显可以看出P值的中心值居于0.50附近，远大于0.05，表明P值不显著，因此，安慰剂检验通过，基准回归结果可靠。

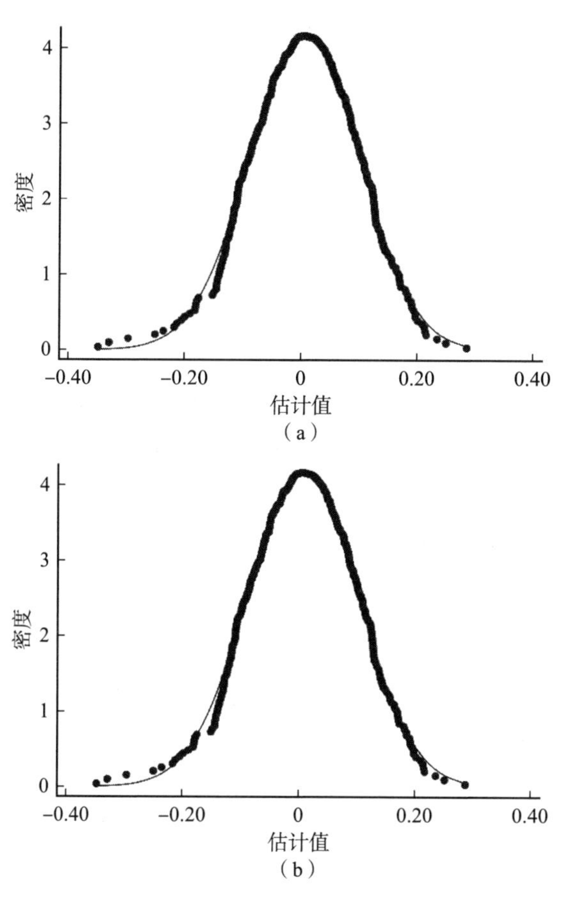

图2.10　安慰剂检验

四、碳排放权交易对企业绿色创新效率的间接影响

（一）媒体压力的调节作用

碳排放权交易作为国家大力推行的节能减排战略，是媒体关注和报道的重要方向。关于媒体压力在碳排放权交易驱动企业绿色创新效率过程中所发挥的作用，目前，主要有两种假说，一种是根据公司治理假说，来自媒体的压力可以促使管理者改正或者主动放弃违背股东或企业整体长期价值的行为，也就是说，媒体的消极报道不但可以缓和企业内部与外部的信息不对称，还可以让外部投资者对企业的实际经营情况有一个更加客观的认识，减轻管理者的职业压力，还有助于企业纠正偏差以提高企业的治理水平，抑制管理决策者的享乐主义行为，督促管理决策者主动提高企业环境业绩，做好企业长期规划，减少短视行为，积极提高企业的绿色创新效率。另一种根据市场压力假说，媒体对公司更多的关注，尤其是公司负面新闻的报道，对公司的短期经营业绩产生了很大的影响，给企业决策人员带来了较大的业绩压力。在短期内，一旦有业绩下降或者创新失败，就会被许多媒体争相报道，并招致投资人的“围观”。尤其是在媒体最喜欢制造轰动效应时，即使是有较高能力的经营人员参与企业的绿色创新活动，创新投资项目的高风险和高投入的特点也会导致面临着较大的失败风险，而且在短期内的财务业绩也往往不尽如人意。此外，由于创新投资项目的信息具有较大的非对称性，使普通投资者很难对其内在价值进行准确的评估，因此，来自媒体的巨大舆论压力不利于企业提升其绿色创新效率。

基于上述两种假说，本书在此将媒体压力纳入碳排放权交易与企业绿色创新效率的研究体系以探究媒体压力与碳排放权交易政策的空间交互作用，即媒体压力在碳排放权交易与企业绿色创新效率之间所发挥的调节效应。表 2.11 为媒体压力对碳排放权交易与企业绿色创新效率调节作用的回归结果，在未加入控制变量时，主效应 Treat × Time 的回归系数为正且显

著，交乘项 Treat × Time × Media 的回归系数为负且显著；在添加了控制变量之后，主效应 Treat × Time 的回归系数为 0.725，达到了 1% 的显著性水平，通过了检验，交乘项 Treat × Time × Media 的回归系数为 -0.659，达到了 1% 的显著性水平。这说明随着媒体压力的逐渐增加，碳排放权交易机制对企业绿色创新效率的促进作用将被削弱。

表 2.11　　媒体压力的调节作用分析

变量	(1)	(2)
Treat × Time	0.621*** (0.089)	0.725*** (0.089)
Media	-0.082 (0.156)	-0.016 (0.155)
Treat × Time × Media	-0.561** (0.250)	-0.659*** (0.249)
Lev		0.687*** (0.183)
ATO		0.552*** (0.080)
Cashflow		2.303*** (0.482)
TobinQ		-0.153*** (0.028)
ListAge		0.1506*** (0.040)
FirmAge		-0.251** (0.107)
常数项	0.440** (0.197)	0.225 (0.328)
Year FE	YES	YES

续表

变量	(1)	(2)
Company FE	YES	YES
Observations	7208	7208
R^2	0.380	0.371

注：**、*** 分别表示回归系数达到了5%、1%的显著性水平。

分析 Media 对 GreenInnov 的影响，得到 $\Delta GreenInnov/\Delta Media = \beta_6 Treat \times Time + \beta_7$，当 Treat × Time 为 1 时，企业绿色创新效率边际增加量为 $\beta_6 + \beta_7 = -0.675$，此时媒体压力与企业绿色创新效率为负相关关系，这表明正面报道越多，媒体压力越小时，更有利于推动企业的绿色创新效率。当 Treat × Time 为 0 时，非试点地区企业的绿色创新效率边际增加量为 β_7，结果为 -0.016，依旧为负值，这说明对于非试点地区企业而言，正面媒体报道的鼓励作用依旧存在，当正面报道较多，媒体压力较小时，企业的绿色创新效率也会相应提高。因此，媒体压力的增加实际上弱化了碳排放权交易政策对企业绿色创新效率的激励作用，只有当媒体报道倾向于正面报道，媒体压力较小时，企业才会提高其绿色创新效率。

调节作用分析结果进一步肯定了市场压力假说，也就是说，当前我国碳排放权交易市场不够成熟，企业的绿色技术研发周期长且风险高。媒体过度的消极报道会增加企业的市场压力，影响企业的短期业绩。管理者为维护自身利益，急于提升企业绩效，出现短视行为，企业的绿色创新效率不能得到有效的改善。反之，媒体的正向报道更利于企业树立良好形象，缓解市场压力，避免管理者短视行为，有利于企业外部融资，激励了企业积极进行绿色专利技术的研发，进而提升企业的绿色创新效率，由此，H2 -2b 成立。

（二）命令控制型环境规制的调节作用

在我国，环境管制主要以命令控制型政策为主、市场激励型政策为辅。碳排放权交易以市场为导向，属于市场激励型的环境政策工具，其具有内部约束性的特征且更能激发企业创新、降低成本。命令控制型政策依靠政府强制力实施，具有快速的传导能力，且其实施效果是可确定的。已有研究表明，复合环境规制政策的治理效果、成本控制、风险防范和创新激励效应往往优于单一政策，且政策之间具有相互促进的作用。因此，命令控制型环境规制有可能加强碳排放权交易机制的作用，即能够在碳排放权交易促进企业绿色创新效率的过程中发挥调节作用。由于加强环境立法、提升执法力度是依法治国的必然要求，因此本书将命令控制型环境规制细分为环境立法变量和环境执法变量，分别探究了环境立法和环境执法在碳排放权交易推动企业绿色创新效率过程中所发挥的调节作用。当年的命令控制型环境规制的环境立法变量（LEG），是通过各地区在各年度的环境标准和环境法规文件累计颁布数的对数值来表示的，同时以各地区在各年度的环境行政处罚案件数的对数值来表示当年的命令控制型环境规制的环境执法变量（ENF）。在此分别将解释变量替换为碳排放权交易试点指示变量与两种命令控制型环境规制的交乘项，然后进行回归分析。表2.12所示的即为相应的检验结果。

表2.12列（1）所示是对环境立法变量所发挥的调节作用的分析，其中解释变量Treat × Time的回归系数为0.392，且在1%的水平上显著，交乘项Treat × Time × LEG的回归系数为0.027，且在5%的水平上显著，这说明随着环境立法的逐渐增加，碳排放权交易机制对企业绿色创新效率的促进效应将增强，环境立法能与碳排放权交易形成正向的空间交互效应进而驱动企业的绿色创新效率。表2.12列（2）所示是对环境执法变量所发挥的调节作用的分析，其中解释变量Treat × Time的回归系数为0.175，且在5%的水平上显著，交乘项Treat × Time × LEG的回归系数为0.145，且在5%的水平上显著，这说明随着环境执法程度的逐渐增强，碳排放权交易机制对企业绿色创新效率的促进效应将增强，环境执法能与碳排放权交易形成正向的空间交互效应进而驱动企业的绿色创新效率。综合环境立法和环境执法变量的调节效应分析结果可知，命令控制型环境规制能够正向调节碳排放权交易与企业绿色创新效率之间的作用关系，因此H2－3成立。

表 2.12　　命令控制型环境规制的调节作用分析

变量	(1)	(2)
Treat × Time	0. 392 *** (0. 106)	0. 175 ** (0. 150)
LEG	0. 003 (0. 005)	
Treat × Time × LEG	0. 027 ** (0. 014)	
ENF		0. 106 *** (0. 035)
Treat × Time × ENF		0. 145 ** (0. 062)
Lev	0. 683 *** (0. 183)	0. 705 *** (0. 183)
ATO	0. 547 *** (0. 080)	0. 551 *** (0. 080)
Cashflow	2. 243 *** (0. 481)	2. 144 *** (0. 480)
TobinQ	-0. 153 *** (0. 028)	-0. 153 *** (0. 028)
ListAge	0. 148 *** (0. 040)	0. 168 *** (0. 040)
FirmAge	-0. 235 ** (0. 107)	-0. 242 ** (0. 108)
常数项	0. 184 (0. 328)	0. 696 (0. 445)
Year FE	YES	YES
Company FE	YES	YES
Observations	7208	7208
R^2	0. 366	0. 398

注：** 、*** 分别表示回归系数达到了 5% 、1% 的显著性水平。

由此可知，要打好中国环境治理“攻坚战”，推动企业提高绿色创新效率，两类环境规制政策缺一不可。市场激励型政策有助于企业的绿色创新和长期发展，命令控制型政策凭借环境立法和环境执法的实施促使企业绿色创新效率实现更快发展，因此，只有两者在各自的调控范围内发挥优势并深度协调配合，才能有力推动企业绿色创新效率的持续长远进步。

五、异质性检验

（一）基于企业性质的异质性检验

在我国基本经济制度背景下，国有企业和民营企业在市场竞争、政治地位、创新激励等方面具有各自特点，因此有必要从企业性质角度探究碳排放权交易对企业绿色创新效率的影响差异。首先，根据企业的性质将样本划分成两类，为国有企业样本和民营企业样本。其次，双重差分回归分析这两类样本，结果如表2.13所示。

表2.13 企业性质异质性检验

变量	国有企业	民营企业
	(1)	(2)
Treat × Time	1.272*** (0.176)	0.240*** (0.048)
Lev	−0.063 (0.445)	1.444*** (0.146)
ATO	1.139*** (0.171)	−0.002 (0.069)
Cashflow	4.559*** (1.208)	1.260*** (0.367)

续表

变量	国有企业	民营企业
	（1）	（2）
TobinQ	-0.283*** （0.078）	-0.042** （0.021）
ListAge	0.167 （0.137）	0.017 （0.031）
FirmAge	-0.980*** （0.346）	-0.012 （0.074）
常数项	1.851** （0.895）	0.232 （0.515）
Year FE	YES	YES
Company FE	YES	YES
观测值	2451	4757
R^2	0.588	0.384

注：**、***分别表示回归系数通过了5%、1%的显著性检验。

列（1）是国有企业分组回归的结果，解释变量Treat×Time的回归系数为1.272且通过了1%的显著性检验，列（2）为民营企业分组回归结果，解释变量Treat×Time的回归系数为0.240且具有1%的显著性水平，因此，无论是国有企业还是民营企业，碳排放权交易均能对企业绿色创新效率发挥明显的驱动作用。就Treat×Time的回归系数而言，在碳排放权交易制度下，国有企业的绿色创新效率更高。这是因为绿色创新效率能创造较大的社会效益，符合国家战略规划，而干预国有企业的战略决策是政府推进国家战略规划的重要途径。与此同时，和国有企业相比，为了获得竞争优势，民营企业会更积极开发并增加绿色研发支出。综上所述，H2-4成立。

就控制变量而言，现金流比率会对国有企业和民营企业的绿色创新效率产生显著的正向影响，而企业的社会财富创造能力会对国有企业与民营企业的绿色创新效率产生显著的负面作用。

（二）基于企业规模的异质性检验

根据前文的机制分析，碳排放权交易有可能对不同规模的企业绿色创新效率产生不同的影响，因此有必要从企业规模角度探究碳排放权交易对企业绿色创新效率的影响差异。在此以企业总资产的自然对数来对企业规模进行衡量，并将二分位数 22.191 作为参照标准，将数值小于 22.191 的企业界定为小规模企业，将数值大于 22.191 的企业界定为大规模企业，进而考察不同企业规模下碳排放权交易政策对企业绿色创新效率影响的异质性，相应的检验结果如表 2.14 所示。

表 2.14　　企业规模异质性检验

变量	小规模企业	大规模企业
	(1)	(2)
Treat × Time	0.047 (0.015)	1.021*** (0.126)
Lev	0.149*** (0.044)	1.042*** (0.394)
ATO	-0.025 (0.023)	0.805*** (0.136)
Cashflow	-0.033 (0.110)	4.313*** (0.991)
TobinQ	-0.008 (0.006)	-0.218*** (0.062)
ListAge	-0.019** (0.009)	0.138 (0.096)
FirmAge	-0.118*** (0.022)	-0.476** (0.244)
常数项	0.616*** (0.068)	0.353 (0.762)

续表

变量	小规模企业	大规模企业
	(1)	(2)
Year FE	YES	YES
Company FE	YES	YES
观测值	3585	3623
R^2	0.327	0.377

注：** 、*** 分别表示系数通过了5%、1%的显著性检验。

在表2.14中，小规模企业中碳排放权交易对企业绿色创新效率的影响如列（1）所示，解释变量 Treat × Time 的回归系数为0.047，没有通过显著性检验；大规模企业中碳排放权交易对企业绿色创新效率的影响如列（2）所示，解释变量 Treat × Time 的回归系数为1.021，通过了1%的显著性检验。由此可知，碳排放权交易更能促进大规模企业绿色创新效率的提高，H2 -5 成立。就控制变量而言，资产负债率会对小规模企业和大规模企业的绿色创新效率产生显著的正向影响，而公司成立年限将对小规模企业和大规模企业的绿色创新效率产生显著的负向影响。

总之，本节主要检验了低碳视阈下碳排放权交易对企业绿色创新效率的影响，一方面，借助双重差分模型探索了碳排放权交易对企业绿色创新效率的直接影响，实证结果显示：碳排放权交易对企业绿色创新效率的发展有正向推动作用，平行趋势假设检验、PSM - DID 检验以及安慰剂检验等一系列稳健性检验均证实了这一结论。另一方面，借助调节效应模型探究了媒体压力和命令控制型环境规制在碳排放权交易影响企业绿色创新效率过程中所发挥的作用，根据实证分析结果：随着媒体压力的逐渐增加，碳排放权交易机制对企业绿色创新效率的促进作用将被削弱，换言之，媒体压力的增加实际上弱化了碳排放权交易政策对企业绿色创新效率的激励作用，而当媒体报道倾向于正面报道，媒体压力较小时，企业才会提高其绿色创新效率。将命令控制型环境规制划分为环境立法变量和环境执法变量，随后分别考察环境立法和环境执法在碳排放权交易影响企业绿色创新效率过程中所发挥的作用，发现：随着环境立法和执法程度的逐渐增强，碳排放权交易机制对企业绿色创新效率的促进效应将被增强，也就是说，命令控制型环境规制可以对碳排放权交易与企业绿色创新效率之间的作用关系进行正向调控。此外，异质性检验结果表明：相比于民营企业和小规模企业，碳排放权交易更能促进国有企业和大规模企业的绿色创新效率。

第四节　低碳视阈下企业绿色创新效率的提升策略

中国作为世界上最大的能源消费和碳排放国，节能减排形势十分严峻，与此同时，实现“碳达峰”“碳中和”的“双碳”目标又是推动我国低碳发展的系统性工程，需要全社会的共同努力。根据前文的实证分析结果，碳排放权交易能够提高企业的绿色创新效率进而驱动我国的碳减排进程。因此，为了更好地发挥碳排放权交易对企业绿色创新效率的正向激励作用，本书将从政府和企业两个角度提出促进企业绿色创新效率提高的策略体系，以促使企业实现经济绩效与环境绩效的双赢。

一、低碳视阈下政府促进企业绿色创新效率的策略

（一）加快全国碳排放权交易市场建设，完善碳排放权交易体系

碳排放权交易是在当前低碳视阈下衍生出来的一种交易体系，其核心在于把碳排放权作为一种生产要素在市场上进行交易，从而实现碳减排和低碳绿色发展。为了促进国内碳减排发展，重点是鼓励企业碳排放权交易，激发企业绿色创新，加快碳排放权交易市场建设，更新完善碳排放权交易规则，完善碳排放权交易体系。

首先，政府应加快全国碳排放权交易市场建设。一方面，要增加碳排放权交易市场覆盖行业及相应的温室气体重点排放单位，激活碳排放权交

易市场以充分发挥其绿色创新激励机制。自2013年起，我国部分地市试行碳排放权交易政策，促进了试点地区企业减排温室气体，2021年7月全国碳排放权交易市场正式启动开市，但绝大部分集中在电力能源行业，其实，除了发电行业外，还有很多其他的能源密集型行业也是造成碳排放过量的原因，因此，将更多的高耗能企业纳入交易体系将进一步驱动我国的碳减排进程。另一方面，要制定合理的碳配额分配方式，基于企业的实际情况选取恰当的分配方式以使企业获得合理的碳排放额度，初入碳排放权交易市场的企业可采取无偿分配的方式，待企业逐渐接受交易规则后则采取以拍卖法为主的有偿分配方式，从而提高碳配额的配置效率。

其次，政府要完善碳排放权交易体系。一方面，要推出与碳排放权交易市场相辅相成的配套基础设施，构建共享性的绿色创新研发平台，激发企业自愿开发新型低碳技术的积极性，促进人才、绿色技术等要素跨区域有效流动，形成企业间绿色创新的战略合作联盟，集中发挥碳排放权交易体系的规模潜力和引导作用，使其对绿色创新的激励效应不断迸发，以更好地驱动绿色低碳发展。另一方面，政府要不断丰富碳排放权交易政策的实施方案，针对企业末端治理型、清洁生产型和能源节约型绿色技术创新出台不同的企业研发创新激励措施，加大对绿色环保技术的开发奖励，降低企业绿色创新、节能转变的成本，鼓励企业积极学习、模仿优秀的绿色生产技术并进行二次创新。与此同时，政府要着力打造强劲的绿色金融支持，鼓励绿色专利的发明与创造，推动企业积极开展绿色创新活动，尽快提升企业的绿色创新效率。

（二）充分发挥环境法治的作用，促进企业绿色创新的落地转化

我国的环境规制政策多以命令控制型为主、市场激励型为辅，碳排放权交易作为一项典型的市场激励型环境规制工具，其必然会受到命令控制型环境规制的影响。根据实证结果，命令控制型环境规制会正向调节碳排放权交易影响企业绿色创新效率的过程，而要想强化命令控制型环境规制所发挥的作用，必须充分发挥环境法治的作用，即加强环境立法，提升执法力度，进而促进绿色创新成果的落地转化。

首先，政府要注重命令控制型政策与市场激励型政策的相互融合、相互促进和协同发展。一方面，在政策制定过程中，各地区应从上层设计入手，详细考虑各环境政策间的制衡、共生关系，构建分类型、分阶段、分部门的成熟合理的可落地环境规制政策体系，根据各地区的实际情况，给予符合当地异质性的支持指导。另一方面，由于企业是产生碳排放的微观主体，因此政府要从微观企业着手，实时进行监督，不定期地考察企业的绿色创新情况与碳减排状况。与此同时，政府也要积极树立绿色政绩观，将减少碳存量和碳增量作为环境治理目标，将环境治理成效作为约束性条件纳入政府考核体系，提高地方官员对政策设计和落实质量的重视程度。

其次，政府要充分发挥环境法治的作用。一方面，要加强环境立法，在碳排放权交易市场上加快法治建设，完善相关制度，为建成成熟稳定、多交易主体、多政策协同的全国碳排放权交易机制提供法治保障，关注环境立法对企业绿色创新效率的影响。另一方面，以更加严厉的态度进行环境执法，地方政府领衔的各个部门是进行执法监督的主力，在经济新常态下，经济增速放缓，要推动经济发展实现质量、效率变革，政府及相关部门应当转换观念，进一步健全环境执法体系，积极响应环境执法监督，提高企业的环境成本和环境处罚力度，在保证碳排放权交易政策切实执行的过程中，加快企业的绿色创新落地转化，如开通绿色专利审批的专项通道、加快绿色专利审批速度、建立机制识别绿色专利质量、对绿色创新质量高的企业应用专项补贴，帮助企业将高质量绿色创新落地转化。

（三）根据企业异质性精准施策，实行差异化绿色创新激励措施

根据异质性分析结果，碳排放权交易对国有企业和大规模企业绿色创新效率的促进作用更强，因此，在碳排放权交易市场中，政府应该关注微观主体间的差别，对于各类性质、不同行业和规模差异的企业，实施更为精准且具有差异化的创新举措。

首先，政府要充分发挥国有企业和大规模企业对绿色创新的带头作用。一方面，政府应鼓励国有企业和大规模企业继续开展绿色创新以在节能减排中发挥更大的作用，加强对其绿色创新效率的考核，避免企业耗费

大量资源进行低效率创新，导致最后只有创新数量而缺乏创新效果。另一方面，政府可以通过数据平台监管企业经营信息，对企业有关污染活动及绿色创新活动进行精准识别，提高监督效力以及政府补贴资金配置效率和效果，为企业实施绿色创新提供有效的政策支持。与此同时，政府要减少对国有企业和大规模企业的地方商品保护，采取措施促进碳排放权交易市场要素自由流动以及碳排放权交易市场的有效竞争，优化市场环境与创新资源配置，激励国有企业和大规模企业持续性地开展绿色创新活动，提高绿色创新效率。

其次，政府应根据企业特征实行差异化的绿色创新激励措施。一方面，对于民营企业，可以通过提供高新技术创新人才、研发资金等完善碳排放权交易政策的相关细则，给予民营企业一定的政策倾斜，定期奖励其绿色减排和节能环保技术研发成果，以引导其持续开展绿色创新研发活动，从而实现碳排放权交易政策的减排和经济双重效应。另一方面，对于小规模企业，政府应加大对其绿色创新的支持力度，要充分考虑到其与大规模企业之间在风险承担能力、资金水平等方面存在的差距，通过放宽碳配额限制、资金支持等方式引导小规模企业进行绿色创新和绿色转型，从而弥补绿色发展动力不足的问题。此外，政府应该避免民营企业和小规模企业对低碳政策的僵硬执行，密切关注企业对政策的应对策略，推进企业通过绿色创新而非消极减产来应对环境治理压力。与此同时，政府应该提高碳排放权交易试点政策的执行强度，对未完成履约任务的试点企业应该按照处罚规则严格惩罚，让企业看到政府的执行力和公信力，提高市场的活跃度。

二、低碳视阈下企业促进自身绿色创新效率的策略

（一）增强企业绿色创新意识，打造企业绿色创新能力培养长效机制

在低碳视阈下，降低碳排放推动环境治理是企业不可推卸的责任，我国领导人也积极倡导企业参与碳排放权交易，鼓励企业的绿色可持续健康

发展。在这个大环境下，企业应该审时度势，增强企业绿色创新意识，调整自身绿色发展战略，从长远角度打造企业绿色创新能力培养机制。

首先，企业应当增强绿色创新意识。一方面，企业的绿色创新发展与环保意识是实现碳减排的关键，企业要将低碳理念贯彻到其生产经营发展的全过程，树立正确的绿色观，在企业发展战略的制定过程中，适当优先考虑绿色减碳的效益，建立以市场机制为基础的绿色创新复合机制体系。另一方面，组织内部强化对绿色创新理念的宣传和理解，利用企业自媒体等工具广泛地传播企业绿色创新理念，组织绿色创新讲座加深企业职工对绿色创新的认同感和责任心。与此同时，还要将绿色创新理念付诸实践，企业可以每年组织评选绿色创新代表人物，给全体员工树立榜样，起到引导性的模范作用，激励员工的绿色创新自主性和积极性。

其次，企业应当打造绿色创新能力培养长效机制。一方面，企业要将绿色专利创造和绿色技术研发纳入企业中长期发展规划，制订企业绿色创新研发计划，保障绿色创新研发投入的持续性，完善企业绿色发展治理机制，推进企业发展方式绿色转型。企业绿色创新能力的培养以及绿色创新效率的改善是一个长期的过程，企业管理者要有长远的战略眼光，不能只考虑眼前利益，应该约束自己的短视行为。另一方面，企业要制订符合地方实际的绿色技术人才培养方案，实施有利于绿色创新发展的人才引进政策，用良好的企业文化、激励措施吸引并激发优秀人才的创新积极性，为企业绿色创新发展备足创新人力，鼓励高质量绿色创新以提高自身的竞争力。

（二）加强企业合作，形成绿色创新联动格局

在碳排放权交易市场中，政府会根据我国的实际发展情况制定一个固定的碳排放总量预期，然后按照特定分配方式划拨给各个企业一定量的碳排放配额，如果某个企业的减排需求高于政府所分配给的碳配额，那么该企业就会向其他企业购买一定的碳配额，同样地，如果某个企业的减排需求较低，那么其便会出售一定数量的碳配额。因此，在碳排放权交易市场中，企业之间联系紧密，加强企业之间的合作，形成绿色创新联动格局具

有一定的重要性。

首先，各企业之间应当取长补短通力合作。一方面，几个企业以技术联合方式来促进绿色创新升级转型，破除单一企业技术薄弱、技术单一和资金缺乏的创新困局。根据实证分析结果，碳排放权交易对国有企业和大规模企业绿色创新效率的促进作用更强，因此民营企业和小规模企业要积极与国有企业和大规模企业开展绿色创新合作，积极借鉴先进企业驱动绿色创新的经验和技术，并加以内化吸收，努力提高自身的绿色创新效率。另一方面，企业可以和国内高校研究所合作，由于高等院校具有优良的科研师资、技术沉淀和先进实验设备等优势，是助力企业绿色创新的重要抓手。因此，企业与高校合作，不但能够帮助科研成果落地开花，而且还能帮助企业减碳创新，实现绿色技术产业化。

其次，企业应拓展绿色创新网络外部联结。一方面，合作企业间应形成绿色创新共享网络，围绕共同的绿色创新目标，形成学习、共享和协作的价值观，从而提高彼此的绿色创新合作意愿。与此同时，企业间应构建科学合理的绿色创新收益激励机制，对于在绿色创新合作过程中付出较多努力的企业，应分配更多的绿色创新收益；对于这类企业，也可以通过表彰奖励、媒体宣传等方式，使它们获得较高的企业声誉。另一方面，企业间应建立信息共享机制，通过借助云计算、物联网和大数据等新一代信息技术，构建企业之间的绿色创新信息共享平台，以实现企业之间绿色创新能力、创新成本和质量等信息的有效沟通，增强它们之间的相互信任，进而增加企业在碳排放权交易市场中的交易频次，从而构建企业间绿色创新合作的常态化机制。

（三）正确面对媒体压力，增强企业绿色创新的内生动力

媒体作为一种监督手段，可以通过主流舆论引导企业降低环境污染，主动塑造低碳环保的企业形象。根据媒体压力的调节作用分析结果，媒体压力的增加会弱化碳排放权交易政策对企业绿色创新效率的激励作用，也就是说媒体的正面报道更有利于树立企业形象，激励企业的绿色创新积极性，而媒体的负面报道则会增大企业的市场压力，影响企业的短期绩效，

降低企业的绿色创新效率。因此，企业要正确面对媒体压力，增强其绿色创新的内生动力。

首先，企业要正确面对媒体压力。一方面，企业要争取更多的媒体正面报道，通过切实的绿色技术创新来提升自身的发展质量，实时披露绿色创新动态和环境治理成果，保证企业日常绿色创新活动的合规合法性，从而赢得媒体的青睐和政府部门的肯定，积累企业声誉，提升企业的长期市场价值。另一方面，企业要从媒体的负面报道中吸取教训并积极整改。媒体对企业的负面报道会对企业施加社会舆论压力，造成企业的短期业绩下滑，此时，企业应该快速地作出反应，敢于承担违规后果，做好危机公关，努力纠偏，以尽可能地降低对企业造成的伤害。企业在考虑新技术项目的上市决策时，要多调研多考察实际情况，综合考虑，避免亏损的风险。

其次，企业要将媒体监督作为提高绿色创新效率的辅助手段。一方面，企业积极参与碳排放权交易，着力于发明绿色专利，开展绿色创新活动，易受到媒体的关注并作为正面宣传对象进行采访报道，向社会宣传碳排放权交易战略的优势和低碳减排成果，从而提高企业的关注度，而企业也会通过社会监督和媒体监督规范自身，因势利导，进一步提高绿色创新效率以迎合国家的碳减排倡议。另一方面，企业应当注重媒体报道所反映出的客观事实，积极开展绿色创新和绿色专利创造活动以借助媒体增强对企业的正面报道，帮助企业树立良好的声誉和绿色形象，以进一步激发企业内部环境治理行为，真正实现绿色创新发展。

总之，基于低碳视阈下碳排放权交易影响企业绿色创新效率的实证分析结果，本节主要从政府和企业两个角度提出了适应性对策。从政府角度来说，首先要加快全国碳排放权交易市场建设，完善碳排放权交易体系；其次要充分发挥环境法治的作用，促进企业绿色创新的落地转化；最后要根据企业异质性精准施策，实行差异化绿色创新激励措施。从企业角度来说，首先要增强企业的绿色创新意识，打造企业绿色创新能力培养长效机制；其次要加强企业合作，形成绿色创新联动格局；最后要正确面对媒体压力，增强企业绿色创新的内生动力。

第三章　数字普惠金融对区域经济绿色发展的影响

第一节　引　　言

一、研究背景

我国自改革开放以来经济呈现快速发展的趋势，并取得了不少的成绩。但近些年，尽管我国经济发展总体呈增长趋势，经济增长的速度却在逐渐变缓，1991～2000 年，我国 GDP 年度平均增长率为 10.41%，2001～2010 年，我国 GDP 年度平均增长率为 6.84%，2011～2021 年，我国 GDP 年度平均增长率为 6.24%。[①] 前期经济的高速发展在提高人民生活水平和国际竞争力的同时，也导致了资源过度消耗且分配不合理、民众缺乏环境保护意识和经济发展不充分不平衡等一系列问题。如果这些问题得不到重视和缓解，那么势必会影响经济的可持续发展。因此，实现经济绿色化俨然成为经济发展的趋势。在 2022 年召开的第二十次全国人民代表大会报告中指出“推动绿色发展，促进人与自然和谐共生，加快发展方式绿色转型和深入推进环境污染防治”，应继续坚持“绿水青山就是金山银山”的原则[②]，这说明经济实行绿色发展不是一时的口号而是长久的政策，是我国

① 资料来源：国家统计局。

② 2022 年中国共产党第二十次全国代表大会报告［EB/OL］. 中国政府网，2022－10－25.

经济发展中必须坚持的方向。新的历史发展时期，经济发展将向着更绿色、更节能、更均衡、更全面的方向发展，继续保持经济稳健增长的同时，加快实现产业结构升级、促进绿色创新、加强生态文明建设。

作为经济发展核心的金融体系，依然是经济发展中的重要推动力量。我国金融经过几十年的发展已形成相对完备的金融体系，为更好地服务经济奠定了坚实的基础。但是我国经济发展过程中仍然存在企业融资难、融资贵等问题，不能合理有效地利用金融服务，而普惠金融的出现则很好地缓解了此类问题。普惠金融这一概念于2005年被正式提出，该概念旨在采取较低的成本为更多有着金融需求的社会各类人员，特别是中小企业和贫困人群提供符合他们需求的金融服务，从而使更多的个人及机构能够获得公平参与经济活动的机会。这一概念在次年被引入我国后就引起了广泛的关注和认可，并且我国于2013年11月在中国共产党第十八届三中全会上将普惠金融正式引入我国经济发展战略中，同时我国“十四五”规划纲要中强调要“构建金融有效支持经济的体制，增强金融普惠性”①，毋庸置疑，普惠金融的出现及不断发展可以有效缓解经济发展过程中出现的不平衡及不充分现象，从而带动经济实现全方位的均衡发展。随着互联网技术的不断发展，普惠金融紧随时代潮流与互联网技术进行适当的结合，形成了数字普惠金融。线上支付、线上理财产品、网络信贷等一系列金融产品的出现更是打破了金融服务时间、空间的限制，降低了金融服务成本，减少了信息不对称的风险，有效促进了资金融通，提高了资源配置效率，并推动了经济的增长。

我国经济实现低碳绿色发展俨然已经成为一种不可阻挡的趋势，而数字普惠金融作为一种缓解中小企业融资困境、促进技术创新和提高资源配置效率的关键金融发展模式，是否能够显著促进区域经济绿色发展呢？这对实现我国经济高质量和可持续发展意义重大。尽管近些年来新能源、清洁能源的使用逐渐增多，但是煤炭等化石能源仍然以价格低廉、使用便捷等优势占据我国能源使用的主导地位，阻碍经济绿色发展。要想实现经济

---

①　中华人民共和国国民经济和社会发展第十四个五年规划纲要［EB/OL］. 新华网，2021－03－13.

绿色发展，资金投入是必不可少的，如果只是单纯地依靠政府补贴是不现实的，因此通过使用金融手段获得资金，缓解融资困境是十分必要的，但是绿色投资周期长和回报慢等特点难以得到传统金融的融资，而数字普惠金融的便捷、财务可持续等特点，才更加符合绿色行业的金融需要。因此，了解数字普惠金融对区域经济绿色发展的影响及影响途径，有利于最大化地发挥金融的数字化和普惠性，从而推动经济绿色发展。

二、研究目的

（一）探究数字普惠金融对区域经济绿色发展的影响

数字普惠金融的出现和发展解决了传统金融“最后一公里”的问题，借助现代化信息技术，实现了金融普惠，解决了众多金融问题，特别是小微企业融资难、融资贵的问题，切实将金融服务普惠到各个阶级群体。数字普惠金融的发展是为了更好地服务经济，而我国目前的经济发展更追求绿色全面发展，该目的一方面可以证明数字普惠金融切实发挥了其作用，另一方面也为区域经济更好地实现绿色发展提供了思路。

（二）验证数字普惠金融对区域经济绿色发展的作用机制

本书探究数字普惠金融是如何影响区域经济绿色发展的，以期可以针对性提出有效的治理措施。根据阅读相关文献及资料，本书将选择绿色技术创新和资源错配两种途径对数字普惠金融影响区域经济绿色发展进行验证，采取中介效应进行检验，增加结论的可靠性和准确性，确定其是否为影响该过程的路径，从而根据其影响路径提出更为具体且切实可行的政策措施，以期实现数字普惠金融可以更好地促进区域经济绿色发展。

（三）提出数字普惠金融更好服务区域经济绿色发展的政策建议

本书从数字普惠金融和政府的角度，综合其发展趋势、对区域经济绿色发展的影响及作用路径进行分析，进而实现中国经济绿色、健康可持续发展，是本书的最终目的，也是本次研究的落脚点。本书提出的意见建议以期降低金融风险、不断促进数字普惠金融均衡稳健发展，为经济绿色发展创造一个有利的金融环境，同时注重政府在此过程中的干预程度，以期充分发挥政府的协调管控能力，根据其影响路径提出更为细致具体的规划，从微观层面切实发挥数字普惠金融的作用，为经济绿色发展提供保障。

三、研究意义

本书对数字普惠金融及区域经济绿色发展的相关理论、规模测度、作用机制进行了深入研究，并从不同角度提出了我国数字普惠金融促进区域经济绿色发展的策略。本书的研究意义有以下两个层面。

（一）理论意义

（1）拓宽了数字普惠金融的研究领域。在关于数字普惠金融的研究中，大多数文献将数字普惠金融与城乡收入、中小企业发展、产业结构等相联系，较少有文献探究数字普惠金融与经济绿色发展之间的关系。本书对普惠金融及其覆盖广度、使用深度及数字金融支持程度进行了深入研究，并且考虑了区域异质性对数字普惠金融实施效果带来的影响，丰富了数字普惠金融的研究内容，为后期数字普惠金融的研究提供了思路。

（2）丰富了区域经济绿色发展的影响因素及测算方法研究。以往多数经济绿色发展相关研究多与数字经济、技术创新、产业结构等相联系，较少具体到金融相关层面；关于区域经济绿色发展的测度，更多的也只是笼统地用绿色发展效率来衡量，本书从多个维度衡量区域经济绿色发展，同时选取金融服务里的数字普惠金融，更为具体地从金融层面分析了其对经济绿色发展的影响。

（3）完善了数字普惠金融与区域经济绿色发展相关理论的研究方法。本书采用空间计量模型实证分析数字普惠金融对区域经济绿色发展的影响，相比于传统的线性回归分析，考虑了数字普惠金融的空间溢出效应；同时采取门槛模型，分析政府财政支持在此过程是否具有门槛效应，结合江艇（2004）和温宗麟（2022）两位学者的中介效应来检验数字普惠金融影响区域经济绿色发展的作用路径，进一步细化了相关研究。

（二）实际应用意义

（1）本书的研究成果有利于我国更有效利用数字普惠金融，促进区域经济绿色发展。目前我国数字普惠金融正处于迅速发展阶段，不仅借助其普惠性拓宽了金融的覆盖面，同时依托其数字化技术，为更多中小企业提供了资金支持，有效调动了社会资本投资于绿色经济发展，促进了区域经济绿色发展。本书通过对 2011 ~2020 年的数字普惠金融及区域经济绿色发展水平进行分析，针对二者发展过程存在的问题以及数字普惠金融促进区域经济绿色发展的作用机制，提出了合理可行的意见建议，有利于为经济绿色发展创造和谐的金融环境，为数字普惠金融与区域绿色经济的协同发展提供借鉴。

（2）本书的研究成果有利于从政府视角出发，更有效地促进数字普惠金融影响区域经济绿色发展。在数字普惠金融及经济绿色发展的过程中，政府起到了不可忽视的作用，特别是数字普惠金融属于政策引导型金融，而经济绿色发展更是离不开政府的扶持。基于此，本书从政策方面和监管方面提出相关策略，为数字普惠金融提供制度保障，同时加强与传统金融的结合，做到合理有序的市场监管，为企业、个人等主体提供一个健康、公平和有序的投资环境，加强政府与数字普惠金融的协调发展，更好促进经济实现绿色发展。

第二节　数字普惠金融对区域经济绿色发展的影响机制

我国目前的经济发展方向是实现经济绿色健康可持续发展，告别以往粗放、高污染、低效率的发展模式。同时随着数字化进程的推进，其在社会各方面的应用也越来越广泛，特别是金融方面，数字普惠金融的出现和发展凭借其互联共享、普惠性以及成本优势有效促进了经济实现高质量发展，积极减少了区域经济绿色发展道路的阻碍。本章将根据相关理论基础分析数字普惠金融对区域经济绿色发展的影响及空间溢出效应，为了更全面具体地为数字普惠金融及区域经济绿色发展提出可行性建议，同时对其影响的异质性及政府财政支持在此过程的影响进行分析，进而提出研究假设。

一、数字普惠金融对区域经济绿色发展的空间效应机制

（一）数字普惠金融对区域经济绿色发展的直接影响机制

数字普惠金融是目前蓬勃发展的一种金融形式，是促进经济绿色发展的重要推动力。首先，根据普惠金融理论可知，数字普惠金融的普惠性可以有效缓解金融排斥，更多地照顾到“长尾用户”，所以数字普惠金融的发展降低了众多中小微企业的融资门槛，是企业绿色创新的重要抓手（周雪峰等，2022）。很多大型企业在经营过程中存在缺乏创新、产业结构转型困难、生产过程不够绿色环保等问题，反而很多中小企业在发展过程中更重视绿色发展（冯向前等，2020），但是中小企业却面临着融资难的问题，而数字普惠金融的重点服务对象就是中小微企业，其通过对企业的相关信息进行筛查，向符合条件的企业提供金融支持，促进企业实现经济绿色发展。其次，根据数字经济理论，数字普惠金融依托现代化信息技术手段，可以对创新绿色型项目进行精准识别，减缓银行与企业信息不对称的问题，提高金融市场资源配置效率。同时，数字普惠金融与绿色金融融合，限制了高污染、高耗能企业的信贷，促进资金向清洁生产、具有创新潜力的产业和行业流动，为我国区域经济实现绿色发展提供了资金支持（张奎，2022）。最后，数字普惠金融有效限制了资源向高污染行业（企业）流动，促进了资金流向绿色生产行业，提高了资金利用效率，同时数字普惠金融建立的数字平台，在不断创新和改进更符合受众群体需求的金融产品和服务形式，拓宽了金融服务渠道，提高了企业金融产品的可获得性，同时降低了绿色金融产品的交易成本，受众群体的增多也加大了经济

绿色发展的范围。据此，本书提出 H3 - 1：

H3 - 1：数字普惠金融能促进区域经济绿色发展。

数字普惠金融的覆盖广度是衡量数字普惠金融的重要维度，其通过各省份居民的金融网络账户数量来衡量的。由上文分析可知，随着数字普惠金融的不断发展，其覆盖广度也在不断增加。对于企业来说，由理论部分的长尾效应可知，众多环保类中小企业难以得到传统金融的支持，但是随着数字普惠金融的覆盖广度增加，降低了中小企业的融资难度（焦文庆等，2022）。对于个人来说，覆盖范围增加，越来越多偏远地区的低收入群体可以获得数字普惠金融的服务，可以适度缓解个体压力和激发个体工作或创业积极性，提高市场活力。同时众多中小企业的蓬勃发展也为劳动者提供更多就业。总的来说，数字普惠金融在国家政策的引导下，为企业、个人提供了实现经济绿色发展的契机。基于此在 H3 - 1 的基础上提出 H3 - 1a：

H3 - 1a：数字普惠金融的覆盖的广度能够促进区域经济绿色发展。

数字普惠金融的使用深度采用衡量互联网金融服务的方式来衡量。数字普惠金融的覆盖广度是指覆盖群体的广泛性，而其使用深度则是对覆盖群体使用金融服务更具针对性。其使用深度包含多种金融产品与服务，如投资、信贷、保险、征信与支付服务等，企业或个人可以根据自身情况全面细致地选择适合自身的金融产品和服务（李建军等，2020）。除此以外，人均交易数量、金额及实际使用人数也是衡量使用深度的重要依据，其可以说明数字普惠金融的金融产品和服务的使用情况，根据实际使用情况再对其产品做出调整，从而针对化和精准化地面向使用人群，不断提高金融服务质量和促进资源合理利用。根据可持续发展理论，减少资源浪费可以带动经济绿色发展。基于此，提出 H3 - 1b：

H3 - 1b：数字普惠金融的使用深度能够促进区域经济绿色发展。

数字普惠金融的数字化是有别于其他金融形式的重要特征，也是数字普惠金融与时俱进的重要体现，数字化技术有效推动了数字普惠金融的普惠性快速发展。根据数字经济理论，一方面，数字化技术的应用可以有效缓解信息不对称的问题，数字化技术在金融服务提供主体方面，可以帮助银行等金融机构利用网络充分了解到借贷企业的相关信息，降低道德风险，减少金融机构损失（刘章生等，2023）；而对于借贷企业和个人而言，可以利用网络综合比较选择适合的金融服务和产品，从而实现金融服务的主客体信息尽可能对称。另一方面，经济绿色发展的一大难题就是交易效率低，由于绿色环保企业前期投入成本高、收益见效慢且运营周期长，在传统金融中借贷较为困难，但是数字化技术通过大数据和人工智能等专业技术对企业未来发展及项目收益进行综合评估，为企业提供资金支持，提高企业交易效率，降低交易成本（封思贤等，2021），促进经济实现绿色发展。基于此，提出 H3 – 1c：

H3 – 1c：数字普惠金融的数字化程度能够促进区域经济绿色发展。

为了加深对上述影响机制的理解，本节构建数字普惠金融影响区域经济绿色发展的结构，如图 3.1 所示。

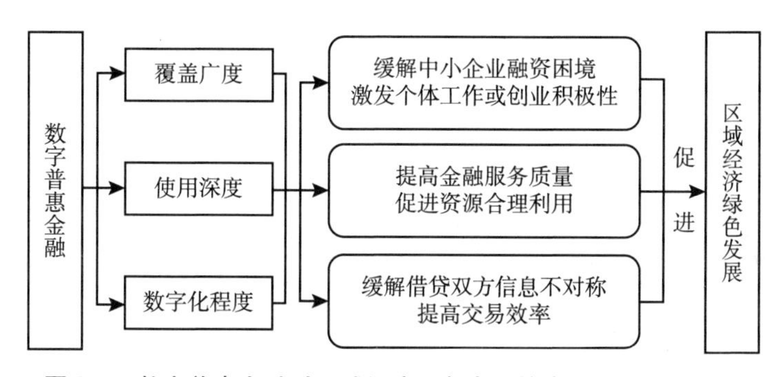

图 3.1　数字普惠金融对区域经济绿色发展的直接影响机制结构

（二）数字普惠金融对区域经济绿色发展的空间溢出机制

事物之间的影响要想存在空间溢出效应就需要存在可传播的要素，且地理距离越近的城市要素流动越频繁。同时根据区域经济理论可知，资源可以一定区域进行合理优化和配置，因此，数字普惠金融作为一种可以有效促进经济发展的金融资源，再加上其普惠特性，在区域间的流动可以更好发挥其作用。数字普惠金融的空间溢出效应可以分为两种：一种是“虹吸效应”，这与前文区域经济理论中的极化理论相似，是指在非完全竞争的市场状态下，数字普惠金融可以通过促进本省产业结构优化及加强资源配置等方式促使各种经济活动聚集，这不仅增加了就业机会，吸引了相邻省市的人才就业，同时促进了金融资源的聚集，吸收了相邻省市的资源，抑制了相邻省市经济的绿色发展；另一种是扩散效应，这也是区域经济理论里的相关概念，是指数字普惠金融通过其普惠性促进技术资金等向相邻省市传播，促进相邻省市的产业结构升级等，同时其数字化技术的传播也可以降低金融发展成本，从而带动其经济绿色发展。关于数字普惠金融在这两种空间溢出效应的占比目前无法确定，有的学者认为“虹吸效应”占主导地位（刘艳，2021），有的学者认为扩散效应占主导地位（姚凤阁等，2021），但是无论哪种效应占据主导地位，数字普惠金融的空间溢出性是毋庸置疑的。基于此，本书提出 H3－2：

H3－2：数字普惠金融对邻近地区的区域经济绿色发展具有空间溢出效应。

数字普惠金融对区域经济绿色发展空间溢出效应的机制结构如图 3.2 所示。

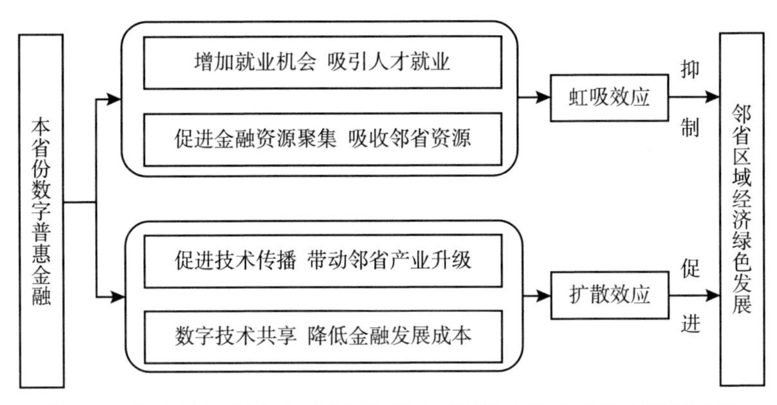

图 3.2 数字普惠金融对区域经济绿色发展的空间溢出效应机制结构

（三）数字普惠金融对区域经济绿色发展的区域异质性机制

数字普惠金融的发展旨在为社会各个阶层提供金融服务，根据区域差异理论，由于不同区域的经济发展条件和现代化程度不一样，数字普惠金融为其提供的服务以及服务所产生的效果也就存在差异。其异质性有以下两点原因：第一，新兴金融服务是以经济发展水平为基础的，当在经济较发达的区域时，该区域会有更为完善的社会服务体系和更加多元化的传播途径，同时该区域的人群文化程度也较高，对新鲜事物的接受程度也更高，上述种种条件有利于数字普惠金融的发展和传播（郑宏运等，2022）；第二，数字普惠金融的重点服务对象是小微企业和低收入人群，小微企业占据我国企业的90%以上，是我国经济发展的重要力量，并且小微企业多分布于华东地区等经济较发达地区，同时小微企业发展较为环保，数字普惠金融对其的支持有利于促进区域经济绿色发展。基于此，提出H3－3：

H3－3：根据经济发展水平，数字普惠金融对区域经济绿色发展具有异质性。

二、数字普惠金融对区域经济绿色发展的间接影响机制

绿色技术创新效应。区域经济绿色发展离不开绿色技术创新，一方面，根据低碳经济理论，技术创新可以有效促进经济绿色发展，数字普惠金融在数字化技术的辅助下，有效规避了传统金融产品的短板，同时减少了金融服务主客体的交易成本，从而推动了企业采取新技术、开发新产品，以绿色环保的方式进行生产。根据低碳经济理论，技术创新可以有效促进经济绿色发展，成为区域经济可持续健康发展的内生动力，最终，全面促进经济绿色发展。另一方面，技术创新离不开人才和资金的支持，引进人才和研发设备等都需要资金，中小企业仅依靠政府补贴和传统金融借贷而来的资金很难维持技术创新，特别是传统金融对中小企业并不友好（李健等，2020），资金问题严重限制了经济绿色发展的均衡性，而数字普惠金融则更为全面和平等地为中小企业提供资金支持，为经济实现绿色发展提供资金保障。基于此，提出H3－4a：

H3－4a：数字普惠金融通过提高绿色技术创新能力来促进区域经济绿

色发展。

缓解资源错配效应。根据可持续理论和循环理论，资源是经济绿色发展的关键因素，资源的不合理配置会导致产业结构落后，无法进行产业结构升级，不利于经济绿色发展，从而导致高污染、高耗能产业无法实现升级转型（李月娥等，2022）。数字普惠金融的发展可以打破金融产品与服务交易的时间限制、空间限制，能够准确对应产业链需求端，将劳动、资本与技术等生产要素进行区域内联合重组，有效降低绿色产业交易成本和缓解过程中的信息损失，从而解决资源错配问题，为绿色产业发展提供强大的资金支持。与此同时，数字普惠金融能够用技术手段改变供需曲线，化解生产要素供给与需求矛盾，降低生产要素流动摩擦，提升金融产品配置效率，最终促进经济绿色发展。基于此，本书提出 H3 -4b：

H3 -4b：数字普惠金融通过缓解资源错配来促进区域经济绿色发展。

数字普惠金融对区域经济绿色发展空间溢出效应的机制结构如图 3.3 所示。

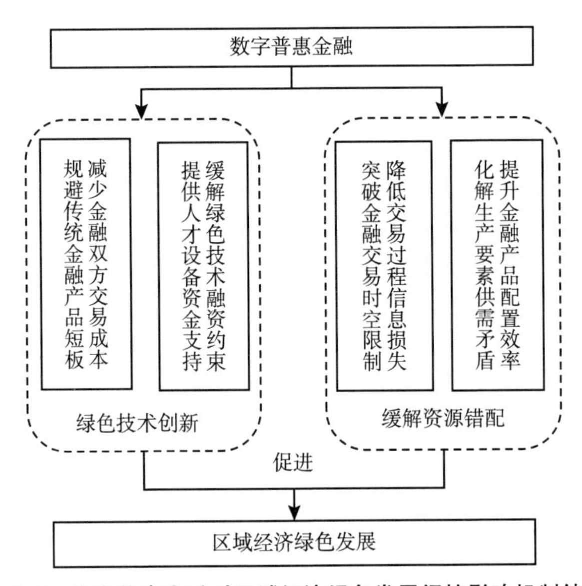

图 3.3　数字普惠金融对区域经济绿色发展间接影响机制结构

三、政府财政支持的门槛效应机制

数字普惠金融的开展对中小微实体企业的融资困难起到了一定的缓解，带动了社会经济消费。根据金融发展理论可知，政府在金融与经济发展之间起到了不可或缺的影响。政府财政支持一方面为中小微实体企业发展奠定了资金基础，也为后续发展提供了资金保障，促进了资金的合理有效利用，促进了产融结合，加速了传统产业结构的转型升级，而产业转型升级势必有利于促进经济绿色发展；另一方面有利于优化运营商环境、完善风险防控机制，为数字普惠金融健康、可持续发展提供保障，同时提高金融服务群体的数字普惠金融素养和使用数字金融的能力，有利于经济实现绿色增长。可以看出，政府财政支持的主要目的是实现经济长期稳定发展，并且也对未知的金融风险起到一定的预防作用，可以在金融对经济的影响过程中进行适度的调节。但是由于传统金融市场的影响，数字普惠经济发展不均衡且不够深入，政府可以提供财政支持来矫正发展不均衡、市场失灵等问题，促进经济绿色增长。根据金融发展理论可知，政府的干预应当适度，过度干预容易产生金融抑制，导致市场中金融资源配置效率低下、金融资源浪费等问题（汪雯羽等，2022），从而降低数字普惠金融的效果。基于此，本书提出 H3 -5：

H3 -5：政府财政支持会对数字普惠金融影响区域经济绿色发展存在门槛效应。

现基于上述文献及理论对数字普惠金融对区域经济绿色发展的影响机制进行分析，首先分析其直接影响机制，并探究其空间溢出效应和区域异质性；其次分析数字普惠金融对区域经济绿色发展的间接影响，选择了绿色技术创新和资源错配两个作用路径；最后分析在此过程中政府财政支持起到的门槛作用。经济实现绿色发展是当前经济发展的指向标，而数字普惠金融也是当前金融发展的热门方向，发挥好金融服务经济的作用，有效利用好数字普惠金融来促进经济可持续健康发展。

第三节　数字普惠金融对区域经济绿色发展影响的实证研究

一、变量选取与模型设定

（一）变量选取

1. 被解释变量

本书的被解释变量为中国区域经济绿色发展水平（GDRE），区域经济绿色发展不同于传统经济发展，更讲求人与自然和谐共生，为了更好地衡量和诠释区域经济绿色发展水平，以习近平生态文明思想为基本指导，构建符合新时代的区域经济绿色发展指标，同时借鉴相关学者的文献（吴淑丽，2013；朱海玲，2017；张薇，2021），将区域经济绿色发展指标划分为经济发展、资源节约和环境保护三个维度，同时每个维度又采用四个指标进行衡量，如表 3.1 所示。

表 3.1　区域经济绿色发展维度指标权重

维度	指标	指标含义	指标方向
经济发展	经济体量	人均国内（地区）生产总值	+
	研发投入	研究与试验发展经费支出占 GDP 比重	+
	产业结构高级化	第三产业与第二产业比值	+
	产业结构合理化	产业结构与劳动结构耦合度	-
资源节约	能源消耗	单位 GDP 能耗	-
	水资源消耗	单位 GDP 用水量	-
	能源结构	非化石能源占一次能源消费比重	+
	废物利用	综合利用量与工业固体产生量比值	+

续表

维度	指标	指标含义	指标方向
环境保护	碳排放	单位 GDP 二氧化碳排放	-
	空气污染	单位 GDP 二氧化硫排放	-
	水污染	单位 GDP 化学需氧量排放	-
	建成区绿化覆盖率	绿化覆盖面积与城市建成区面积比值	+

表 3.1 中除可以直接从相关数据库找到和要进行简单的比值计算的数据以外，产业结构合理化则借鉴干春晖（2020）等的做法，通过改进的产业结构泰尔指数来衡量地区产业结构的合理化，其公式为：

$$indr = \sum_{j=1}^{3} \frac{Y_{ij,t}}{Y_{i,t}} \times \ln\left(\frac{\frac{Y_{ij,t}}{Y_{i,t}}}{\frac{L_{ij,t}}{L_{i,t}}}\right),\ j=1,\ 2,\ 3 \qquad (3-1)$$

其中，$L_{ij,t}/L_{i,t}$代表第 j 产业就业人数与总就业人数的比值；$Y_{ij,t}/Y_{i,t}$表示第 j 产业产值与总产值的比值；indr 为产业结构非均衡状态程度，indr 越大，产业结构越不合理。

2. 解释变量

本书选择数字普惠金融指数（DFI）及其子指标为被解释变量。该指数来自北京大学数字金融研究中心联合蚂蚁金服研究院所发布的“北京大学数字普惠金融指数”（郭峰，2020），其总指数又分为三个维度，为了更为全面细致地探究其对区域经济绿色发展的影响，本书对其分维度进行研究，以期可以从数字普惠金融的多个方面提出可行性意见与建议，而且该指标也受到了广大学者的认可。

数字普惠金融覆盖广度（BRE）通过三个二级指标“万人拥有支付宝账号数量、支付宝绑卡用户比例及平均每个支付宝账号绑定银行卡数”来测度，更能体现数字普惠金融的普惠性。

数字普惠金融使用深度（DEP）采用支付、货币基金、信贷、保险、投资、信用 6 个维度进行衡量，涵盖了金融应用的各个方面，更能体现数字普惠金融与传统金融的有效结合，证明其普惠性不仅是广度上的普惠，更是深度上的普惠。

数字普惠金融数字化程度（DIG）由移动化、实惠化、信用化、便捷化四个层面组成，体现了数字普惠金融的数字化程度，这也是其有别于传统金融的重要特征。

3. 中介变量

本书选择绿色技术创新（GTI）和资源错配（GMI，LMI）作为中介变量。

绿色技术创新（GTI）参考王班班等（2019）使用各省份的绿色技术发明专利授权数与绿色技术发明专利申请数的比值。技术创新种类众多，经济发展离不开创新，但是经济绿色发展还是主要依靠绿色创新。在社会发展中，绿色技术创新在保护环境的同时，可以提高企业的产出效率，即同样的生产要素，产出增多，换个角度想既节约了资源，同时高的产出也为企业带来了高的效益。

资源错配指数分为资本错配指数（GMI）和劳动力错配指数（LMI）。本书借鉴白俊红和刘宇英（2018）的方法计算各省份资源错配指数和劳动力错配指数，具体如下：

$$\gamma_{Ki}=\frac{1}{1+CMI_{Ki}},\ \gamma_{Li}=\frac{1}{1+LMI_{Li}} \tag{3-2}$$

$$\gamma_{Ki}=\left(\frac{K_i}{K}\right)\left(\frac{s_i\beta_{Ki}}{\beta_K}\right),\ \gamma_{Li}=\left(\frac{L_i}{L}\right)\left(\frac{s_i\beta_{Li}}{\beta_L}\right) \tag{3-3}$$

其中，γ_{Ki}和 γ_{Li}分别为资本和劳动力的价格相对扭曲系数，K_i/K 表示 i 省份资本占资本总量的比重，L_i/L 表示 i 省份劳动力占劳动力总量的比重，s_i 表示 i 省份产出占全部总产出的份额，β_{Ki}与 β_{Li}分别表示 i 省份资本和劳动力对产出的贡献，$s_i\beta_{Ki}/\beta_K$ 和 $s_i\beta_{Li}/\beta_L$ 分别表示当资本有效配置时 i 省份资本和劳动力的比重。各省份的 GDP 表示资本产出总量，省份的年平均就业人数表示劳动投入量，各省份的固定资本存量表示资本投入量，使用张军（2004）的永续盘存法进行计算。由于存在资源配置不足和资源配置过度的情况，本书参考季书涵等（2016）的做法对资源错配指数进行绝对值处理，数值越大，表示资源错配情况越严重。

4. 门槛变量

本书选择政府财政支持水平（GFS）作为门槛变量，政府对于金融经济的影响受制于地方的经济状况与财税水平，因此采用财政支持程度作为门槛变量，本书参考汪雯羽等（2022）文献用各地区政府财政支出与经济的国民生产总值比重衡量政府财政支持。

5. 控制变量

本书通过阅读相关文献并结合实际，选择经济发展水平（EDL）、城镇化水平（UL）、对外开放程度（LOW）和居民消费能力（LRC）来作为控制变量。

经济发展水平（EDL）采用人均国内生产总值取对数来进行衡量（王霞，2022），取对数缩小了数据尺度，使数据更为平稳，且减弱了模型共线性和异方差性。经济发展水平是一个地区的发展基础，一方面，当一个地区经济发展达到一定水平以后，人民生活富足，更会考虑进行经济转型，不再单纯的只是追求经济发展的体量；另一方面，经济发展水平高的地区也会吸引更多投资者和人才，提高区域的创新能力，促进经济绿色发展。

城镇化水平（UL）采用地区城镇人口占总人口比重来衡量（王莹莹等，2023）。在城镇形成初期，工厂建设、居民集聚形成的规模效应在促进经济发展的同时也会增加碳排放，同时由于技术水平不够清洁环保，可能造成资源利用率低、产业结构不平衡等问题，但是在城镇化的发展过程中有效地促进了资源、人才等各种生产要素的集合，带动经济实现绿色发展。

对外开放（LOW）采用外商投资总额取对数来衡量（徐嘉钰等，2022）。在对外开放初期，外商主要是看中中国廉价的劳动力进行简单的生产加工，尽管带来了经济上的增长，但是其缺乏技术含量且容易造成污染，后来在对外开放的发展过程中，外商不再只是单纯把中国当作代工厂，其可以促进技术溢出和带来管理经验，这些有利于促进本土企业积极创业，通过借鉴这些相关经验促进产业结构优化和升级，带动经济实现绿色发展。

居民消费能力（LRC）采用人均消费水平取对数来衡量（刘章生等，

2023）。我国的经济增长方式为消费、投资和出口，而我国人口数量较大，因此消费市场也很庞大，所以我国的经济增长方式主要以消费为主。同时居民消费水平的提高也会促进居民消费方式的转变，居民消费不再只是单纯的满足最低的衣食住行，而是会具有环保意识，也更倾向于精神消费，从个体角度带动经济绿色发展。

（二）模型设定

1. 区域经济绿色发展指数模型构建

目前关于区域经济绿色发展的指数构建多采取熵值法（郭显光，1994）和数据包络法（金相郁，2007）两种方法，数据包络法多用来测算效率，并且不能有太多变量，如果数据量太小的话可能影响测算结果，而熵值法则可以选择多个变量对区域经济绿色发展进行评估，由于数字普惠金融在我国发展较晚，数据量较少，综合考量下选择采用熵值法对区域经济绿色发展指数进行模型构建。

第一步将所得到的数据取最大值和最小值进行标准化处理，第二步计算分维度指标下的熵值，如式（3－4）至式（3－5）所示。

对于正向指标来说，如式（3－4）所示：

$$X_{it}^{s}=\frac{(X_{it}-\min_{i})}{(\max_{i}-\min_{i})} \tag{3-4}$$

对于负向指标来说，如式（3－5）所示：

$$X_{it}^{s}=\frac{(\max_{i}-X_{it})}{(\max_{i}-\min_{i})} \tag{3-5}$$

$$e_{ij}=-\frac{1}{\ln(n)}\sum_{i=1}^{n}\frac{x_{ij}}{\sum_{i=1}^{n}x_{ij}}\ln\left(\frac{x_{ij}}{\sum_{i=1}^{n}x_{ij}}\right) \tag{3-6}$$

其中，X_{it}^{s}和X_{it}分别表示指标 i 在第 t 年的标准化数据和实际数据，$\max_{i}$、$\min_{i}$分别表示第 j 个指标的最大值和最小值。式（3－6）中e_{ij}表示第 j 项指标的熵值。

接着计算指标权重和各省份的区域经济绿色发展指数，如式（3－7）至式（3－8）所示：

$$w_{ij} = \frac{1 - e_{ij}}{\sum_{i=1}^{n} 1 - e_{ij}} \tag{3-7}$$

$$GDRE_i = \sum_{i=1}^{n} w_{ij} \times e_{ij} \tag{3-8}$$

$$GDRE = \sum_{n=1}^{4} w_n \times GDRE_n \tag{3-9}$$

2. 空间计量模型构建

考虑到区域经济绿色发展可能存在空间依赖性或空间异质性，而传统线性回归模型由于忽略空间因素可能会导致实证结果偏误，因此，本书采用空间面板模型（吴玉鸣，2006）检验数字普惠金融与区域经济绿色发展之间的关系，构建空间计量模型。

构建空间计量模型，先要构建空间权重矩阵，目前空间权重矩阵基本上以地理位置权重矩阵和经济距离权重矩阵为主，而基于地理位置的空间权重矩阵更为客观，经济距离权重矩阵使用则需要更为慎重，因此本书构建空间邻接权重矩阵，如下：

$$W = \begin{pmatrix} w_{11} & \cdots & w_{1n} \\ \vdots & \ddots & \vdots \\ w_{n1} & \cdots & w_{nn} \end{pmatrix} \tag{3-10}$$

其中，如果两个省份在地理位置上是相邻的关系，则矩阵中的数字为 1，反之为 0。W 是一个 30 阶的方阵，即当省份 i 和省份 j 相邻时，w_{ij} 取值 1，否则取值为 0。

接下来是空间计量模型的构建，目前来说，空间计量模型一般分为三种：空间滞后模型（SLM）、空间误差模型（SEM）和空间杜宾模型（SDM）。其中 SLM 主要关注相邻省份间因变量的空间制约性，体现的是本省份对周边省份的影响。SEM 主要关注的是相邻省份因变量之间误差项的关系。SDM 则主要关注的是本省份的自变量对相邻省份因变量的影响。综上所述，构建的空间计量模型如下：

$$GDRE_{it} = \rho WGDRE_{it} + \alpha_1 DFI_{it} + \beta_1 WDFI_{it} + \alpha_2 c_{it} + \beta_2 Wc_{it} + u_i + v_t + \mu_{it} \tag{3-11}$$

$$\mu_{it} = \lambda W \mu_i + \varepsilon_{it} \quad (3-12)$$

其中，GDRE 代表被解释变量，即区域经济绿色发展水平；下标 i、t 分别代表省份和时间；ρ 代表区域经济绿色发展水平的空间自相关系数；W 代表空间邻接权重矩阵；DFI 代表数字普惠金融指数；c 代表控制变量；u 为省份个体效应；v 为时间效应；μ 为随机误差项；λ 为随机误差项的空间自相关系数；ε 代表随机扰动项。

式（3-11）为空间计量模型的一般形式，根据 λ、ρ、β_1 和 β_2 划分三种空间计量模型。

（1）当 $\lambda=\beta_1=\beta_2=0$ 且 $\rho\neq0$ 时，上述模型为空间滞后模型（SAR）；

（2）当 $\lambda\neq0$ 且 $\beta_1=\beta_2=\rho=0$ 时，上述模型为空间误差模型（SEM）；

（3）当 $\lambda=0$ 且 $\beta_1=\beta_2=\rho\neq0$ 时，上述模型为空间杜宾模型（SDM）。

后续将通过一系列相关检验来判定使用何种模型。

3. 中介模型构建

本书为了探究数字普惠金融作用于区域经济绿色发展的机制效应，通过构建中介模型来进行检验。由于目前关于传统中介效应争议较大，本书综合考虑温忠麟（2004）和江艇（2022）学者的研究，首先采用江艇式的作用机制进行检验，其次进一步采用温忠麟三步式来进行机制分析。由于已有较为丰富的理论和文献证明绿色技术和资源错配对经济绿色发展的影响，因此只要重点分析数字普惠金融对中介变量的影响即可，即只要模型（3-13）和模型（3-14）的系数通过即可。为了检验的准确性，本书还是构建逐步分析法的模型，模型如下：

$$GDRE = \alpha_0 + \alpha_1 DFI_{it} + \alpha_2 C_{it} + \varepsilon_{it} \quad (3-13)$$

$$GTI = \beta_0 + \beta_1 DFI_{it} + \beta_2 C_{it} + \varepsilon_{it} \quad (3-14)$$

$$GDRE = \lambda_0 + \lambda_1 DFI_{it} + \lambda_2 GTI + \lambda_3 C_{it} + \varepsilon_{it} \quad (3-15)$$

其中，本模型只选择了绿色技术创新（GTI）作为中介变量，在后续实证过程中对资源错配这个中介变量进行检验时，只需将绿色技术创新换成资源错配即可。如果模型（3-13）中 α_i 显著，则进行中介效应检验，如果模型（3-14）中的 β_1 也显著，同时通过理论验证绿色技术创新促进区域经济绿色发展。为了实证结论的严谨性，我们又构建了模型（3-15），若

λ_2 显著，则说明存在中介效应，同时如果 λ_1 不显著则为完全中介效应，反之则为部分中介效应。

4. 门槛模型构建

由于我国的社会主义性质，我国政府在经济增长过程中发挥着至关重要的作用，同时我国又是市场经济，政府的支持力度对经济发展也是存在差异的，为了更好地探究政府的财政支持在此过程起到的作用，本书引入门槛模型（原毅军等，2014），模型构建如下：

$$\begin{aligned} GDRE = {} & \theta_0 + \theta_1 DFI_{it} \times I(GFS \leqslant r_1) + \theta_2 DFI_{it} \times I(r_1 \leqslant GFS \leqslant r_2) + \cdots \\ & + \theta_n DFI_{it} \times I(r_{n-1} \leqslant GFS \leqslant r_n) + \theta_{n+1} DFI_{it} \times I(GFS \geqslant r_n) \\ & + \sum \theta c_{it} + \varepsilon_{it} \end{aligned} \tag{3-16}$$

其中，r_1，…，r_n 为门槛值，θ_0，…，θ_{n+1} 表示不同门槛区间数字普惠金融指数对区域经济绿色发展的影响系数，I(·) 为示性函数。

（三）数据说明和描述性统计

本书选择中国 30 个省份 2011～2020 年的相关数据作为样本数据，数据来源于《中国统计年鉴》《中国宏观经济数据库》《中国环境数据库》《中国能源数据库》以及北京大学数字金融研究中心。由于西藏、中国香港、澳门和台湾地区的某些指标数据缺失，且找寻较为困难，所以本书在展开研究时将不予考虑这些地区。对于个别缺失数据，采用线性插值法填补。描述性统计如表 3.2 所示。

表 3.2　数据描述性统计

变量	变量含义	样本量	均值	标准差	最小值	最大值
DFI	数字普惠金融	300	217.246	96.968	18.330	431.930
BRE	覆盖广度	300	198.010	96.334	1.960	397.000
DEP	使用深度	300	212.036	98.106	6.760	488.680
DIG	数字化程度	300	290.238	117.644	7.580	462.230
GDRE	区域经济绿色发展	300	0.286	0.339	0.103	0.649

续表

变量	变量含义	样本量	均值	标准差	最小值	最大值
GTI	绿色技术创新	300	0.092	1.473	6.118	13.774
GMI	资本错配程度	300	108.336	2.598	97.500	116.400
LMI	劳动力错配程度	300	101.891	2.849	96.200	108.400
GFS	政府财政支持	300	0.250	0.103	0.110	0.643
EDL	经济发展水平	300	10.841	0.436	9.706	12.013
UL	城镇化水平	300	59.006	12.218	35.030	89.600
LOW	对外开放水平	300	4.057	0.200	3.556	4.495
LRC	居民消费水平	300	9.651	0.380	8.741	10.728
ADL	人均受教育程度	300	9.253	0.917	7.474	12.782

从上述描述性统计表中可以看出，数字普惠金融指数及其子指数最大值与最小值相差较大，体现了我国数字普惠金融发展的不均衡性。同样地，绿色经济发展水平最大值与最小值差距也较大，但是其标准差体现了数据较为平稳。其余中介变量、门槛变量和控制变量，尽管有的变量最大值与最小值仍存在较大差异，但是数据也算是比较平稳，也为后续实证奠定了数据基础。

二、数字普惠金融对区域经济绿色发展影响的空间效应分析

（一）数字普惠金融与区域经济绿色发展现状分析

本书在对数字普惠金融影响区域经济绿色发展的空间效应进行实证研究前，首先对数字普惠金融和区域经济绿色发展现状及二者关系进行简要分析，以期为后续实证奠定数据基础。

1. 数字普惠金融发展现状分析

自2005年普惠金融被正式提出后，短短十几年得到迅速发展，更是与时俱进地与数字化技术相结合发展成为数字普惠金融。而我国也于2015年

正式对普惠金融的概念进行了定义，并于2016年提出数字普惠金融的概念。数字普惠金融在我国发展前些年中一直处于高速发展的状态，不过近几年的发展速度有所放缓，尽管如此，2020年新冠疫情后，其发展速度仍然处于一个可观增长的状态，这说明数字普惠金融是符合我国的经济发展模式的，具有一定的可行性和持续性。基于此，本节对2011～2021年的数字普惠金融的整体和分省份发展现状进行分析，以期能为后续数字普惠金融对区域经济绿色发展的影响实证分析提供一定的数据基础。

2011～2020年中国各省份数字普惠金融指数具体数据如表3.3所示。

表3.3　　2011～2020年中国各省份数字普惠金融指数

省份	2011年	2012年	2013年	2014年	2015年	2016年	2017年	2018年	2019年	2020年	平均增速（%）
北京	79.41	150.65	215.62	235.36	276.38	286.37	329.94	368.54	399.00	417.88	46.09
天津	60.58	122.96	175.26	200.16	237.53	245.84	284.03	316.88	344.11	361.46	55.32
河北	32.42	89.32	144.98	160.76	199.53	214.36	258.17	282.77	305.06	322.70	98.71
山西	33.41	92.98	144.22	167.66	206.30	224.81	259.95	283.65	308.73	325.73	97.66
内蒙古	28.89	91.68	146.59	172.56	214.55	229.93	258.50	271.57	293.89	309.39	109.34
辽宁	43.29	103.53	160.07	187.61	226.40	231.41	267.18	290.95	311.01	326.29	72.52
吉林	24.51	87.23	138.36	165.62	208.20	217.07	254.76	276.08	292.77	308.26	128.48
黑龙江	33.58	87.91	141.40	167.80	209.93	221.89	256.78	274.73	292.87	306.08	91.59
上海	80.19	150.77	222.14	239.53	278.11	282.22	336.65	377.73	410.28	431.93	47.24
江苏	62.08	122.03	180.98	204.16	244.01	253.75	297.69	334.02	361.93	381.61	56.51
浙江	77.39	146.35	205.77	224.45	264.85	268.10	318.05	357.45	387.49	406.88	46.16
安徽	33.07	96.63	150.83	180.59	211.28	228.78	271.60	303.83	330.29	350.16	106.30
福建	61.76	123.21	183.10	202.59	245.21	252.67	299.28	334.44	360.51	380.13	56.44
江西	29.74	91.93	146.13	175.69	208.35	223.76	267.17	296.23	319.13	340.61	115.14
山东	38.55	100.35	159.30	181.88	220.66	232.57	272.06	301.13	327.36	347.81	88.75
河南	28.40	83.68	142.08	166.65	205.34	223.12	266.92	295.76	322.12	340.81	121.82
湖北	39.82	101.42	164.76	190.14	226.75	239.86	285.28	319.48	344.40	358.64	88.42

续表

省份	2011年	2012年	2013年	2014年	2015年	2016年	2017年	2018年	2019年	2020年	平均增速(%)
湖南	32.68	93.71	147.71	167.27	206.38	217.69	261.12	286.81	310.85	332.03	100.88
广东	69.48	127.06	184.78	201.53	240.95	248.00	296.17	331.92	360.61	379.53	48.51
广西	33.89	89.35	141.46	166.12	207.23	223.32	261.94	289.25	309.91	325.17	94.78
海南	45.56	102.94	158.26	179.62	230.33	231.56	275.64	309.72	328.75	344.05	72.39
重庆	41.89	100.02	159.86	184.71	221.84	233.89	276.31	301.53	325.47	344.76	79.10
四川	40.16	100.13	153.04	173.82	215.48	225.41	267.80	294.30	317.11	334.82	80.54
贵州	18.47	75.87	121.22	154.62	193.29	209.45	251.46	276.91	293.51	307.94	174.52
云南	24.91	84.43	137.90	164.05	203.76	217.34	256.27	285.79	303.46	318.48	129.27
陕西	40.96	98.24	148.37	178.73	216.12	229.37	266.85	295.95	322.89	342.04	81.35
甘肃	18.84	76.29	128.39	159.76	199.78	204.11	243.78	266.82	289.14	305.50	171.08
青海	18.33	61.47	118.01	145.93	195.15	200.38	240.20	263.12	282.65	298.23	169.97
宁夏	31.31	87.13	136.74	165.26	214.70	212.36	255.59	272.92	292.31	310.02	100.14
新疆	20.34	82.45	143.40	163.67	205.49	208.72	248.69	271.84	294.34	308.35	158.03
Max	80.19	150.77	222.14	239.53	278.11	286.37	336.65	377.73	410.28	431.93	
Min	18.33	61.47	118.01	145.93	193.29	200.38	240.2	263.12	282.65	298.23	

从表3.3中可以看出，数字普惠金融程度从整体来看各个省份的发展均呈增长状态，平均增速在46%～175%，增长速度较快，且不同省份之间增速差异较大；从相同年份来看，各省份的数字普惠金融发展程度差异较大，但是随着时间变化，这种差异在不断减小，这说明我国的数字普惠金融正朝着均衡性方向发展。分区域来看，截至2020年，我国数字普惠金融发展程度最高的前三个省份分别是上海、北京和浙江，最低的三个省份是青海、黑龙江和甘肃，我们不难看出，经济发展程度越高的省份其数字普惠金融发展程度也越高，这些经济发达的省份具有领先的人才优势、合理的产业结构和先进的金融水平，能为数字普惠金融的发展提供相应的支持，但是数字普惠金融的发展速度排名则恰恰和发展程度相反，往往经济

欠发达的省份其发展速度越快，这也与数字普惠金融的重点服务群体与宗旨有关，其重点服务人群为小微企业、农民、城镇低收入人群、贫困人群和残疾人、老年人等特殊群体，其服务旨在让社会各个阶层的人享受到金融服务。总而言之，从上述分析得出，我国的数字普惠金融尽管发展速度有所放缓且地区差异较大，但是其发展正在趋于稳定和均衡。

分析完各省份，再对其分指标与整体数据进行分析，以期从不同角度探究数字普惠金融的发展程度。基于此，本节采用 Excel 绘制 2011～2020 年中国数字普惠金融总指数与子指标的平均值的柱状与折现的交叉图，如图 3.4 所示。

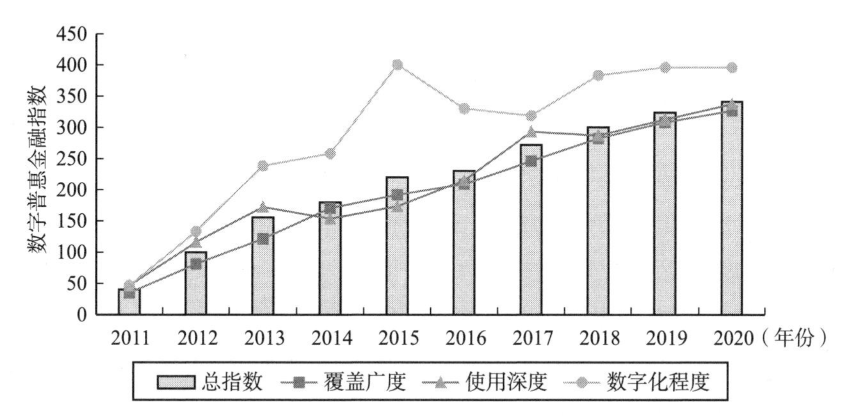

图 3.4　2011～2020 年中国数字普惠金融总指数及子指标发展趋势

从图 3.4 中可以看出，我国的数字普惠金融发展程度是在逐年提高的，并且提升幅度比较大，从 2011 年的不到 50 提升到 2020 年的 300 多，年平均增长率高达 31.83%，发展势头迅猛。其中 2011～2015 年增长速度最快，政策提出的前期数字化技术为普惠金融的发展提供了保障，2015～2016 年增长几乎停滞，进入发展的瓶颈期，不过 2016～2020 年又呈现出稳定增长态势，尽管增长速度比不上发展前期，但是发展较为平稳，这得益于中国政府面对发展出现停滞问题迅速做出的调整，出台新的政策为数字普惠金融的可持续发展保驾护航，更是得益于数字普惠金融发展是符合人们需求、促进社会发展的政策。

在数字普惠金融的三个子指标中，覆盖广度和使用深度与总指标发展程度几乎一致，但是覆盖广度的发展水平均低于整体水平，因为覆盖广度主要是通过居民的电子账户数量体现，相比于其他两个指标的衡量方式会导致数据偏小；使用深度在 2012 年、2013 年和 2017 年这三年里是高于整体水平的，这可能与支付宝和微信支付等推出线上理财产品有关，提高了人民对金融服务的需求；而数字金融支持程度是远远高于整体水平的，特别是 2015 年，其主要通过移动化和便利化来衡量，而中国的数字化水平较高，为移动化和便利化提供了技术支持。不管是从整体角度看还是分维度看，中国的数字普惠金融发展都是迅速的并且已经进入稳定发展时期。

2. 区域经济绿色发展现状分析

新时代，经济发展越来越强调绿色、健康和可持续发展，经济的绿色发展强调在不破坏生态环境、保证人与自然和谐相处的前提下来实现经济的增长，其发展方向也由过去的粗放发展向集约、低碳方向发展，实现低消耗、低排放、低污染和高效率、高效益、高循环的有机统一，经济绿色发展已成为当代经济发展的主旋律。基于此，本节通过对测算得到的各省份经济绿色发展水平进行分析，对当前我国经济的发展现状有了初步了解，这为后续的实证分析奠定了基础。本书利用 Stata 17 对全国各省份的区域经济绿色发展水平进行测度，具体如表 3.4 所示。

表 3.4　2011～2020 年中国各省份区域经济绿色发展水平

省份	2011年	2012年	2013年	2014年	2015年	2016年	2017年	2018年	2019年	2020年	平均增速（%）
北京	0.69	0.72	0.74	0.76	0.79	0.82	0.82	0.86	0.94	0.96	3.00
天津	0.38	0.40	0.43	0.44	0.45	0.48	0.47	0.49	0.50	0.52	1.56
河北	0.21	0.22	0.23	0.25	0.25	0.27	0.29	0.31	0.34	0.34	1.44
山西	0.17	0.19	0.21	0.22	0.24	0.26	0.26	0.28	0.27	0.28	1.22
内蒙古	0.18	0.20	0.24	0.26	0.26	0.29	0.30	0.30	0.30	0.29	1.22

续表

省份	2011年	2012年	2013年	2014年	2015年	2016年	2017年	2018年	2019年	2020年	平均增速（%）
辽宁	0.25	0.26	0.29	0.29	0.29	0.31	0.33	0.34	0.35	0.35	1.11
吉林	0.18	0.21	0.22	0.23	0.25	0.27	0.27	0.29	0.32	0.33	1.67
黑龙江	0.17	0.20	0.23	0.24	0.26	0.30	0.31	0.32	0.30	0.30	1.44
上海	0.45	0.47	0.50	0.53	0.56	0.59	0.61	0.62	0.66	0.67	2.44
江苏	0.38	0.40	0.43	0.44	0.46	0.48	0.50	0.52	0.53	0.54	1.78
浙江	0.37	0.40	0.41	0.43	0.44	0.46	0.48	0.51	0.52	0.53	1.78
安徽	0.24	0.26	0.29	0.31	0.32	0.34	0.36	0.38	0.41	0.42	2.00
福建	0.30	0.32	0.34	0.35	0.36	0.38	0.40	0.42	0.44	0.45	1.67
江西	0.23	0.24	0.26	0.27	0.28	0.30	0.32	0.34	0.36	0.38	1.67
山东	0.29	0.31	0.34	0.35	0.37	0.39	0.41	0.42	0.42	0.43	1.56
河南	0.22	0.23	0.26	0.27	0.29	0.31	0.33	0.35	0.37	0.38	1.78
湖北	0.25	0.26	0.29	0.31	0.33	0.34	0.36	0.38	0.40	0.41	1.78
湖南	0.23	0.24	0.26	0.27	0.29	0.31	0.33	0.36	0.39	0.39	1.78
广东	0.36	0.38	0.40	0.42	0.43	0.46	0.47	0.49	0.51	0.53	1.89
广西	0.21	0.22	0.24	0.25	0.25	0.26	0.28	0.30	0.33	0.34	1.44
海南	0.26	0.28	0.30	0.33	0.34	0.37	0.38	0.38	0.42	0.44	2.00
重庆	0.23	0.26	0.28	0.30	0.33	0.35	0.37	0.39	0.40	0.42	2.11
四川	0.22	0.24	0.25	0.26	0.29	0.32	0.33	0.36	0.38	0.39	1.89
贵州	0.15	0.17	0.20	0.21	0.23	0.25	0.27	0.29	0.32	0.32	1.89
云南	0.20	0.21	0.23	0.24	0.25	0.27	0.29	0.30	0.33	0.34	1.56
陕西	0.26	0.26	0.28	0.29	0.31	0.34	0.34	0.34	0.36	0.39	1.44
甘肃	0.17	0.20	0.22	0.23	0.25	0.28	0.29	0.31	0.33	0.32	1.67
青海	0.19	0.20	0.21	0.22	0.21	0.23	0.26	0.27	0.30	0.30	1.22
宁夏	0.17	0.19	0.21	0.22	0.22	0.25	0.26	0.27	0.28	0.28	1.22
新疆	0.13	0.15	0.17	0.19	0.22	0.24	0.25	0.26	0.29	0.29	1.78

从表3.4中可以直观地看出，2011～2020年各省份的区域经济绿色发展水平是呈现增长趋势的，同时通过计算得到的平均增长率也可以看出，

除北京外，其他省份的平均增长率维持在1%～2%，增速相对比较平稳，这说明我国的区域经济绿色发展一直呈现稳定势态。其中，单看2020年，我国区域经济绿色发展水平最高的三个省份分别是北京、上海和江苏，最低的两个省份是山西和宁夏，可以看出东部沿海省份不单经济体量大，区域经济绿色发展水平也高，而西部地区，在经济发展相对落后的同时，区域经济绿色发展水平也较低，而山西则是由于先前煤炭开采等工业活动，导致经济进行绿色发展较为困难。此外，平均增长率最高的三个省份则是北京、上海和重庆，最低的省份是辽宁。可以看出区域经济绿色发展的增长速度和水平基本上是一致的，从对上述表格的简单分析不难看出，我国的经济绿色发展水平增长相对稳定，但是各省份差距相对较大。

为了更直观地对我国各省份的经济绿色发展水平的演进过程进行分析，本节还采用Matlab绘制了区域经济绿色发展水平的核密度图，核密度估计是一种非参数估计方法，可以利用连续的曲线反映出变量的分布形态、位置和动态变化情况，同时还兼具结果的稳定性，具体如图3.5所示。

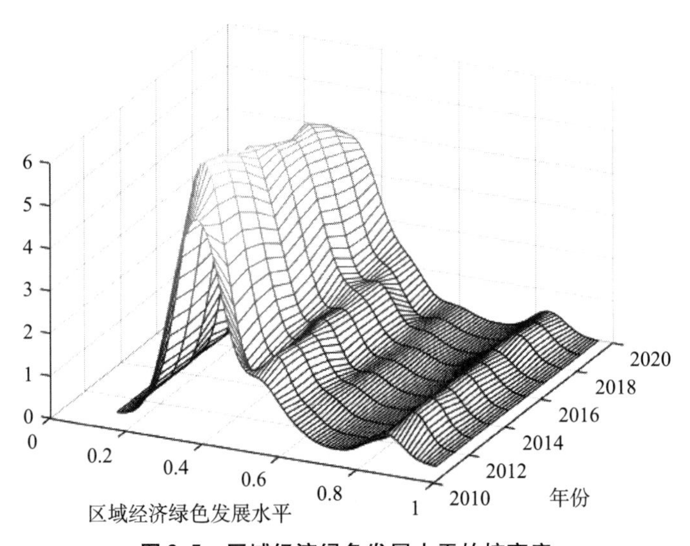

图3.5　区域经济绿色发展水平的核密度

在图 3.5 中，首先看波峰的位置，在 2011～2020 年，可以看出波峰的位置是向右移动的，这说明我国大多数省份的经济绿色发展是呈现上升趋势的，这与上述结论一致。其次看波峰的高度和形状，可以看出从 2011～2020 年，波峰的高度变化并不明显且波峰宽度变化也不显著，这说明我国各省份之间的经济绿色发展水平差距较大，呈现两极分化的趋势，并且随着时间的推移，这种趋势并没有变缓的征兆，这也就说明这十年间，我国的经济绿色发展水平一直存在很大差距。

在分析完区域经济绿色发展的整体数据后，由于本书选取的是熵值法对区域经济绿色发展水平进行测度，所以本节也从区域经济绿色发展的三个不同维度进行分析，以期能从不同角度对区域经济绿色发展提出意见和建议。基于此，本书选取中国东部、东北、中部和西部四大区域的区域经济绿色发展水平及其分效应的平均值绘制图 3.6，具体如下所示。

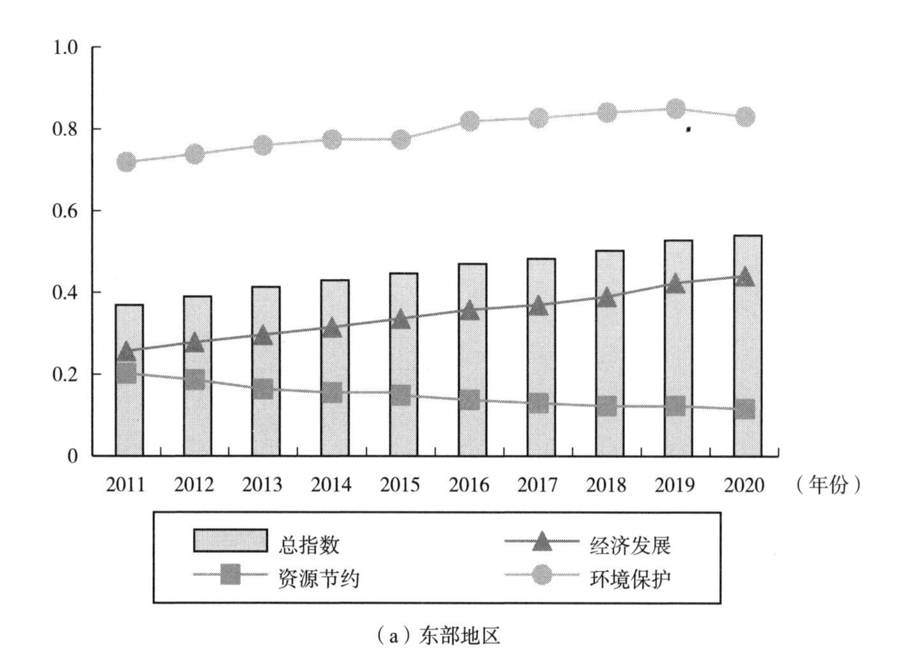

（a）东部地区

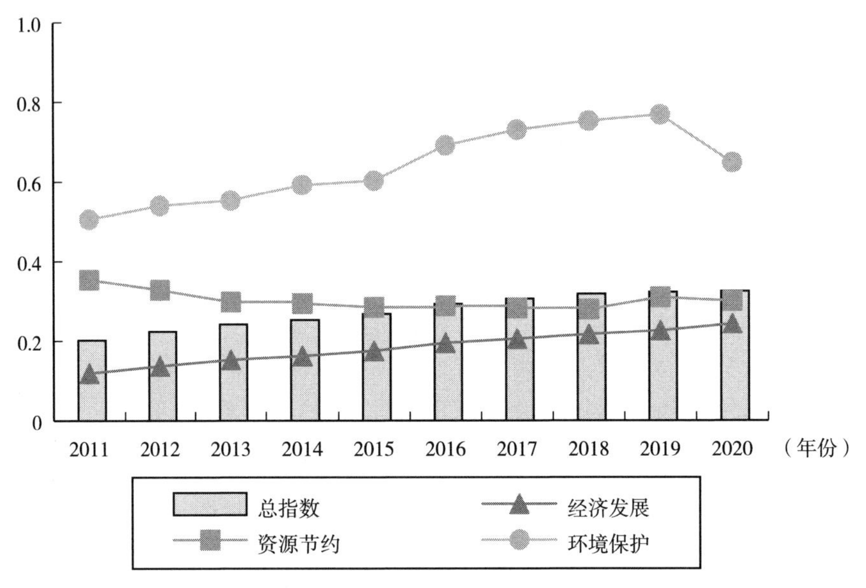
1.0
0.8
0.6
0.4
0.2
0
2011
2012
2013
2014
2015
2016
2017
2018
2019
2020
（年份）
总指数
经济发展
资源节约
环境保护

（b）东北地区

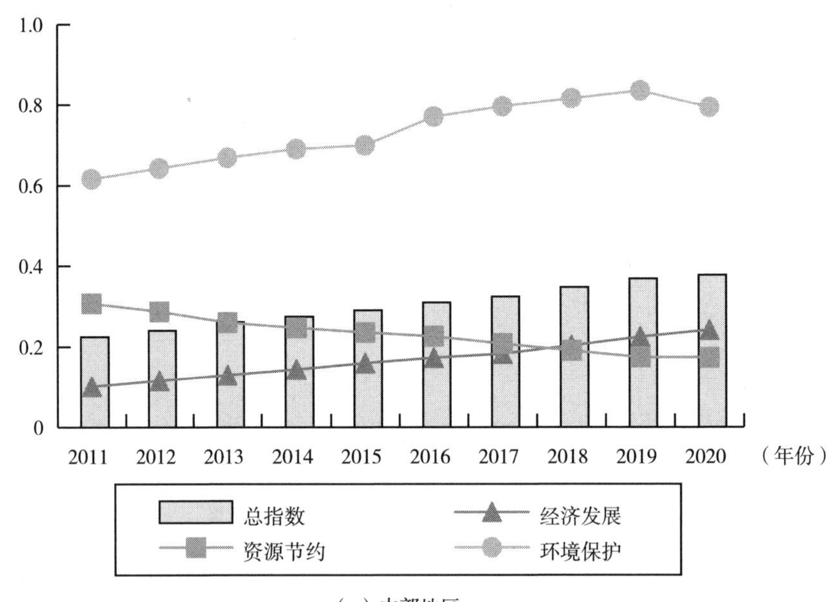
1.0
0.8
0.6
0.4
0.2
0
2011
2012
2013
2014
2015
2016
2017
2018
2019
2020
（年份）
总指数
经济发展
资源节约
环境保护

（c）中部地区

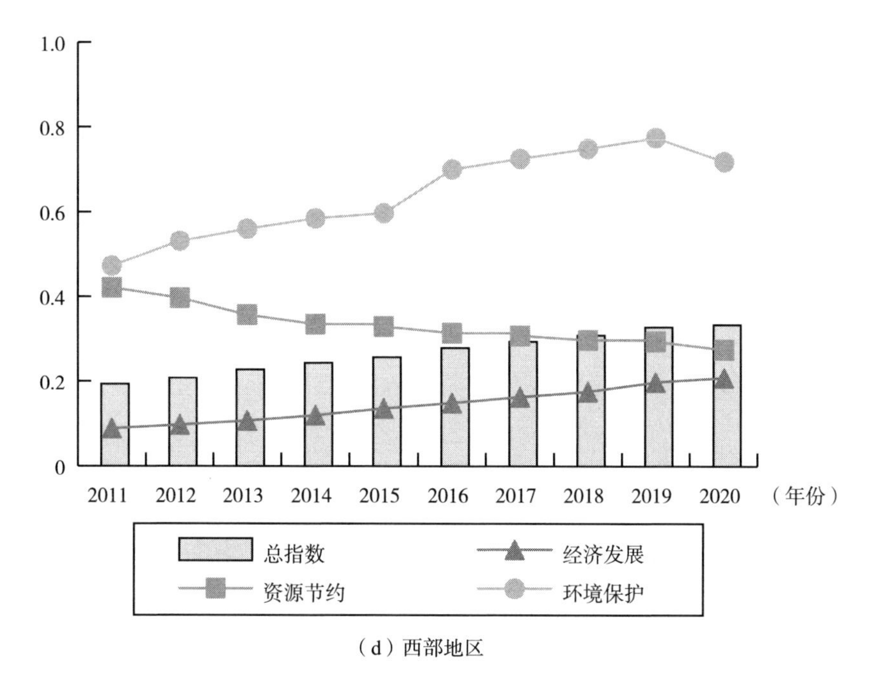

（d）西部地区

图 3.6　中国不同区域绿色经济发展水平趋势

从总指数上来看，各个区域的总指数都是呈增长趋势，但是各个区域的总指数差距较大，东部地区的经济绿色发展水平远远领先于其他三个地区，2011～2020 年，东部地区的总指数为 0.4～0.6，而其他三个地区的总指数为 0.2～0.4；从经济发展的维度来看，经济发展指数低于总指数，但是各个地区的经济发展指数与总指数的变化趋势是一致的。从资源节约的维度来看，随着时间推移，资源节约指数一直呈下降趋势，东部地区的资源节约指数一开始就远低于总指数，这也就说明在大力发展绿色经济的同时，资源的使用量也是巨大的，其他三个地区从一开始的资源节约高于总指数到后来都成了低于总指数；从环境保护维度来看，各个地区的环境保护水平是远远高于总指数的，这说明各个地区的环境保护措施做得比较到位，东部地区的环境保护水平也是远高于其他三个地区的，发展相对平缓，其他三个地区尽管环境保护水平较低，但是发展速度还是比较快的；经过对不同区域的经济绿色发展水平及分维度的分析可知，中国的区域经济绿色发展水平大体上呈现“东高西低”的区域分布特点，发展相对稳定。

在对我国数字普惠金融和区域经济绿色发展水平进行了简要的分析后，本节还采用了Origin软件绘制了数字普惠金融与区域经济绿色发展水平的线性拟合图，以用简单的图形对二者之间的关系进行描述，为后续假设提供一定的参考，同时也为后续采用更为专业的计量模型进行分析奠定数据基础。通过图3.7可以看出，数字普惠金融与区域经济绿色发展水平之间呈正相关关系。

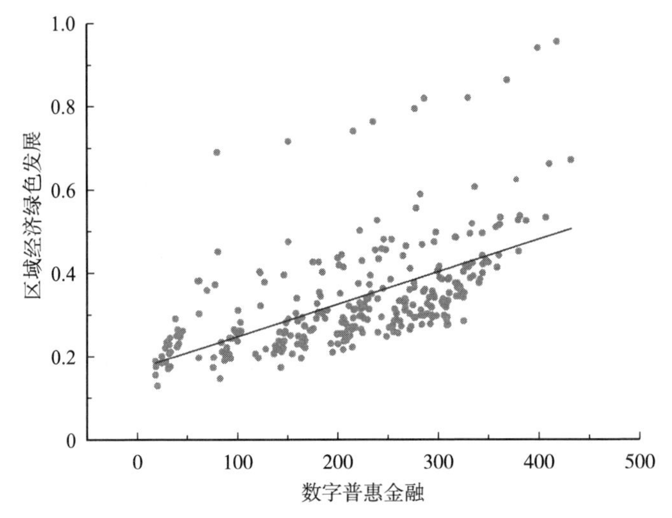

图3.7　数字普惠金融与区域经济绿色发展线性拟合

（二）空间相关性检验

1. 全局自相关检验

为了验证使用空间计量模型的合理性，根据全国各省份2011～2020年由Stata 14.0软件计算得出的数字普惠金融水平和区域经济绿色发展水平得到全局Moran's I指数，如表3.5所示。

表 3.5　　2011～2020 年全局 Moran's I 指数

年份	DFI		GDRE	
	Moran's I 指数	p-value	Moran's I 指数	p-value
2011	0.326	0.001	0.250	0.002
2012	0.328	0.000	0.258	0.002
2013	0.321	0.001	0.251	0.002
2014	0.317	0.001	0.244	0.002
2015	0.287	0.002	0.229	0.004
2016	0.296	0.001	0.223	0.005
2017	0.363	0.000	0.230	0.004
2018	0.414	0.000	0.240	0.003
2019	0.409	0.000	0.234	0.003
2020	0.428	0.000	0.241	0.002

从表 3.5 中得出，2011～2020 年，我国各省份的数字普惠金融水平和区域经济绿色发展水平均为正值且通过了 1% 的显著性检验，且各年份的莫兰指数数值较大并相近，这说明在时间层面上区域经济绿色发展水平和数字普惠金融有着稳定的空间聚集度，存在空间溢出效应。

2. *局部自相关检验*

为了更好地验证中国各省份范围内是否存在空间相关性，本书采用莫兰散点图来表示各省份之间的区域经济绿色发展水平是否存在自相关性，同时采用 Stata 和 ArGIS 软件作图，选取空间邻接权重矩阵下 2011 年、2016 年、2020 年三年的数据，如图 3.8 所示。为了更直观地体现局部自相关检验的结果，本研究将绘制表 3.6 以呈现 LISA 聚类结果。

LISA 聚类结果共有四种情况，其中第一象限表示“高—高”聚集，即本省份实体经济和相邻省份经济绿色发展水平较高；第二象限表示“低—高”聚集，即本省份经济绿色发展水平较低，而相邻省份经济绿色发展水平较高；第三象限表示“低—低”聚集，即本省份和相邻省份经济绿色发展水平都较低；第四象限属于“高—低”聚集，即本省份经济绿色发展水平较高，而相邻省份的经济绿色发展水平较低。

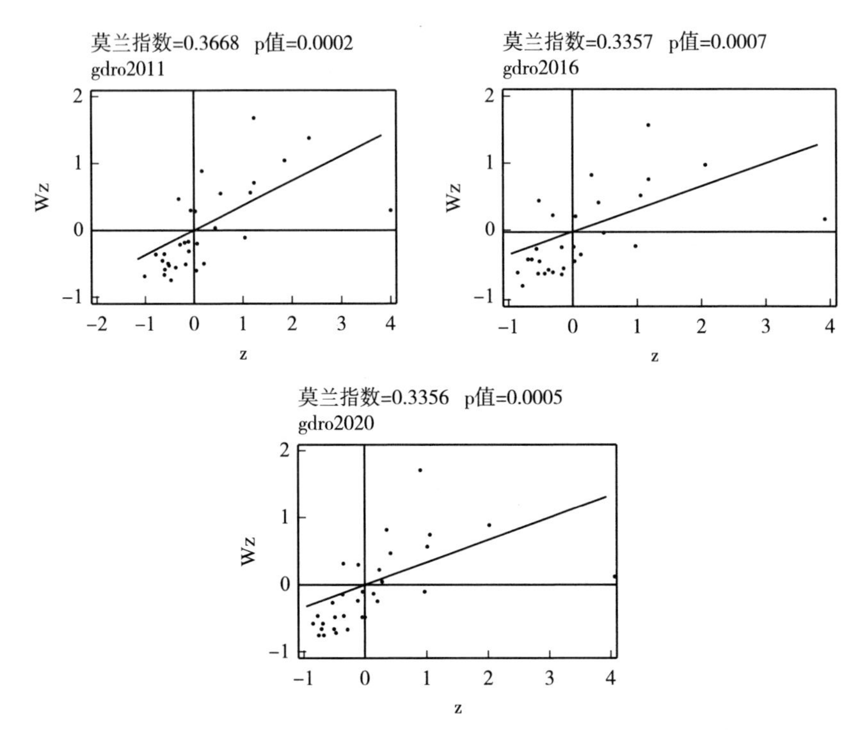

图 3.8 2011 年、2016 年及 2020 年中国区域经济绿色发展水平 Moran's I 指数散点图

表 3.6 LISA 聚类结果

集聚结果	2011 年	2016 年	2020 年
高—高聚集	北京、天津、江苏、浙江、福建、山东、海南	北京、天津、江苏、浙江、福建、山东、海南	北京、天津、江苏、浙江、安徽、福建、山东、海南
低—高聚集	河北、安徽、江西	河北、安徽、江西	河北、江西
低—低聚集	山西、内蒙古、辽宁、吉林、黑龙江、上海、河南、湖北、湖南、广西、重庆、四川、贵州、云南、甘肃、青海、宁夏、新疆	山西、内蒙古、辽宁、吉林、黑龙江、上海、河南、湖北、湖南、广西、重庆、四川、贵州、云南、陕西、甘肃、青海、宁夏、新疆	山西、内蒙古、辽宁、吉林、黑龙江、上海、河南、湖南、广西、四川、贵州、云南、陕西、甘肃、青海、宁夏、新疆
高—低聚集	广东、陕西	广东	湖北、广东、重庆

通过散点图可以看出，这三年中主要以“高—高”聚集和“低—低”聚集为主，同时通过聚类表也能看出，大多数“高—高”聚集的省份分布在东部沿海，“低—低”聚集的省份主要分布在中部和西部地区，而“低—高”聚集和“高—低”聚集的省份较少。通过这三年的散点图和聚类表还可以看出，省份之间的聚集变化并不是很大。2011 年、2016 年、2020 年区域经济绿色发展水平分布的第一象限省份分别有 7 个、7 个和 8 个，占总体数据的 23.3%、23.3% 和 26.7%，第三象限分别有 18 个、19 个和 17 个，占总体数据的 60.0%、63.3% 和 56.7%，因此在 2011 年、2016 年和 2020 年的 30 个统计样本中，分别有 26 个、25 个和 25 个存在空间相关性，分别占所有样本的 86.7%、83.3% 和 83.3%，这说明区域经济绿色发展水平存在局部空间自相关。而无论全局还是局部自相关检验，都说明本书使用空间计量模型合理可行。

（三）空间计量模型选取

从上述检验中可知，无论是全局自相关还是局部自相关检验都说明区域经济绿色发展水平存在空间相关性，说明使用空间计量模型合理可行。由于空间计量模型有三种类型，在进行回归前需要先确定空间计量模型的类型，因此，本节对空间计量模型的选择进行检验。首先进行 LM 检验，确定 SEM 模型、SAR 模型以及 SDM 模型的相应适配情况，包括空间误差检验和空间滞后检验，以初步选择空间计量模型。其次进行 Hausman 检验确定选用随机效应还是固定效应。最后进行 LR 检验与 Wald 检验，其又分别分为空间误差和空间滞后检验，进一步确定 SDM 模型是否会退化成 SAR 或 SEM 模型，最终确定所采用的空间计量模型，检验结果如表 3.7 所示。

表 3.7　　空间计量模型检验结果

检验方法	检验指标	DFI	BRE	DEP	DIG
LM	LM - spatial error	294.571***	293.359***	296.963***	282.187***
	Robust LM - spatial error	156.943***	155.163***	152.693***	156.313***

续表

检验方法	检验指标	DFI	BRE	DEP	DIG
LM	LM – spatial lag	141.516 ***	142.122 ***	150.226 ***	129.725 ***
	Robust LM – spatial lag	3.889 **	3.925 **	5.955 **	3.851 **
Hausman	Hausman – test	50.18 ***	28.84 ***	53.42 ***	70.16 ***
LR	LR – spatial error	16.96 ***	20.07 ***	23.63 ***	32.13 ***
	LR – spatial lag	16.86 ***	16.78 **	25.20 ***	26.13 ***
Wald	Wald – spatial error	36.97 ***	28.28 ***	25.90 ***	42.56 ***
	Wald – spatial lag	60.97 ***	34.79 ***	30.41 ***	55.24 ***

注：** 、*** 分别代表回归系数通过了 5% 、1% 的显著性水平检验。

由于本书的解释变量为数字普惠金融指数及其三个子指标，因此为了后续实证结果的准确性，这里分别进行了检验。首先，LM 检验的 LM – spatial error 、Robust LM – spatial error 、LM – spatial lag 的三个检验均通过 1% 水平上的显著性检验，而 Robust LM – spatial lag 则通过 5% 水平上的显著性检验，初步检验说明本书适用于空间杜宾模型。其次，Hausman 检验结果表明均通过 1% 水平上的显著性检验，所以忽略原假设，应采用固定效应模型。最后，LR 检验和 Wald 检验的结果也通过了 5% 水平上的显著性检验，表明空间杜宾模型并没有退化为空间滞后和空间误差模型。综上所述，经过上述一系列检验，应选择固定效应下的空间杜宾模型。

为了更好地呈现空间计量模型回归结果，本书对固定效应进行选择，固定效应检验效果主要看拟合度，一般来说值越大，该类型下的固定效应就越优，检验效果如表 3.8 所示。

表 3.8　　固定效应拟合度

变量	time	ind	both
DFI	0.5486	0.4592	0.1458
BRE	0.5485	0.3770	0.0690
DEP	0.7287	0.3376	0.0865
DIG	0.3736	0.3470	0.0192

从表3.8中可以看出，无论哪一个解释变量下的固定效应模型都是时间固定效应拟合度最好，因此本书选择时间固定效应下的空间杜宾模型作为回归所使用的模型。

（四）空间计量模型回归结果分析

1. 基准结果分析

本书采用时间固定效应的空间杜宾模型来验证数字普惠金融及其子指标对区域经济绿色发展水平的影响，结果如表3.9所示。

表3.9　SDM模型空间回归结果

变量	(1) DFI	(2) BRE	(3) DEP	(4) DIG
DFI	0.0029*** (0.00)			
BRE		0.0027*** (0.00)		
DEP			0.0008*** (0.00)	
DIG				0.0007*** (0.01)
W×DFI	-0.0011** (0.02)			
W×BRE		-0.0012** (0.03)		
W×DEP			0.0006** (0.03)	-0.0009*** (0.00)
W×DIG				

续表

变量	(1) DFI	(2) BRE	(3) DEP	(4) DIG
DEL	0.0130 (0.53)	0.0211 (0.30)	0.0388 * (0.08)	0.0621 ** (0.01)
UL	0.0124 *** (0.00)	0.0126 *** (0.00)	0.0158 *** (0.00)	0.0127 *** (0.00)
LOW	-0.7843 *** (0.00)	-0.8983 *** (0.00)	-0.9538 *** (0.00)	-0.9493 *** (0.00)
LRC	0.1124 *** (0.00)	0.1383 *** (0.00)	0.1777 *** (0.00)	0.3137 *** (0.00)
R^2	0.608	0.647	0.763	0.450
LogL	516.4328	519.3453	492.6021	468.0377

注：*、**、*** 分别代表回归系数通过了 10%、5%、1% 的显著性水平检验。

模型（1）至模型（4）分别代表数字普惠金融及其子指标对区域经济绿色发展的时间固定空间杜宾模型。从表 3.9 可知，解释变量数字普惠金融及其子指标均通过了 1% 水平上的显著性检验，这说明我国数字普惠金融可以显著促进经济绿色发展，数字普惠金融的发展对区域经济绿色发展具有显著的促进作用。但是显然数字普惠金融的子指标对区域经济绿色发展的促进效果是不如数字普惠金融整体的，这也就说明数字普惠金融的发展是各个维度综合发展的结果。综上所述，H3-1、H3-1a、H3-1b 和 H3-1c 成立。

从控制变量的估计系数来看，模型（1）、模型（2）下的经济发展水平估计值为正，但是不够显著，但是模型（3）、模型（4）下的估计值为正且分别通过 10% 和 5% 水平下的显著性检验，这说明某区域经济发展水平越高，其经济就越绿色环保。但是经济发展水平只是体现了经济发展的体量，经济绿色发展更关注质量，所以部分模型下效果并不显著。此外，城镇化水平和人均消费水平估计系数为正且均通过 1% 水平下的显著性检验，说明城镇化水平和居民消费水平的提高可以显著促进经济绿色发展，而对外开放水平估计系数为负且通过1%水平下的显著性检验，则说明对外开放程度越高反而不利于经济绿色发展，这也说明外商在华投资企业发展还是不够节能环保。

从空间溢出项系数来看，数字普惠金融及覆盖广度和数字化程度估计系数均为负且通过1%水平下的显著性检验，而其使用深度的估计系数则为正且通过1%水平下的显著性检验，这说明邻近省份的数字普惠金融及其覆盖广度和数字化程度的发展会抑制本省份经济的绿色发展，这可能是由于数字普惠金融发展水平较高的省份对金融资源产生了“虹吸效应”，不利于本地区经济绿色发展，而数字普惠金融的使用深度则主要是保险、投资等理财产品，这些均为盈利性产品，金融机构肯定是希望金融客户群体越广泛越好，因此其具有正向溢出效应。

2. 空间溢出效应分析

表3.10为数字普惠金融对区域经济绿色发展影响的分解效应，其中直接效应为数字普惠金融对本省份经济绿色发展的平均影响，间接效应是数字普惠金融对周边省份经济绿色发展的平均影响，也就是空间溢出效应；总效应即两个效应的和，为数字普惠金融对所有省份区域经济绿色发展的平均影响，结果如表3.10所示。

表3.10　SDM空间效应分析结果

变量	直接效应	间接效应	总效应
DFI	0.0029*** (0.00)	-0.0010** (0.02)	0.0019*** (0.00)
EDL	0.0125 (0.53)	0.0374 (0.36)	0.0499 (0.30)
UL	0.0127*** (0.00)	0.0186*** (0.00)	0.0313*** (0.00)
LOW	-0.8000*** (0.00)	-0.7094*** (0.01)	-1.5094*** (0.00)

续表

变量	直接效应	间接效应	总效应
LRC	0.1093*** (0.00)	-0.2015*** (0.01)	-0.0922 (0.25)

注：**、***分别代表回归系数通过了5%、1%的显著性水平检验。

从表3.10中可以看出数字普惠金融的直接效应和总效应的估计值为正且通过1%水平下的显著性检验，而间接效应估计系数为负且通过1%水平下的显著性检验，这说明各省份数字普惠金融的竞争效应不利于“落后者”的追赶，会导致金融资源的过度集中，相邻省份之间差距较大。但是从结果来看这个负向的溢出效应相对来说并不是很大，总体而言，数字普惠金融还是有利于促进区域经济绿色发展的。对此应进一步优化金融资源的区域配置，提高金融资源在各地区的使用效率，扩大金融服务对区域经济绿色发展的边际效用。综上，H3-2成立。

关于控制变量的分析，经济发展水平、城镇化水平和对外开放水平的直接效应、间接效应和总效应都一致，说明本省份的经济发展水平、城镇化水平和对外开放水平无论是对本省份还是相邻省份以及所有省份效果都是一样的，与前文的控制变量分析一致。而居民消费水平的间接效应系数则为负且通过1%水平下的显著性检验，这可能是由于本省份的居民消费水平高，侧面反映了居民生活条件的富足，一些相邻省份有经济能力或技术能力的人则更倾向于去生活条件富足的省份，从而造成了邻省的人员流出，也就产生了负的溢出效应，由于这种溢出效应略大于直接效应，所以总效应为负值但是不显著，这也说明生活水平相对低的省份更应该通过相应的政策和福利等留住本省份人才，促进经济均衡发展。

（五）数字普惠金融对区域经济绿色发展影响的区域空间异质性检验

根据上文对区域经济绿色发展水平的分析可知，我国经济绿色发展水平各省份存在较大差异，一般来说，经济发展水平较高的区域，其经济绿色发展水平也较高，为了验证数字普惠金融是否会因为经济发展水平的高低对区域经济绿色发展产生不同影响，本节根据国家发展和改革委员会2003年《第二次全国基本单位普查主要数据公报》制定的标准，对我国30个省份进行划分，该划分综合考虑经济发展水平和地理位置双重因素。东部地区包括北京、上海等12个省份，中部地区包括山西、内蒙古等9个省份，西部地区包括重庆、四川等9个省份。实证结果如表3.11所示。

表3.11 数字普惠金融对区域经济绿色发展影响分区域回归结果

变量	东部地区		中部地区		西部地区	
	Main	Wx	Main	Wx	Main	Wx
DFI	0.0029*** (0.000)	-0.0020*** (0.007)	0.0017*** (0.000)	0.0007 (0.124)	0.0011** (0.000)	0.0023*** (0.000)
控制变量	控制		控制		控制	
N	120		90		90	
R^2	0.899		0.736		0.662	
LogL	205.2699		263.9052		235.0166	
效应类型	东部地区		中部地区		西部地区	
直接效应	0.0033*** (0.000)		0.0023*** (0.000)		0.0013** (0.000)	
间接效应	-0.0025*** (0.000)		0.0005 (0.207)		0.0009** (0.045)	
总效应	0.0008 (0.180)		0.0028*** (0.000)		0.0022*** (0.000)	

注：**、***分别代表回归系数通过了5%、1%的显著性水平检验。

根据表3.11，数字普惠金融可以显著促进三大区域经济绿色发展，但是其促进效果不同，其中东部地区的促进作用最明显，西部地区促进作用相对较小，与前文分析的数字普惠金融水平和区域经济绿色发展水平在经济较发达地区更高相吻合。从空间系数来看，东部地区呈现显著负向影响，中部地区呈现不显著正向影响，而西部地区呈现显著正向影响，东部地区与前文全国范围内检验相似，说明东部地区之间存在“虹吸效应”，即相邻省份数字普惠金融发展较好，就会吸引本省份的人才、技术等要素，不利于本省份经济绿色发展；中部地区可能是由于“中原城市群”等策略的提出，其区域间经济绿色发展相对比较均衡，没有明显的“虹吸效应”和“溢出效应”，尽管各省份之间的溢出效应不够显著，但是总体而言经济绿色发展还是具有正向外部性的；西部地区数字普惠金融和经济绿色发展相对来说较为缓慢，其具有正向外部性主要是由于政府大力促进地区之间技术交流和数字化发展，特别是西部地区贫困人口较多，更是国家大力发展数字普惠金融的重点地区，其空间溢出性也就更为显著。

从分解效应上看，直接效应与上述分析一致，东部地区间接效应显著为负，即本省份数字普惠金融发展会不利于邻近省份经济绿色发展；中部地区的间接效应不显著为正，即本省份数字普惠金融发展可以微弱地促进邻近省份经济绿色发展；西部地区间接效应显著为正，即本省份数字普惠金融发展显著促进邻近省份经济绿色发展。总效应均为正值，但是东部地区正向作用不够显著，这是由于其负向溢出效应导致的，这也说明东部地区在发展经济的同时，更应该避免各生产要素过度聚集，从而不利于各省份均衡发展。但是从我国整体而言，数字普惠金融还是可以有效促进区域经济绿色发展的。综上，H3 - 3 成立。

三、数字普惠金融对区域经济绿色发展影响的中介效应检验

（一）绿色技术创新检验

上述采用空间杜宾模型对数字普惠金融及其子指标对区域经济绿色发展的影响及空间溢出效应进行分析，该影响均为直接影响。为了更好验证数字普惠金融对区域经济绿色发展的间接影响，也就是作用机制，本节采用中介模型进行检验，检验结果如表 3. 12 所示。

表 3.12　　绿色技术创新中介效应分析结果

变量	(5) GDRE	(6) GTI	(7) GDRE
DFI	0. 000475 *** (0. 000124)	0. 00582 *** (0. 000691)	0. 000431 *** (0. 000125)
GTI			0. 0239 ** (0. 0112)
EDL	0. 0602 *** (0. 00956)	-0. 129 ** (0. 0531)	0. 0633 *** (0. 00960)
UL	-0. 00691 *** (0. 00163)	0. 00904 (0. 00906)	-0. 00713 *** (0. 00162)
LOW	0. 182 ** (0. 0765)	-0. 265 (0. 425)	0. 189 ** (0. 0761)
LRC	-0. 0102 (0. 0200)	0. 0228 (0. 111)	-0. 0107 (0. 0198)
年份	控制	控制	控制
省份	控制	控制	控制
常数项	-0. 130 (0. 206)	1. 904 * (1. 146)	-0. 175 (0. 206)
R^2	0. 9941	0. 6375	0. 9942
adj. R^2	0. 9931	0. 5766	0. 9932
F 值	1000. 70	10. 47	991. 77

注：*、**、*** 分别代表回归系数通过了 10%、5%、1% 的显著性水平检验。

由表 3. 12 可知，模型（5）中数字普惠金融对区域经济绿色发展影响的系数显著，随后模型（6）、模型（7）中数字普惠金融对中介变量绿色技术创新的影响及绿色技术创新对区域经济绿色发展的系数均显著，这说明绿色技术创新在数字普惠金融对区域经济绿色发展的过程中充当中介变量，同时，由于模型（7）中的数字普惠金融对区域经济绿色发展的系数也显著，因此，说明绿色技术创新在此过程中只有部分中介效应，其中介效应占比为29.3%。从现实情况来看，数字普惠金融为更多企业提供了资金支持，这些企业有了研发的经济基础，从而有利于推动技术创新，特别是为了实现长远发展，许多企业更多采用绿色环保的生产方式，这也大力带动了绿色技术创新，而绿色技术创新又能够促进产业转型升级，进而促进区域经济绿色发展。表3.12综合了传统的逐步回归法和江艇老师的机制分析，重点验证了数字普惠金融对绿色技术创新的影响，而绿色技术创新促进经济绿色增长已有众多理论和文献支持，两种形式兼顾，中介检验更为合理可行。综上，H3-4a成立。

（二）缓解资源错配检验

资源得不到合理配置一直是影响经济发展、产业结构升级等的重要因素，为了验证我们前文的假设，本书对资源错配是否为数字普惠金融影响区域经济绿色发展的中介效应进行检验，鉴于表3.12中模型（5）已展示的结果，表3.13不再展示，检验结果如表3.13所示。

表3.13　资源错配中介效应分析结果

变量	(8) CMI	(9) GDRE	(10) LMI	(11) GDRE
DFI	-0.00193*** (0.00133)	0.000474*** (0.000125)	-0.0138 (0.0108)	0.000466*** (0.000125)
GTI		-0.0534** (0.00586)		-0.0677** (0.00717)
EDL	3.912*** (1.022)	0.0600*** (0.00985)	0.453 (0.833)	0.0606*** (0.00956)
UL	-0.158 (0.174)	-0.00691*** (0.00164)	-0.00173 (0.142)	-0.00692*** (0.00163)
LOW	2.559 (8.184)	0.182** (0.0767)	-1.160 (6.673)	0.182** (0.0766)

续表

变量	(8) CMI	(9) GDRE	(10) LMI	(11) GDRE
LRC	-2.828 (2.134)	-0.0100 (0.0201)	0.385 (1.740)	-0.00994 (0.0200)
年份	控制	控制	控制	控制
省份	控制	控制	控制	控制
常数项	95.45*** (22.05)	-0.135 (0.214)	103.6*** (17.98)	-0.0596 (0.219)
R^2	0.8282	0.9941	0.9050	0.9941
adj. R^2	0.7994	0.9931	0.8891	0.9931
F 值	28.71	974.17	56.73	977.55

注：**、*** 分别代表回归系数通过了 5%、1% 的显著性水平检验。

从表 3.13 中可以看出，模型（8）中数字普惠金融对资本错配程度的影响系数为负值且通过 1% 水平上的检验，模型（9）中资本错配程度对区域经济绿色发展的影响系数也为负值且通过 5% 水平上的显著性检验，这说明数字普惠金融对区域经济绿色发展的影响为正向显著，资本错配在此过程中为部分中介效应，中介效应占比 21.7%。同理，可以得出劳动力错配也在此过程中为部分中介，中介效应占比为 19.7%，这说明数字普惠金融可以通过缓解资源错配来提高区域经济绿色发展水平。从现实分析可知，数字普惠金融数字化技术的发展促进了各生产要素之间的流通，同时利用金融技术和数据分析更精确地识别企业及个人需求，提高了资源之间的匹配程度，同时其普惠性也提高了企业资源的可获得性。而企业可以通过对资本的合理利用，减少资源浪费。而资源配置效率的提高，有利于加快产业结构转型升级，这对于经济绿色发展来说无疑是具有促进作用的。综上，H3-4b 成立。

四、政府财政支持的门槛效应检验

（一）门槛效应检验

由上述理论分析可知，政府大力发展数字普惠金融，而数字普惠金融可以有效促进经济绿色发展，本节基于此探究政府在此过程中的影响是线性还是非线性，这有利于从政府角度提出更为合理可行的建议。

为了便于分析，这里只考虑数字普惠金融这一个解释变量，不再考虑其子指标。首先设定单一、双重以及三重门槛的假设条件，对门槛数量和显著性进行分析。其次根据 Bootstrap 抽样法进行 1000 次计算，检验结果如表 3.14 所示。

表 3.14　　门槛效应检验结果

门槛变量	门槛个数	F 值	P 值	临界值			门槛估计值
				1%	5%	10%	
GFS	单门槛	38.85	0.0140	24.58	30.83	42.08	0.1637
	双重门槛	33.97	0.0270	21.25	27.14	46.15	0.2496
	三重门槛	16.31	0.6260	38.82	47.22	59.03	

从表 3.14 中可以看出，政府财政支持为门槛变量时，单门槛和双重门槛的 P 值分别为 0.014 和 0.027，均小于 0.05，说明其通过 5% 水平上的显著性检验，而三重门槛的 P 值则为 0.6260，大于 0.1 并未通过显著性检验，这说明政府财政支持在数字普惠金融对区域经济绿色发展的过程中存在双门槛效应，其门槛估计值分别为 0.1637 和 0.2496。

由于似然比函数图可检验门槛值的真实有效性，因此我们绘制出双门槛值 0.1637、0.2496 在 95% 置信区间下的似然比函数图，如图 3.9 所示。其中，门槛值为 LR 统计量的最低点，虚线表示 LR 统计量在 5% 显著性水平下的临界值 7.35，由于虚线明显高于图中最低点位置，由此判断出上文得出的门槛值是真实有效的。依据模型中的门槛值对样本进行分组，因此样本的区间分别为 GFS≤0.1637、0.1637 < GFS≤0.2496 和 GFS > 0.2496。

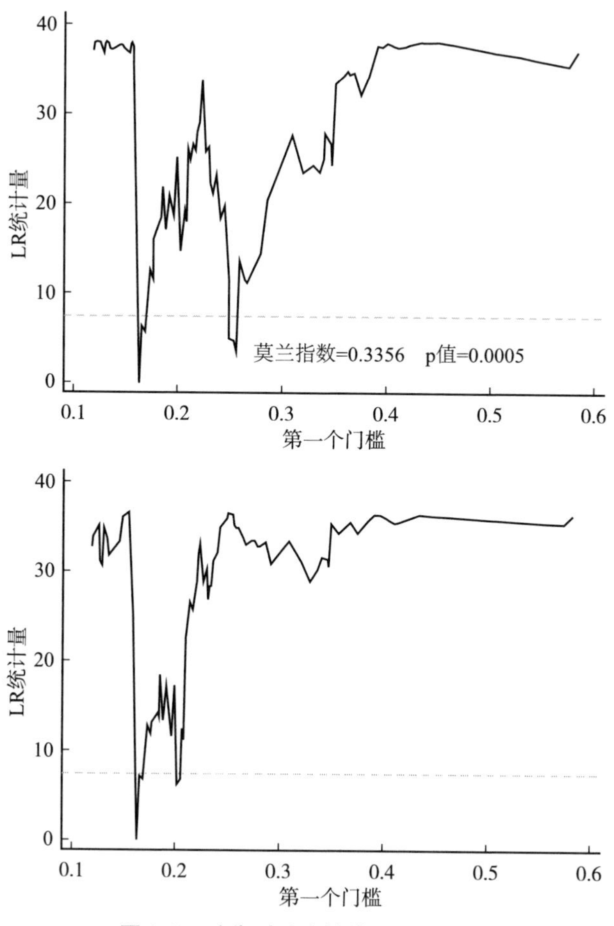

图 3.9　政府财政支持的似然比函数

（二）面板门槛回归结果

由上述分析结果可知，门槛检验通过双重门槛，基于此对政府财政支持进行回归，回归结果如表 3.15 所示。

表 3.15 门槛模型回归结果

变量	回归系数	t 值
GFS≤0.1637	0.00023***	4.70
0.1637 < GFS≤0.2496	0.00008***	2.99
GFS > 0.2496	-0.00003	-1.22
控制变量	控制	控制
截距项	0.39134***	74.87

注：*** 代表回归系数通过了 1% 的显著性水平检验。

由表 3.15 可知，当政府财政支持程度小于等于 0.2496 时，回归系数为正且通过 1% 水平下的显著性检验；当政府财政支持程度大于 0.2496 时，回归系数为负未通过显著性检验。通过分析可知，政府财政支持程度只有在不大于 0.2496 时才对数字普惠金融对区域经济绿色发展产生促进作用，不过跨越 0.1637 门槛值时，促进作用降低，且数字普惠金融每提高一个单位，区域经济绿色发展水平提高 0.00023。但是政府财政支持大于 0.2496 时促进作用则消失，政府财政支持不利于数字普惠金融对区域经济绿色发展产生积极影响，但是其抑制效应较小。根据现实情况分析，当政府财政支持程度较小时，市场自由程度高，数字普惠金融相对于传统金融而言更具活力，能有效利用其自身数字化和普惠性的特性来带动区域经济绿色发展。然而随着政府财政支持程度的提高，政府可以直接为中小企业、贫困人群提供补贴，这在一定程度上削弱了数字普惠金融的作用，当政府财政支持高到一定程度时，更会抑制数字普惠金融的市场自由程度，反而不利于其对区域经济绿色发展的影响。综上，H3-5 成立。

为了更好地检验政府财政支持在不同区域发挥的效应，这里绘制了 2020 年不同程度的政府财政支持柱状图，如图 3.10 所示。

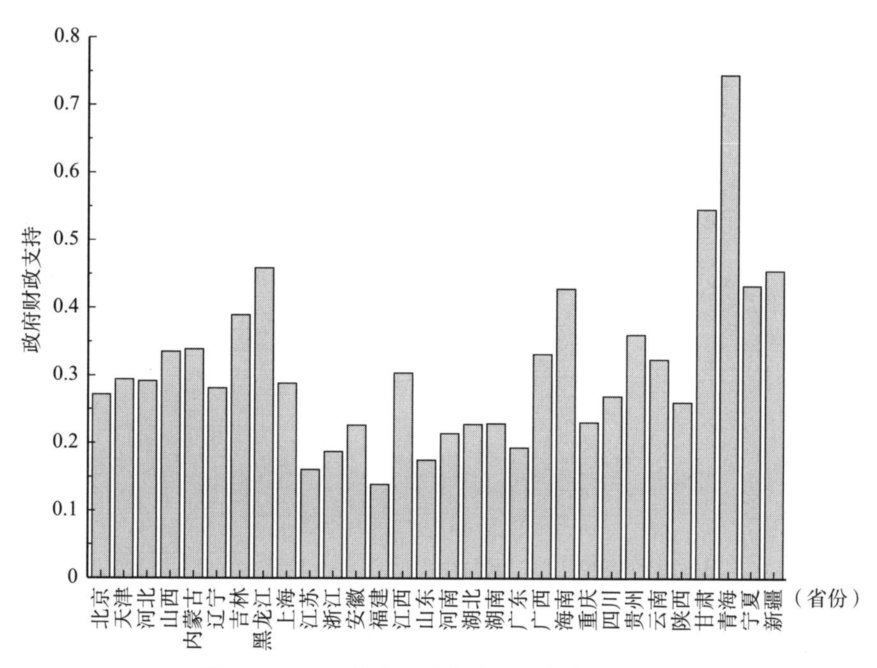

图 3.10　2020 年我国政府财政支持情况柱状图

政府财政支持程度低的省份主要分布在东部沿海地区，政府财政支持程度中等的省份主要分布在中部地区，而政府财政支持程度较高的省份主要为东三省和西部地区。这说明在东部和中部省份，政府的财政支持是可以有效促进数字普惠金融对区域经济绿色发展的，而由于西部地区自身经济发展水平较低，因此政府干预程度较高，其自身经济发展更多依赖政府支持，但是，对于多数省份而言，政府财政支持还是发挥了促进作用的。在所有样本中，政府财政支持程度大于 0. 2496 的样本占比为 33. 3%，这更说明无论是某一年还是整体样本数据，对于大部分地区来说，政府的财政支持程度对数字普惠金融对区域经济绿色发展还是具有促进作用的。

五、稳健性检验

通过上文的空间计量模型、中介模型以及门槛模型对假设进行检验，假设均已通过检验，但是为了检验结果的准确性，本书还增加了稳健性检验，稳健性检验主要是使用工具变量法和更换空间矩阵。

由上文分析可知，经济条件好的地区数字普惠金融对区域经济绿色发展的促进效果更为显著，但这可能存在内生性问题，可能遗漏区域经济绿色发展的其他变量，也有可能忽视数字普惠金融和区域经济绿色发展互相影响的可能性，基于上述情况，选取工具变量进行检验来尽可能减少内生性问题而带来的影响。使用工具变量法的关键是选取一个合适的工具变量。选取的工具变量应该具有以下特质：第一，所选取的工具变量应该和数字普惠金融相关，否则无法取代数字普惠金融来探究对区域经济绿色发展的影响；第二，工具变量与数字普惠金融之间没有直接相关关系，这样可以确保其具有外生性。基于此，本书参考易行健等（2018）的做法，构建工具变量“Bartik instrument”，即滞后一阶的数字普惠金融指数（DFI_{it-1}）和数字普惠金融指数一阶差分（ΔDIF_{it-1}）的乘积（$DIF_{it-1} \times \Delta DIF_{it-1}$），该工具变量将地区层面的回归转变为冲击（产业）层面的回归，从一定程度上避免了不同地区的不同因素对被解释变量的影响。基于此构建该工具变量有以下优势：第一，由于本书没有涉及产业层面，因此为选定全国范围冲击层面，测算全国的数字普惠金融指数则选用 30 个省份的平均值来表示，这样其变化趋势就不会受到某个省份的影响，差分项相对于单个省份而言也可视作外生；第二，各省份的区域经济绿色发展水平可能受到其他变量的影响，但是这种影响相比于全国的数字普惠金融来说几乎是没有影响的，因此构建了 Bartik 工具变量。

对于空间计量模型来说，空间权重矩阵的选择也至关重要，本书只选择了空间邻接权重矩阵，但是对于一些省份来说，尽管省市相邻，但是省会等经济发达的城市可能相距较远，因此采用地理距离权重矩阵会更符合要求。除了地理上的联系，经济联系矩阵是近两年最为常见的空间权重矩阵，该理论认为不同省份之间如果具有相似的经济特征则会缩短其空间距离。基于上述分析，本书新增加地理距离权重矩阵（基于经纬度）和经济地理嵌套权重矩阵（基于经纬度和 GDP）来探讨数字普惠金融对区域经济绿色发展的空间性影响，其结果如表 3.16 所示。

表 3.16　　稳健性检验结果

变量	工具变量法	地理距离权重矩阵	经济距离嵌套权重矩阵
DFI	0.00023 **	0.00315 ***	0.001950 ***
W × DFI		-0.00477 ***	0.002230 ***
控制变量	控制	控制	控制
R^2	0.9985	0.049	0.504
C - D Wald F	0.9907 **		
Anderson LM	3.79885 *		
LogL		536.8327	600.0072

注：*、**、*** 分别代表回归系数通过了 10%、5%、1% 的显著性水平检验。

从表 3.16 可知，关于工具变量法的检验，采用工具变量替换数字普惠金融的结果仍通过了 5% 水平上的显著性检验，这说明在全国范围内，数字普惠金融可以有效促进区域经济绿色发展，同时弱工具变量检验（C - D Wald F）的 F 值大于 10，在表中表现为显著，拒绝原假设，说明我们所选取的变量并不是弱工具变量。不可识别检验（Anderson LM）也通过了显著性检验拒绝了原假设，同时该检验还展现了工具变量的过度识别问题，表明工具变量个数恰好等于内生变量个数，即恰好识别，后续无须再进行过度识别检验。以上检验均说明工具变量的选取是合理的，说明前文数字普惠金融推动区域经济绿色发展的实证结论是稳健的。

关于更换权重矩阵进行稳健性结果的检验，由表 3.16 可以看出，无论是地理距离权重矩阵下还是经济地理嵌套权重矩阵下，数字普惠金融对区域经济绿色发展的影响系数都为正且通过 1% 水平上的显著性检验，而空间溢出项系数在地理距离权重下为负向显著，与在空间邻接权重矩阵下相同，这可能是由于这两种权重矩阵均是地理类矩阵，然而在经济地理嵌套矩阵下，空间溢出项为正向显著，这可能是由于经济情况相似的省份其数字普惠金融发展水平相似导致“虹吸效应”弱，省份之间技术、人才等生产要素交流频繁，其空间溢出才为正值。

综上所述，无论是更换工具变量还是空间矩阵，都表明数字普惠金融可以有效促进区域经济绿色发展，这也证实了我们上述实证的稳健性，确保了我们实证结论的严谨性和合理性。

本节主要是实证分析部分。首先选取了变量并构建了模型，其次对数字普惠金融及区域经济绿色发展现状进行分析，最后对机制分析进行检验。实证主要分为三个部分，首先，对数字普惠金融及区域经济绿色发展现状及关系进行研究，采用空间计量模型对数字普惠金融对区域经济绿色发展的影响进行分析，包括空间相关性检验和空间模型选择的相关性检验，确定采用时间固定效应下的空间杜宾模型，随后进行回归分析，分析表明数字普惠金融及其子指标都可以显著促进区域经济绿色发展，但是对邻近省份的空间溢出效应为负，然后验证了其空间区域异质性；其次，采用中介模型对数字普惠金融影响区域经济绿色发展的间接效应进行检验，结果表明数字普惠金融的确可以通过提高绿色技术创新水平和缓解资源错配来促进经济绿色发展；最后，采用门槛模型验证了政府财政支持在此过程中起到了门槛效应，具有双重门槛，且随着政府财政支持程度的提高，其促进作用降低直至变为抑制作用。以上实证分析均证实了上述假设，为我们的机制分析提供了数据支撑。

第四节　数字普惠金融对区域经济绿色发展的对策

目前来看，我国区域经济绿色发展尽管不同地区之间存在较大差异，但是整体上正处于一个持续稳步增长的良好状态，各方面都在不断完善和进步。同时数字普惠金融也能够有效促进区域经济绿色发展，尽管影响经济绿色发展的因素众多，数字普惠金融并不是最主要的因素，但是国家对数字普惠金融发展非常重视，也期待其能发挥更大的作用，不管是直接影响还是间接影响都能带动我国经济持续健康发展。因此，本章根据数字普惠金融对区域经济绿色发展的影响机制及实证结果，从金融发展层面和政策制定层面多个角度提出数字普惠金融促进区域经济绿色发展的策略。

一、数字普惠金融促进区域经济绿色发展对策

（一）加强基础设施建设，推进数字普惠金融全方位均衡发展

数字普惠金融在我国发展得较晚，经过了前期的快速增长模式，目前已基本呈现稳定发展的态势，上文可知数字普惠金融及其三个子维度都可以有效促进区域经济绿色发展，因此本书的对策建议将从数字普惠金融的三个子维度出发。

首先，从覆盖广度层面，在上述实证中，数字普惠金融的覆盖广度相对于其他两个子维度来说，促进效果更为显著。为了提高数字普惠金融的覆盖广度，关键在于提高使用金融服务的人群数量，这就需要加大对金融机构的基础建设，特别是经济欠发达省市及偏远山村，这些地区金融发展程度低，很多人难以接触一些金融产品及金融理念，因此需要改善这些地区的金融发展环境，比如，银行在政府的支持下开设更多的金融网点，向更多人普及金融知识及推广金融产品；针对非银行性质的金融贷款平台，加强引导与规范，提高群众接触金融服务的可能性，以及普通民众和小微企业金融服务的可得性。

其次，从使用深度层面，在重视数字普惠金融"量"的同时，也应该注重"质"的发展，尽管目前我国的数字普惠金融发展还是主要以提高覆盖广度为主，但是如果在此过程中不注重金融服务的使用深度，则不利于数字普惠金融长久稳定发展。提高数字普惠金融的使用深度，应当促进数字普惠金融的产品创新，很多以往的金融产品并不适合偏远地区民众及小微企业，缺乏针对性。相关金融机构及政府应当选取金融科技人才对当地金融发展情况进行实地调研，针对不同层次的人群设计更符合其需求的金融产品和服务，尽管前期投入成本会较大，但是提高了金融资源匹配度、丰富了金融研究设计，为以后的金融发展奠定了基础，从而使各个地区的群众享受到平等且适配的金融产品及服务。

最后，从数字化程度层面，数字化建设也是基础建设的重要方面，当

前金融发展与数字化技术充分结合，因此为了加强数字化技术在金融方面的应用，应积极开发网络借贷、投资等一系列线上业务，打破区域限制，为了保障数字化金融的使用效果，更应当促进当地网络设备建设，提高网络覆盖率并设定合理的网络使用费用，为金融服务使用人群提供一个适当的网络环境。同时在数字化金融推进的过程中还应当注意网络金融诈骗，可以通过定期举办金融防诈讲座、宣传防诈知识等提高居民金融安全意识。

（二）加强数字普惠金融的顶层设计，重视其空间溢出效应

推动数字普惠金融发展是涉及金融、产业等诸多方面的复杂的系统性工程，关系到民生问题和经济长久发展，因此进行统筹规划和顶层设计至关重要。我国曾在 2015 年推出《推进普惠金融发展规划（2016—2020 年）》，在该政策的指引下政府及金融机构持续深入实践、不断探索创新，数字普惠金融发展也取得了显著的成效。但是根据本书的实证分析，在数字普惠金融促进区域经济绿色发展中存在区域发展不平衡性及空间溢出性，基于此，特提出以下建议。

一方面，数字普惠金融发展及区域经济绿色发展具有显著的区域差异性，同时数字普惠金融对区域经济绿色发展的促进作用也因为区域不同而产生不同的效果。针对上述问题，政府要发挥其统筹规划能力，根据数字普惠金融的实时发展进行适度调整，加强数字普惠金融发展目标、战略规划、具体措施以及配套政策等方面的顶层设计。具体而言，经济发展水平较高的省份，其数字普惠金融水平及其促进区域经济绿色发展的能力也较强，首先，应充分发挥东部地区的技术、人才、资本等方面的优势，继续深化数字普惠金融促进区域经济绿色发展的能力，同时加强与中部和西部地区的技术、人才交流，提高其金融发展水平来促进当地经济持续健康发展。其次，中部和西部地区应根据自身情况切实弥补在数字普惠金融方面发展的短板，注重贫困地区的产业发展，解决中小企业的融资困难等问题，促进经济均衡发展，不断缩小与东部地区的差距。最后，从整体层面而言，继续深化数字普惠金融供给侧结构性改革，提高银行等金融机构提

供金融服务给社会各阶层的积极性、主动性和创造性，打造全方位多层次的数字普惠金融体系，为其发展营造良好的环境，充分发挥其促进区域经济绿色发展的能力，使我国的经济向着绿色化、均衡性和可持续性方向发展。

另一方面，根据上述实证可知数字普惠金融对区域经济绿色发展的空间溢出效应为负，长此以往，会加大区域经济发展之间的差距，必须重视起来。可以加强相邻省份之间的联系，加强核心区域数字普惠金融发展的知识溢出、技术溢出等正向溢出；可以根据实际发展情况，开展金融知识、技术研讨等形式的交流会；可以在政策方面给予落后地区一定的支持，减少综合发展程度较高省份的“虹吸”作用；可以通过加大人才补贴力度、支持中小企业重点发展等方式，促进相邻省份之间的协调发展，减少因不当竞争产生的空间负外部性而导致的资源浪费，提高数字普惠金融促进整体区域经济绿色发展的能力。

（三）重视绿色技术创新的中介作用，加大对绿色产业的投入

由上述实证可知数字普惠金融可以通过提高绿色技术创新能力来提高区域经济绿色发展水平，基于此，本次从以下两个方面提出相关建议。

一方面，继续提高数字普惠金融促进绿色技术创新的能力，数字普惠金融大力支持技术创新，对于环境保护而言，从根本上节约了资源，减少了环境污染，产生了创新补偿效应。为了更好地促进绿色技术创新，银行等金融机构可以充分利用其数字化特性，不断健全其信用评价系统，对于信用良好且自主创新能力较强的企业给予适度放宽的信贷政策，给企业自主创新提供资金保障；数字普惠金融的重点服务对象是小微企业，对于科技型的小微企业，银行等金融机构可以积极提供符合企业需求的金融产品和服务，缓解科技型小微企业的融资困境，助力科技型小微企业不断创新，进而带动社会整体创新水平。

另一方面，加大对绿色产业的资金支持。我国的区域经济绿色发展水平整体并不是很高，特别是资源节约和环境保护维度更是低于区域经济绿色发展水平总指数，资源是有限的，绿色技术创新可以使有限的资源尽可

能得到最大化利用的同时还有利于减少环境污染。从金融的角度思考，我国区域经济绿色发展水平较低主要是由于一些绿色环保产业存在融资困难的问题，传统的金融机构在放贷时主要考虑风险性及利用最大化，一些小型的环保企业由于前期投入高、收益慢等特性不容易得到融资，而那些金融机构更倾向于对高耗能和高污染的企业进行投资，在造成污染后又对污染治理进行投资，这会导致资源的浪费。因此，金融机构需要加大对绿色产业的投入，对于那些清洁生产、具有绿色技术创新能力的企业增加借贷额度缓解其融资困境。此外，相关环保政策的实施也需要金融的支持，而这有利于形成资源合理利用、环境清洁健康和经济高质量发展的新型社会。

（四）重视数字普惠金融缓解资源错配的能力，优化资源配置效率

由上述实证部分可知数字普惠金融可以通过缓解资源错配程度来促进区域经济绿色发展，基于此，本书从以下两个方面提出建议。

一方面，充分发挥数字普惠金融资源共享平台的作用，最大限度缓解资源错配效应。数字普惠金融的数字化水平是促进资源共享的重要特性，随着数字化技术的发展，企业与银行之间的信息越来越明确，不对称性问题得到缓解，因此促进资源共享，不断提高数字普惠金融的数字化程度至关重要。可以提高金融使用人群对数字化金融产品和服务的认知，降低金融服务门槛与成本，扩大数字普惠金融的覆盖范围，重视中小微企业群体和贫困人口的金融服务需求，促进社会各个阶层形成资源共享。资本是企业实现绿色生产和发展的关键，而金融手段则是企业获得资金的主要途径，因此金融市场的有效运作，对于企业合理配置资源实现绿色发展至关重要。因此可以提高数字普惠金融的数字化水平，企业可以根据金融机构的相关借贷信息选择适合自己的产品，而金融机构也可以通过对企业的评估进行借款，实现资本的合理配置。

另一方面，不断提高数字普惠金融的普及率，缓解劳动力资源错配。数字普惠金融的重点服务对象是中小企业和贫困人群，中小企业融资问题得到解决后，企业可以根据实际情况雇用更符合自身发展的员工，个

体也可以通过了解一些金融产品和知识进行投资理财或创业，发挥自身更大的潜能，从而缓解劳动力资源错配。可以创新数字普惠金融的获取方式，通过不同的形式更好地帮助人们了解数字普惠金融，提高数字普惠金融在教育、医疗、就业等各方面的惠及率，从而进一步优化资源配置。

二、政府促进数字普惠金融带动区域经济绿色发展对策

（一）设计合理的财政支出规模和支出结构

由上述实证可知，政府的财政支持在数字普惠金融促进区域经济绿色发展的过程中具有门槛效应，基于此，从以下两个方面提出建议。

第一，适度调整财政支出规模，优化财政支出结构，注重其与数字普惠金融间的协调发展。由上述实证可知，数字普惠金融促进区域经济绿色发展的力度随着政府财政支持的增加而降低，甚至过度的政府财政支持会抑制数字普惠金融对区域经济绿色发展的影响。因此政府应对各方面的财政支持有着精确的把握，适当增加投资性支出，增强市场活力，避免过度直接扶持贫困人口和小微企业，注重与数字普惠金融之间的协调配合，同时加强数字普惠金融与传统金融的融合发展，充分发挥数字普惠金融的金融效果。结合当下数字经济迅猛发展的势态，不断完善数字化政府平台，不断促进现代化金融体制的改革，提高金融大数据共享程度，减少信息不对称带来的资源浪费，保障数字普惠金融稳定长久发展，从而更有效地发挥其对区域经济绿色发展的影响。

第二，采取因地制宜的政府财政支持政策，充分发挥各个地区的政府支持作用。针对东部和中部地区，政府应当继续发挥积极作用，加大对环保中小企业的扶持力度，解决其融资困境，激发其创新潜力，提高其创新能力，与数字普惠金融协调配合，继续促进区域经济绿色发展。针对西部地区的省份，政府财政支持则起到了抑制作用，由于西部地区经济发展相对落后，政府财政支持力度较大，从而在一定程度上限制了市场自由程

度，因此政府在保持适度的财政支持的同时，应加大对数字普惠金融的宣传力度，增强人们对数字普惠金融的信赖，同时根据本地产业特点、消费结构、区域需求因地制宜开发适当的数字普惠金融服务产品，引导小微企业合理利用金融来做大做强，而不是一味地进行补贴，并帮助地方招商引资，促进居民当地消费。

（二）完善相关法律法规，健全数字普惠金融监管体系

数字普惠金融在我国发展起步较晚，相关的法律法规不够完善，因此完善相关的法律法规和健全数字普惠金融监管体系至关重要，基于此，提出以下两个方面的建议。

一方面，建立完善的法律体系。数字普惠金融的发展需要政府、企业和社会各个方面统筹发展，既要保障政府的政策引导和规划作用，也要明确市场主体的引领作用。地方政府在大环境政策的引导下，要根据实际情况制定切实可行的政策，为了防止数字普惠金融被少数高收入群体垄断，不利于中小企业绿色发展，政府应明确数字普惠金融的相关理念和原则，加大对数字普惠金融的支持和引导，为数字普惠金融的发展创造良好的金融氛围和金融环境，同时注重其他相关公共服务与基础设施的支撑作用，从整体上规范市场主体，使各监管机构有法可依、有章可循，保障区域经济绿色长久发展。

另一方面，完善金融监管机制，优化数字普惠金融市场环境，充分发挥数字普惠金融功能，扩大数字普惠金融覆盖范围，构建良好的金融监管环境。数字普惠金融在发展过程中存在“错位”“越位”“失位”等现象，容易出现金融市场紊乱、市场效应难以发挥等问题，导致市场乱象频发，市场机制效用释放受阻。由于数字普惠金融的发展源于政府的政策引导，区别于传统金融的分业监管模式，数字普惠金融在发展早期存在监管缺乏与市场混乱等问题。因此，在数字普惠金融后续的发展中强化市场监管至关重要，加强数字普惠金融市场监管，组建涵盖专家学者、政府政要、监管机构的数字普惠金融监管工作小组，动态捕捉数字普惠金融市场状况，提升对新业态、新状况、新问题的分析、处理和应

对能力；完善动态金融监管机制，维持数字普惠金融市场秩序，规范数字普惠金融发展，提高数字普惠金融覆盖面和改善数字普惠金融使用状况，构建良好的金融监管环境，从而进一步激活数字普惠金融对地区经济绿色发展的促进效用。

第四章 产业结构升级、绿色技术创新对能源消耗的影响

第一节 引 言

一、研究背景

改革开放后，中国经济实现了由相对落后到生机勃勃的跨越式增长，堪称“大国增长奇迹”。2010 年我国 GDP 首次超过日本，此后在全球经济体中稳居第二位，仅居美国之下。据统计年鉴，2020 年中国 GDP 总量是 2005 年的 5.42 倍①，实现了大踏步式的发展。伴随着经济的迅猛增长，我国的经济发展模式也呈现出能源投入过大、二氧化碳排放量过高、能源消费结构偏煤的特征。统计数据显示，2020 年我国的能源消耗总量是 2005 年的 1.91 倍②（见图 4.1）；二氧化碳排放量从 2005 年的 5398.28 百万吨增长到 2020 年的 9968.39 百万吨③（见图 4.1）；2005 年煤炭石油在能源消费结构中的占比为 90.6%，截至 2020 年缩减至 75.7%④（见图 4.2），且依然为现有能源体系中的主力，而以天然气为代表的相对清洁高效的能源却占比较低。

---

① 资料来源：《中国统计年鉴》。

② 中华人民共和国国家统计局．中国统计年鉴［M］．北京：中国统计出版社，2021.

③ 资料来源：中国碳排放核算数据库。

④ 周海华，王双龙．正式与非正式的环境规制对企业绿色创新的影响机制研究［J］．软科学，2016，30（8）：47－51.

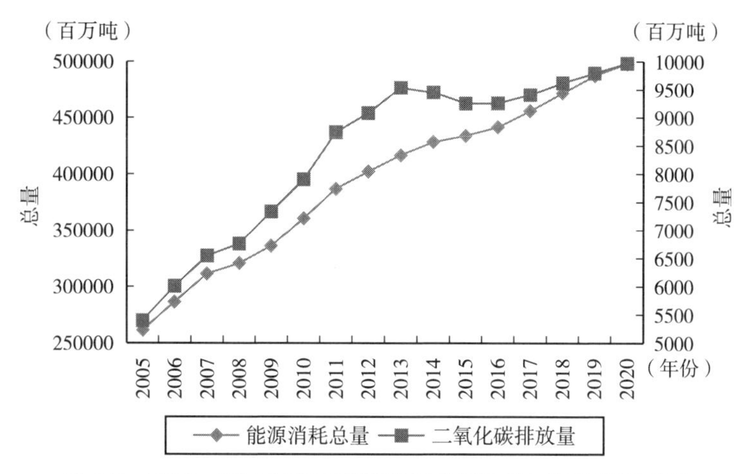

图 4.1 2005～2020 年我国能源消耗总量以及二氧化碳排放量

资料来源：《中国统计年鉴》、中国碳排放核算数据库。

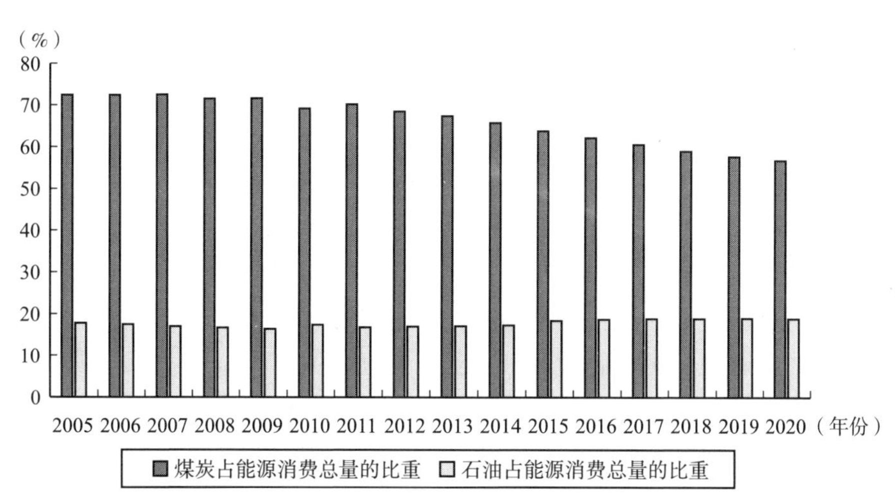

图 4.2 2005～2020 年我国煤炭、石油占能源消耗总量的比重

资料来源：《中国统计年鉴》。

由此可知，我国经济发展蕴含着巨大的节能潜力，减能降耗道路任重而道远。作为负责任的大国与世界上最大的发展中国家，我国积极推动经济绿色转型，并提出了一系列节能目标：21 世纪初，我国在哥本哈根气候峰会上提出了自主减排行动计划——截至 2020 年，中国碳排放强度相对于

2005 年降低 40% ~45%；21 世纪 20 年代，为进一步弥合经济与环境的冲突，习近平主席提出了“2030 年前实现碳达峰、2060 年前实现碳中和”的宏伟愿景①；此后，我国政府又相继出台了《“十四五”节能减排工作方案》与党的二十大报告，并接续提出，相对于 2020 年，2025 年能耗强度降低 13.5%②，以及继续完善能耗总量与强度双调控等一系列重大战略部署，为中国经济向低能耗、低碳化方向转型定调。

对于推进绿色发展、构建能源节约型社会，各界普遍认为产业结构调整与技术创新是两大可行路径。党的十九大报告阐述了产业结构调整以及加强创新对于我国走绿色发展道路的关键性。此后党的二十大报告就“加快推动产业结构调整优化”和“完善科技创新体系”也作出了明确指示③。因此，探讨产业结构升级与绿色技术创新对能源消耗的影响具有重要意义。

我国第三产业增加值占比于 2013 年一举超过第二产业，这意味着我国经济经过多年的繁荣发展后，已进入产业结构转型的重要阶段。为进一步为我国经济健康发展注入活力，深化产业结构升级程度，我国政府于 2016 年主张利用供给侧结构性改革对产业结构实施调整。此后产业结构转至第三产业的速度逐年加快，截至 2020 年，第三产业增加值为第二产业的 1.44 倍④，成为推动国民经济发展的支柱产业。作为实体经济进行资源配置与价值增值的载体，产业结构是影响经济高质量发展的重要因素。对产业结构进行调整，其一能够压缩高能耗产业的生存空间，削弱对能源的依赖性，进而缓解环境压力；其二能够扶植知识密集型产业，提升绿色创新水平，使能源利用效率提高。因此，应积极发挥产业结构调整的引领作用，推动高能耗产业提升改造、升级速度，夯实经济发展结构、质量双提

① 中华人民共和国国民经济和社会发展第十四个五年规划纲要［EB/OL］. 新华网，2021 - 03 - 13.

② “十四五”节能减排工作方案［EB/OL］. 中国政府网，2021 - 12 - 28.

③ 习近平. 高举中国特色社会主义伟大旗帜 为全面建设社会主义现代化国家而团结奋斗：在中国共产党第二十次全国代表大会上的报告［EB/OL］. 新华网，2022 - 10 - 25.

④ 中华人民共和国 2020 年国民经济和社会发展统计公报［EB/OL］. 国家统计局，2021 - 02 - 28.

升的产业基础。

2019 年，为推动经济利好发展，由国家发展和改革委员会和科技部联合印发的《关于构建市场导向的绿色技术创新体系的指导意见》应运而出，此后，绿色技术创新活动在我国浩浩荡荡地展开。绿色技术创新将创新发展与可持续发展二者有机融合起来，在新时代背景下被赋予了全新的时代价值，既承载着金山银山的期盼，又寄托着绿水青山的希冀，成为实现经济高质量发展的必由之路。早在 20 世纪 70 年代，《增长的极限》就曾指明技术进步对于调和经济扩张与环境保护二者的矛盾至关重要，是促进经济增长方式转变的重要推动力。绿色创新行为既能够通过改变要素配置结构、加强产业关联、降低产品生命周期提升经济效益，又能够通过完善传统生产工艺、减少能源损耗、降低污染物排放带来环境红利。因此，在我国当前面临经济、环境、能源等多重困境叠加的复杂背景下，将绿色发展、创新驱动理念深植于能源行业，对于深入推进能源革命、实现我国经济增量提质十分必要。

那么，在构建环境友好型创新国家的背景下，以及探寻绿色节能经济发展模式的要求下，我国各区域能源消耗强度目前呈现出什么特征呢？产业结构升级、绿色技术创新究竟起到什么作用呢？是否能成为经济绿色发展的助推器？为回答这些问题，本书拟突破产业结构升级对能源消耗的单项作用、绿色技术创新对能源消耗的单项影响，将三者纳入一个统一的系统中，通过理论机制分析与实证回归研究，分析产业结构升级、绿色技术创新与能源消耗三者的作用关系，探讨降低我国能源消耗强度的可行路径，并针对相关研究结论从产业结构与绿色创新两个视角提出了降低我国能耗的对策，以期丰富绿色可持续发展的相关研究，并对我国因地制宜制定产业政策、绿色创新制度提供一定的借鉴与参考。

二、研究目的

1. 解析产业结构升级降低能源消耗的异质性影响

产业结构调整是促进能源结构与整个经济系统低碳化的关键动力，由于各地区工业基础、经济发展、资源条件存在较大差距，那么，产业结构升级对能源消耗是否会呈现出不同的作用效果呢？对此，有学者采用传统的方法将全国划分为东部、中部、西部三大区域进行异质性分析，但这种划分方式较为笼统粗略。基于此，本书首先将地区节能潜力的差异考虑在内，构建分位数回归模型考察产业结构升级对不同分位点上能源消耗强度的影响；其次还参照八大综合经济区的划分方法，分析各经济区内产业结构升级的节能效果，以期从更加丰富的视角探讨二者的关系，为各地区依据自身能源消耗特征，制定符合自身发展的产业政策提供理论支撑。

2. 探究产业结构升级、绿色技术创新与能源消耗三者的关系

党的二十大报告明确指出“加快实施创新驱动发展战略”①。作为传统创新理念的发展与延续，绿色技术创新除了能够推动技术进步、革新生产工艺外，更加注重创新主体所引致的环境后果，且与产业结构、能源消耗的关系十分紧密。那么，其是否能作为“桥梁”将产业结构升级与能源消耗链接起来呢？或者，随着地区绿色创新能力的增强，产业结构升级对能源消耗的影响是否会发生变化呢？学术界尚未给出明确回答。基于此，本书在理论机制分析的基础上，通过构建中介效应模型与门槛效应模型，对上述问题进行探讨，以丰富相关研究，为后续学者进行相关研究提供一定的参考。

3. 探寻实现我国降低能源消耗的可行路径

2020 年中国提出了“碳达峰、碳中和”的“双碳”目标②，但“碳达峰、碳中和”背后更深层次的问题是能源问题。“十四五”规划也强调能源消耗总量和强度的“双控”目标，并提出截至 2025 年能源强度降低 13.5% 的愿景③。这体现了我国能源转型的迫切性与推进能源消费革命的决心，因此尽快找到我国低能耗发展的实现路径是当前工作的重中之重。基于此，本书以产业结构升级为出发点，并结合绿色技术创新的具体作用

① 2022 年中国共产党第二十次全国代表大会报告［EB/OL］. 中国政府网，2022 - 10 - 25.

② 中华人民共和国国民经济和社会发展第十四个五年规划纲要［EB/OL］. 新华网，2021 - 03 - 13.

③ “十四五”节能减排综合工作方案［EB/OL］. 中国政府网，2021 - 12 - 28.

机制，讨论其对能源消耗的影响，从而有针对性地提出促进我国经济绿色增长的对策建议，对于实现我国经济高质量发展、持续走绿色发展道路具有重要意义与启示，这是本书的最终目的，也是本研究的落脚点。

三、研究意义

高能耗、高排放的经济增长方式使中国面临着严峻的生态与资源问题，如何实现资源节约型发展、完成能源双控目标成为我国当前的热点问题。为探寻绿色高效的经济发展模式，本书以产业结构升级与绿色技术创新为切入点，运用机制研究与实证分析相结合的方式对该热点问题进行深入研究。本书的研究意义主要包括理论意义与实际应用价值两个方面。

（一）理论意义

1. 丰富了产业结构升级与能源消耗的研究视角

虽然目前学术界对于产业结构调整对能源消耗的作用方向及影响强度存在异议，但多数学者已经达成共识——对经济结构进行调整是引致能源消耗变化的重要原因。然而，许多学者的研究仅止步于此，或仅基于传统的东部、中部、西部三大板块划分方法，讨论产业结构升级对能源消耗的区位异质性影响，但这种模糊的异质性分析不能准确翔实地反映二者的关系。而本书在证实产业结构升级对能源消耗存在显著的负向影响后，先运用分位数回归模型从能源消耗强度的分布异质性视角，讨论产业结构升级对不同分位点上能源消耗强度的异质性影响；再基于国务院新提出的八大经济区划分视角，讨论各经济区内产业结构升级对能源消耗的作用方向与影响强度，从而拓宽了产业结构升级与能源消耗的研究视角，全面细致地把握产业结构升级的节能效果，为各地区因地制宜地制定产业政策、构建清洁高效的能源体系提供理论依据。

2. 深化了产业结构升级、绿色技术创新与能源消耗三者内在规律的认知

既有研究将产业结构升级、绿色技术创新与能源消耗三者割裂了开来，本书通过理论分析，将三者链接起来纳入一个分析框架中进行有机研

究，有助于厘清三者之间的内在联系。同时通过实证检验，以绿色技术创新为载体构建中介效应模型，深入探究产业结构升级抑制能源消耗的内在逻辑；此外，将绿色技术创新设定为门槛变量构建门槛效应模型，深入剖析产业结构升级抑制能源消耗的非线性特征。从而基于理论与实证两个层面证明了产业结构升级与绿色技术创新相互关联，且二者能够产生良性互动，共同降低能耗。这对于促进产业经济理论和绿色创新理论融合发展，共同推进我国绿色发展具有一定的理论价值。

3. 拓展了解决我国能源危机的相关路径

据《BP世界能源统计年鉴》显示，2020年中国能耗占全球总比重的26.1%，为世界贡献17.4%的GDP，而美国为世界贡献24.7%的GDP仅花费了全球能耗的15.8%①，因此与世界先进水平相比，我国的节能减耗道路仍任重而道远。新的发展阶段必须改变经济发展方式，突破可持续发展的瓶颈，探寻实现能源革命的相关路径。本研究基于产业结构与绿色创新两个视角深入考察，证实了对产业结构持续优化升级、增强地区绿色创新能力能有效抑制能源消耗强度的上升，这不仅拓宽了实现我国降低能耗目标的相关路径，也为我国经济绿色清洁发展提供理论与经验。

（二）实际应用价值

1. 基于产业结构升级视角，为政府部门制定产业政策、推动经济低能耗发展提供一定的科学依据

目前我国产业结构正处于新旧动能转换的调整过渡时期，供给侧结构性改革与制造强国仍是我国政府工作的重点内容。同时，产业结构作为影响能源消耗的重要因素，如何实现与能源消耗的良性互动是我们关注的重点问题。本书通过多元线性回归、八大经济区异质性回归以及门槛效应回归，有效证明了“退二进三”的产业结构调整策略能够有效节约能源。此外运用分位数回归方法，笔者还发现对于能源消耗强度较大的地区加快产业结构升级速度，节能效果更显著。这为我国各地区科学制定产业政策，

① 资料来源：《BP世界能源统计年鉴》。

摆脱过度依赖资源消耗的发展模式具有重要意义。

2. 基于绿色技术创新视角，从宏观、中观和微观三个层面提出了我国节能发展的对策

绿色技术创新作为绿色发展的核心驱动力，既能够实现技术进步，推动经济向好发展，又能实现节能减排，加速生态文明建设，因此成为提升经济增长、协调资源环境的关键途径。本书通过中介效应模型，揭示了绿色技术创新是产业结构升级对能源消耗产生影响的"桥梁"。此外，通过门槛效应模型，笔者还发现在绿色技术创新能力较强的地区，产业结构升级的节能效果更显著。因此，绿色技术创新能够与产业结构升级相互联动进而减少能源消耗、提升环境绩效。这就要求政府应完善鼓励绿色创新的制度，市场应构建公平良好的营商环境，企业应增强绿色自主创新意识，三方共同努力，以绿色创新为驱动力带动产业结构高级化，推动我国能源节约目标的实现。

第二节　产业结构升级、绿色技术创新对能源消耗的影响机制

一、产业结构升级对能源消耗的影响机制

（一）产业结构升级对能源消耗的线性影响

产业结构升级主要指三大产业的产值比重发生变化，其通过优化产能、调整落后产业，合理地提高经济绩效，并带来环境红利。其对能源消耗的直接影响主要表现在以下几个方面。

其一，产业结构升级能够优化能耗结构。国民经济囊括了三大产业，但由于三大产业各有侧重，因此导致不同产业所消耗的能源种类、规模以及强度均有所不同。其中，第二产业推动了我国工业化的进程并拉动我国

经济高速发展，曾一度成为政府工作扶持的重点以及国民经济的支柱产业。但第二产业以能源密集型工业企业为主，需消耗、燃烧大量化石能源，使能耗结构中煤炭的比例急剧上升。随着经济结构的转型与调整，政府将工作重心转移至高附加值低能耗的第三产业，使第二产业的发展受到约束，第二产业内生产率较低的高能耗企业的生存空间受到挤压逐渐被淘汰，因此削弱了国民经济对化石能源的依赖，改善了能源消费结构。此外，产业结构升级还体现在部门内部的产业链升级上，产业链的升级也能促进能耗结构清洁化。这是由于产业链升级使生产层次由生产初级产品逐步向生产竞争力强的最终产品演变，能源消耗则以清洁电力为主，能耗结构逐渐向环境友好型转变（邹璇等，2019）。

其二，产业结构升级能够改良生产技术。产业结构升级能够改变生产要素配置结构，优化生产要素组合方式，而新的要素配置结构与新的组合方式正是创新的要素与前提，因此产业结构升级能够引发技术革新效应。一方面，技术革新能够提高原有生产技术、生产工艺以及生产设备对能源的利用效率，减少单位产值投入的能源量，不仅使企业的生产流程以及终端产品向绿色化、环保化方向发展，也使企业削减了购买能源所需的开支，提升了企业的经济效益，因此企业会积极引进此类技术和设备。另一方面，技术革新还能引发新节能技术、新能源技术的开发与产生，而节能技术与新能源技术的广泛应用与推广能够在全行业甚至全社会范围内实现能源消耗强度的普遍下降。

其三，产业结构升级能够产生规模效应。作为产业结构升级的基本落脚点，产业集聚现象往往伴随着产业结构升级出现（尹迎港等，2021），而集聚现象又会引发规模效应，规模效应则会降低不必要的能源损耗。其主要原因在于：一方面，聚集区产业生态完善，因此大量上中下游企业在此聚集，企业由于靠近供给端与需求端，极大地缩短了交通运输路线，使交通运输引致的能源消耗得以减少；另一方面，由于产业集聚向心力的存在，会使各类生产要素在聚集区内形成因果循环聚集，因此企业可以共同利用聚集区内的公共实体资源与信息技术资源，在削减成本的同时也提高了资源的利用效率，在一定程度上能够实现能源节约。

其四，产业结构升级能够培育新市场。产业结构升级能够发挥宏观调控的功能，其依据发展目标通过资源配置的手段将优势资源倾斜至绿色行业或产业，刺激绿色产业市场的形成，从而减少能源消耗。此外，产业结构升级还通过压缩用能排污量较大产业的生存空间来扶植低能耗高附加值的清洁产业，推动新能源、可循环技术、生物基产品等环保行业成为新的经济增长点，进而推动能耗结构绿色化。

综上，提出 H4 -1：

H4 -1：产业结构升级对能源消耗存在线性影响，产业结构升级能够有效降低能源消耗。

此外，一方面由于我国各省份能源消耗现状、用能特征以及节能潜力均表现出独特性，处于不同的能源消耗分布上，因此导致产业结构升级对于不同能源消耗分布上的省份的作用效果可能存在异质性；另一方面，我国疆域辽阔，各区域地理位置、资源禀赋存在较大差异，因此产业结构升级对于不同区域可能表现出不平衡的节能效果。基于此，本书提出以下两种异质性影响的假设：

H4 -1a：产业结构升级对能源消耗具有分布异质性影响。

H4 -1b：产业结构升级对能源消耗具有区位异质性影响。

（二）产业结构升级对能源消耗的非线性影响

产业结构升级与能源消耗间并非仅存在线性关系，二者可能还存在非线性影响。笔者认为，当产业结构升级指数位于低水平区间时，产业结构升级虽然对能源消耗能起到约束作用，但这种约束作用的效果并不强。其原因可能在于：一方面，虽然此时处于产业结构调整的过程中，但由于调整力度和调整幅度不够大，导致产业结构依然以重工业为主。而由于重工业是能源消耗的主力军，致使能源消费结构偏煤，因此产业结构升级发挥出的节能作用十分有限。此外，在产业结构调整的初期，产业链条较为松散，生产技术较为落后，企业间的产业关联性较弱，不能引发集聚现象，因此企业对能源的消耗依然较大，对资源的利用率也较低。另一方面，由于对政府绩效的考核实质性上是以底线控制为核心的末位制淘汰赛，因此地方政府间会产生激烈的“逐底竞争”。而产业结构升级是经济增长的基石，其能够刺激经济繁荣发展，因此政府会将重心聚焦在产业结构调整工作上。由于产业结构中的第三产业具有高附加值低能耗的特征，政府可能会通过直接指导、财政补贴等方式鼓励企业转变发展模式，从而造成第三产业过度发展甚至出现盲目扩张的现象，造成了资源的浪费（付子昊等，2022），而这在一定程度上也抵消了产业结构升级对能源消耗的抑制作用。

随着产业结构的不断调整，当产业结构升级指数位于高水平区间时，产业结构升级的节能效果明显增强。其原因可能在于：一方面，此时第三产业占据国民经济中的主导地位，而相对于第二产业，第三产业对于煤炭、石油等化石能源的消耗较少，能耗结构也更为清洁，因此有效降低了能源消耗水平。同时，产业结构向更高形态演变，产业链联系变得更为紧密与完善，技术革新在优化传统生产技术的同时，也敦促节能技术与新能源技术产生，甚至培育出新市场，提高能源利用效率。此外，产业结构升级有利于形成产业集聚优势进而发挥规模效应，实现聚集区内的能源节约。另一方面，随着产业结构的变迁，三大产业间逐渐形成了新的均衡点，各产业平稳均衡发展。其中，第三产业发展趋于理性化，不再盲目扩张损害或蚕食其他产业发展空间，使能耗程度趋于合理，这在一定程度上实现了能源节约。综上，提出 H4 -2：

H4 -2：产业结构升级与能源消耗之间存在自身门槛效应，当产业结构升级指数越过某一门槛值，产业结构升级对能源消耗的抑制作用增强。

基于本节的理论分析，笔者绘制出产业结构升级对能源消耗的影响机制图，如图 4. 3 所示。

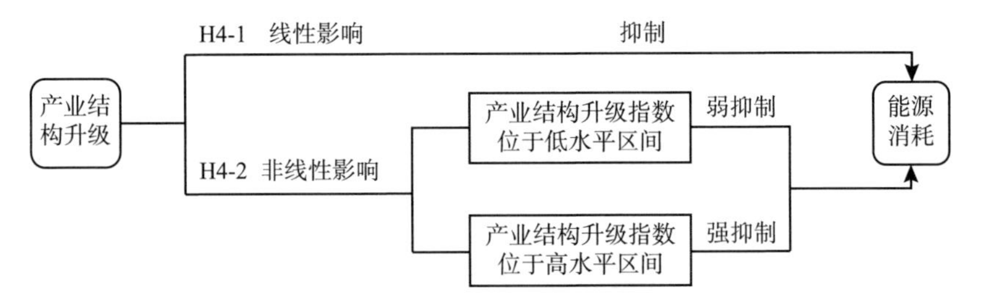

图 4. 3　产业结构升级对能源消耗的影响机制

二、绿色技术创新在产业结构升级与能源消耗关系中的中介作用

绿色技术创新作为经济转型与绿色发展的重要支撑，兼具“创新”与“绿色”两种特性，在资源节约、污染治理、节能减排等方面发挥着极其重要的作用。在经济高质量发展的背景下以及节能发展的要求下，绿色技术创新在产业结构升级影响能源消耗的过程中正承担着中介作用。

具体而言，第一，产业结构升级增强了地区绿色技术创新能力。其一，产业结构升级带来的“结构红利”对当地绿色技术创新能力有显著提升作用——产业结构升级过程促进了信息、知识、人才以及研发资金等创新资源的空间流转与重置，而创新资源的重新组合与聚集对于绿色技术的核心突破、重大攻关以及落地应用等起着举足轻重的作用（刘佳等，2023）。其二，产业结构升级会诱使产业集群现象出现，而集群效应的产生能够促进聚集区内的企业节约绿色创新活动的搜寻、风险等成本，且由于聚集区内的企业相互熟知，有利于形成相互信任的长期合作关系，从而强化了企业进行绿色研发的动力。同时，集聚现象还会产生虹吸效应，吸纳创新型人才与研发资源进入集群，从而提高了绿色研发资源的共享性，并通过竞争激励效应与协同合作效应提高了企业绿色创新活跃度。

第二，绿色技术创新能够制约能源消耗。其一，绿色技术创新旨在对传统技术、设备进行绿色化改造，其不仅使原有的机器设备、生产工艺更加高效与智能，还会提升能源的利用效率进而降低能耗。其二，绿色技术创新行为可以引发技术进步。一方面，技术进步对高素质人才的需求扩大且对资金需求旺盛，从而导致原有的生产要素边际替代率发生变化，即能源要素的投入将会缩减，而劳动、资本等要素的投入将增加。同时，技术进步效应在流通方面既加快了能源的周转速度，提高了能源的流通效率，同时也为流通过程中降低能源损耗提供了技术支撑，避免能源浪费（洪勇等，2022）。另一方面，对于海洋能、地热能等新能源，技术进步为其探

索与应用提供了有力的技术保障，使其发现与使用成为可能，使能源供给结构更加清洁环保，进而促进能源消费结构趋于多元化，不再仅依赖于化石能源的燃烧供能。其三，绿色技术创新还体现在对管理、组织、制度、流程等软实力方面进行绿色化改造上，通过对企业内部或产业链内部实施管理软实力的绿色化改造，一方面，能够简化交易过程，缩短交易周期；另一方面，对于具有紧密关联性的产业，企业进行管理软实力的绿色化改造能够实现中间交易成本的降低，进而节约能源，实现能源的提速增效。综上，提出 H4 - 3：

H4 - 3：产业结构升级通过提高绿色技术创新水平进而降低能源消耗。

三、绿色技术创新在产业结构升级与能源消耗关系中的门槛作用

与传统创新活动存在区别，绿色技术创新将经济、生态两种效益同时考虑其中，其基本落脚点在于既实现技术革新，又能达到经济增长、资源保护的目的，其通过帮助先进技术实现重大突破来推动经济结构向第三产业倾斜（汪发元等，2022），因此产业结构升级的节能效果可能受到当地绿色技术创新能力的影响。当绿色技术创新水平较低时，产业结构升级并不能表现出明显的节能效果。这可能是由于：一方面，由于此时地区绿色技术创新能力较弱，导致取得的诸如绿色发明、绿色工艺、绿色技术等绿色创新成果基数较小，再加上创新成果转化颇有难度，导致落地实施的绿色创新成果微乎其微。因此，绿色技术创新难以为地区产业结构升级的节能效应赋能，产业结构依旧向重工业倾斜，能源消耗依然十分可观。此外，此时创新要素密度较低且较为稀缺，因此几乎不可能产生革命性的绿色技术创新成果，即使绿色技术创新的绿色改造效应能够推动产业结构升级产生节能效应，其作用效果也十分微弱，并不能驱使整体产业生态实现绿色低能耗发展。另一方面，由于企业绿色创新内生力不足，技术劣势企业仅能依靠对技术优势企业的模仿和跟随对生产流程进行改良，但这种“搭便车”行为不仅严重损害企业创新的积极性，还可能滋生“搭错车”

现象的出现，从而阻碍产业结构向更高形态演变，限制了产业结构升级关于能源节约效应的发挥。

随着地区绿色创新能力不断提高至高水平区间，产业结构升级对能源消耗的制约作用开始凸显并显著增强。这可能是由于：第一，绿色技术创新通过对传统“三高”产业的生产过程及机器设备进行绿色化更新与改进，提高了资源利用的集约化程度，也推动了传统生产部门逐步由资源密集型演化为环境友好型，促进了绿色产业部门在国民经济中的比例升高，进一步降低了能源消耗。第二，催生绿色环保产业市场是绿色技术创新影响产业结构升级能源节约效应的另一重要途径。具有革命性的绿色技术创新能够培育绿色环保的新兴领域，使具备较强竞争力的低碳清洁技术、可循环工艺、生物基产品等环保行业成为新的经济增长点（徐盈之等，2021），而绿色环保产业正是产业结构升级出现跨越式发展的结果。一方面，理性投资者会嗅到商业先机进而改变投资需求，使新兴的绿色环保产业得到更多的资金支持，从而加速产业结构向资源集约式方向迭代；另一方面，依据“配第—克拉克”定理可知收入差距是影响劳动力在产业间转移的关键因素，因此新兴产业提供的优渥报酬将会对高技能人才以及创新型人才产生虹吸效应，从而产生良性因果循环，进一步推动新兴产业升级并释放新兴产业的节能潜力。第三，随着经济的发展与社会的进步，我国国民的环保意识、对美好环境的憧憬也在增强，“绿色消费”的观念日渐深入人心。而绿色技术创新聚焦产品的节能性与可循环利用功能，这恰好与消费者追求的绿色消费需求不谋而合，因此绿色技术创新可以从改变市场需求结构的角度驱动企业持续优化产业链与新工艺，进而持续对能源消耗产生抑制效果。综上，提出 H4 -4：

H4 -4：产业结构升级与能源消耗之间存在绿色技术创新的门槛效应，当绿色技术创新越过某一门槛值，产业结构升级对能源消耗的抑制作用开始凸显。

基于本节的理论分析，本书绘制了产业结构升级、绿色技术创新对能源消耗的影响机制图，具体如图 4. 4 所示。

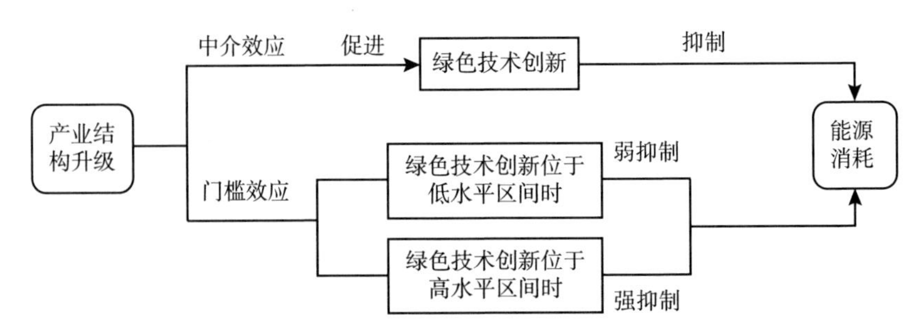

图 4.4　产业结构升级、绿色技术创新对能源消耗的影响机制

第三节　产业结构升级、绿色技术创新对能源消耗影响的实证研究

一、变量说明与模型构建

（一）变量说明

1. 被解释变量

能源消耗（ei）。对于能源消耗，不同学者采用不同的方法度量。有学者利用能源消耗总量直接对该指标进行表征，但由于我国各地区经济发展极不平衡，因此仅从量的角度难以反映能源消耗的变化，所以将能源消耗强度作为测度指标更符合我国的实际情况（Ying Fan et al.，2006）。因此，本书采用能源消耗强度，即能源消耗总量与 GDP 之商，对该变量进行表征。其中，能源消耗总量具体包括两个方面，分别是生活和生产，对于后者又可细分为物质生产与非物质生产两个维度。

2. 核心解释变量

产业结构升级（is）。众学者提出非农产业占比的增加是产业结构升级的重要体现（张翠菊等，2016；余红心等，2020）。但随着国民经济出现"第三产业化"的趋势，仅运用非农产值比重的指标不能完全体现出该趋势的变化，而第三与第二产业产值之比可以较好地描绘出该趋势的演化进程，也可以刻画出产业结构重心向服务业倾斜的态势，因此借鉴干春晖等（2011）的研究成果，运用第三与第二产业产值之比对该变量进行表征（干春晖等，2011）。

3. 中介变量

绿色技术创新（green）。现有部分文献选用绿色专利数量度量绿色技术创新（刘广亮等，2023），但这种单一的指标仅能从产出的角度描述绿色技术创新水平，无法客观全面地反映绿色技术创新能力，因此我们基于“效率”角度选用多指标以“投入—产出”的方法对该指标进行刻画。对于绿色创新投入指标，笔者借鉴贺子欣等（2022）的做法，采用R&D人员全时当量对劳动投入进行表征，并选用R&D经费内部支出对资本投入进行表征。对于绿色创新产出指标，现有研究的处理方法主要分为两类：第一类是将创新产出作为期望产出，并将污染物指标作为非期望产出考虑在内；第二类则是将绿色专利数量作为绿色创新产出的代理变量。由于某些污染物指标可能与创新活动仅存在较弱的关联，所以第一类做法并不严谨。因此本书采用第二类做法，即选择绿色专利数量对绿色创新产出进行表征。

综上所述，本书采用规模报酬可变（VRS）的超效率SBM模型进行测度。之所以选择该模型，是因为经典DEA模型在投入或产出出现非零松弛的情况下，会产生模型高估效率的现象，从而导致测算结果与实际情况有出入甚至相去甚远。为此，SBM模型应运而生，该模型克服了经典DEA模型存在的上述问题，其构建者托恩（Tone，2001）指出这是一种非径向非角度的模型。但SBM模型本身存在一个缺陷就是计算出的效率仅能大于0且上限为1，达到1时则认为DMU是有效率的，如果未能实现这种情况，则表明DMU是无效的，由此也造成了无法对有效的DMU进行效率高低对比的问题。基于此，托恩（Tone，2002）构建了超效率SBM模型。对于DMU（x_0，y_0），其规模报酬可变的超效率SBM模型表示为：

$$\rho = \min \frac{\frac{1}{m}\sum_{i=1}^{m}\frac{\bar{x}_i}{x_{i0}}}{\frac{1}{s}\sum_{k=1}^{s}\frac{\bar{y}_k}{y_{k0}}} \tag{4-1}$$

$$s.t. \begin{cases} \bar{x}_i \geqslant \sum_{j=1,\neq 0}^{n}\lambda_j x_j, \forall i; \\ \bar{y}_k \leqslant \sum_{j=1,\neq 0}^{n}\lambda_j y_j, \forall k; \\ \bar{x}_i \geqslant x_{i0}, 0 \leqslant \bar{y}_k \leqslant y_{k0}, \lambda_j \geqslant 0, \sum_{j=1,\neq 0}^{n}\lambda_j = 1, \forall i, j, k。 \end{cases}$$

其中，ρ 表示效率值，m、s 分别代表投入、产出的指标个数，λ 表示权重系数。

4. 控制变量

除上述变量会影响能源消耗外，其他变量也会对其产生影响，因此本书引入如下控制变量：城镇化水平（urb）、外商直接投资（fdi）、基础设施状况（infra）以及金融市场发展（finance）。

城镇化水平：通常采用城镇化率来测量。一方面，城镇化率的提高会增加对基础设施的投资，并加剧通勤拥堵问题，城镇居民也会因更加接近消费市场间接提升能耗；另一方面，由于城市资源有限，因此随着城镇人口的增加，政府部门会将“紧凑型城市理论”付诸实施，从而减少能源的耗损。

外商直接投资：本书采用 FDI 占 GDP 的比值来度量（郑金辉等，2023）。外商直接投资作为影响经济活动和能源使用的重要途径，对能源消耗可能产生两个方面的影响：一方面，一些发达国家的公司为躲避本国严苛的环境制度，将高污染企业转移至发展中国家，导致当地环境恶化；另一方面，跨国企业将先进的知识、信息、人才和清洁技术带到发展中国家，推动东道国绿色经济发展。

基础设施状况：采用公路总里程与该省市行政区划面积之比作为该指标的代理变量。一方面，基础设施在建设的过程中需要消耗大量的能源，并且基础设施项目，如交通运输仓储基础设施，在建成和投入使用后也需要耗费大量能源；另一方面，加强基础设施建设能够形成生产规模效应与技术创新效应，使能耗程度降低。

金融市场发展：采用股票市价总值与 GDP 之商对该指标进行衡量（司秋利等，2022）。一方面，金融市场发展程度越高，对经济增长的驱动作用越强，进而引致财富效应和规模效应，刺激能耗水平上升；另一方面，完善的金融市场通过削减实体经济的融资成本缓解了企业的创新融资约束，推动企业生产技术与节能技术的提升，进而节约能源。

（二）模型构建

本书主要构建三种模型对产业结构升级、绿色技术创新与能源消耗的关系进行实证分析。第一种是多元线性回归模型，主要探究产业结构升级对能源消耗的作用方向与影响强度；第二种是中介效应模型，目的是探讨产业结构升级能否通过提升地区绿色技术创新能力从而间接实现抑制能耗，以揭开产业结构升级降低能源消耗的黑箱；第三种是门槛效应模型，分别分析产业结构升级、绿色技术创新能力在哪个区间内能够驱动产业结构升级发挥节能效应。

1. 多元线性回归模型

为了检验产业结构升级对能源消耗的直接影响，本书建立多元线性回归模型，具体如式（4－2）所示：

$$lnei_{it} = \alpha_0 + \alpha_1 lnis_{it} + \alpha_2 lnX_{it} + \varepsilon_{it} \qquad (4-2)$$

其中，ei 为能源消耗，is 为产业结构升级，X 为包括城镇化水平（urb）、外商直接投资（fdi）、基础设施状况（infra）、金融市场发展（finance）这些所选择的控制变量，ε 为随机扰动项，下标 i、t 分别表示地区、时间，α_0 为截距项，α_1、α_2 分别为核心解释变量与控制变量对应的回归系数。

2. 中介效应模型

为探究产业结构升级影响能源消耗的作用渠道，本书将绿色技术创新视为中介变量，在式（4－2）的基础上，借鉴温忠麟等（2014）提出的检验方法构建中介效应模型，具体如式（4－3）、式（4－4）所示：

$$lngreen_{it} = \beta_0 + \beta_1 lnis_{it} + \beta_2 lnX_{it} + \varepsilon_{it} \qquad (4-3)$$

$$\ln ei_{it} = \gamma_0 + \gamma_1 \ln is_{it} + \gamma_2 \ln green_{it} + \gamma_3 \ln X_{it} + \varepsilon_{it} \quad (4-4)$$

在式（4－3）、式（4－4）中，green 为绿色技术创新，其余变量所表示的含义与式（4－2）相同。当式（4－2）中产业结构升级的回归系数 α_1 显著时，则产业结构对能源消耗的影响可按中介效应立论。若此时式（4－3）中系数 β_1 与式（4－4）中系数 γ_2 均显著，则说明产业结构升级影响能源消耗的间接效应显著。在上述条件均满足的基础上，若式（4－4）中产业结构升级的回归系数 γ_1 不显著时，则绿色技术创新在产业结构升级影响能源消耗的过程中承担完全中介效应；若回归系数 γ_1 显著且与 β_1、γ_2 的乘积同号时，则绿色技术创新在产业结构升级影响能源消耗的过程中承担部分中介效应，且其占总效应的份额为 $(\beta_1 \times \gamma_2)/\alpha_1$。

3. 门槛效应模型

由前文分析可知，产业结构升级对能源消耗存在非线性影响，当门槛变量位于不同区间时，产业结构升级的节能作用存在差异。因此将产业结构升级、绿色技术创新分别设定为门槛变量，借鉴汉森（Hansen，1999）的研究成果，构建产业结构升级与能源消耗的门槛效应模型，具体如式（4－5）所示：

$$\begin{aligned} \ln ei_{it} = & \theta_0 + \theta_1 \ln is_{it} \times I(\ln R_{it} \leq r_1) + \theta_2 \ln is_{it} \times I(r_1 < \ln R_{it} \leq r_2) + \theta_3 \ln is_{it} \\ & \times I(r_2 < \ln R \leq r_3) + \cdots + \theta_n \ln is_{it} \times I(r_{n-1} < \ln R_{it} \leq r_n) \\ & + \theta_{n+1} \ln is_{it} \times I(\ln R_{it} > r_n) + \theta_{n+2} \ln X_{it} + \varepsilon_{it} \end{aligned} \quad (4-5)$$

其中，R 为门槛变量，r_1，…，r_n 为待估计门槛值，I（·）是取值为 0 或 1 的示性函数，其余变量所表示的含义与式（4－2）相同。

二、数据来源与描述性统计

（一）数据来源

鉴于中国香港、澳门、台湾地区及西藏自治区的统计数据缺失严重，本书选用中国其余 30 个省份作为研究对象。本书的研究时段为 2005～2020 年，其原始数据主要源于 2005～2021 年的各统计年鉴以及 Wind 数据库、中国研究数据服务平台（CNRDS），部分数据由笔者计算所得。对于个别缺失数据，笔者采用线性插值法进行填补。相关变量描述与其数据来源如表4.1所示。

表4.1 变量描述与数据来源

变量名称	变量测量		数据来源
能源消耗强度	能源消费总量/GDP		《中国能源统计年鉴》（2005～2021年）
产业结构升级	第三产业产值/第二产业产值		《中国统计年鉴》（2005～2021年）
绿色技术创新	投入	R&D经费内部支出	《中国科技统计年鉴》（2005～2021年）
		R&D人员全时当量	
	产出	绿色专利数量	中国研究数据服务平台（CNRDS）
城镇化水平	城镇人口/总人口		《中国统计年鉴》（2005～2021年）
外商直接投资	FDI/GDP		Wind数据库
基础设施状况	公路总里程/行政区划面积之比		《中国统计年鉴》（2005～2021年）
金融市场发展	股票市价总值/GDP		《中国金融统计年鉴》（2005～2021年）

（二）描述性统计

为了克服异方差等问题，该研究对相关变量进行了取对数处理。表4.2报告了能源消耗强度（ei）、产业结构升级（is）、绿色技术创新（green）、城镇化水平（urb）、外商直接投资（fdi）、基础设施状况（infra）、金融市场发展（finance）的样本数据取对数后的描述性统计结果。

表4.2 描述性统计

变量	样本量	均值	标准差	最小值	最大值
lnei	480	-0.170	0.551	-1.578	1.421
lnis	480	0.090	0.391	-0.653	1.657
lngreen	480	-1.561	0.763	-3.512	0.247
lnurb	480	3.978	0.252	3.291	4.495

续表

变量	样本量	均值	标准差	最小值	最大值
lnfdi	480	-4.228	1.095	-9.181	-2.502
lninfra	480	-0.393	0.804	-3.194	0.791
lnfinance	480	-1.063	0.955	-4.186	4.186

三、能源消耗的现状分析

本书在对产业结构升级、绿色技术创新与能源消耗三者的关系进行实证研究之前，先对我国整体以及各区域内的能源消耗现状进行简要分析，以为后续实证研究奠定数据基础与分析依据，同时也为后续依据各地区能耗特征提出符合地区发展的产业政策提供一定的逻辑基础。

由于核密度估计一方面可以将变量的动态变化、分布形态运用连续平滑的曲线直观表现出来，另一方面其所获得的结果还有很强的稳定性，因此本书基于前文测算出的能源消耗强度数据，运用核密度法，使用 Matlab 软件绘制 2005～2020 年的能源消耗强度三维核密度图，以期直观地反映我国能源消耗的现状与特征。

对于核密度估计方法，其最早由罗森布拉特（Rosenblatt，1956）提出，是一种非参数估计方法，该方法的具体原理为：随机向量 X 的密度函数为 $f(x)=f(x_1, x_2, \cdots, x_n)$，$X_1, X_2, \cdots, X_n$ 为其独立同分布的样本，对于 $f(x)$，其核密度估计方程可设定为：

$$f_n(x) = \frac{1}{nh}\sum_{i=1}^{n} k\left(\frac{x - X_i}{h}\right) \tag{4-6}$$

其中，$k(\cdot)$ 表示核函数，n 代表样本数，h 意为带宽程度。

（一）全国整体能源消耗现状分析

图 4.5 为 2005～2020 年中国能源强度核密度图，其中，X 轴为能源消耗强度，Y 轴为年份，Z 轴为核密度值，该图刻画出了我国能源消耗强度在 2005～2020 年的变化趋势。

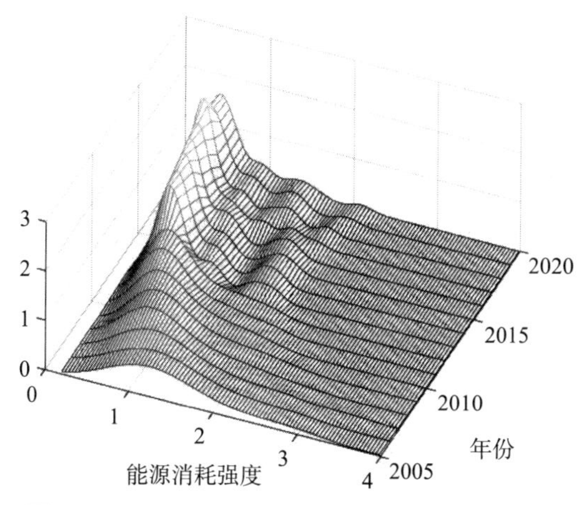

图 4.5 2005～2020 年中国能源消耗强度核密度

具体来说，从波峰的分布位置上看，2005～2020 年，该图的主峰呈现向左端移动的态势，这意味着随时间的推移我国大多数地区的用能强度呈现下降的趋势，表明中国经济发展对能源的依赖程度逐渐降低，节能工作落地实施效果较好。从波峰的形状上看，2005～2018 年主峰高度整体呈不断上升趋势，但 2019～2020 年主峰高度略有回落。具体地，2005～2012 年上升较为平缓，而到 2013 年主峰高度大幅提升变得竖直陡峭，表明自 2013 年开始我国能耗强度的差距显著拉大，但至 2019 年这种差距有缩减的趋势。从波峰的个数上看，2005～2012 年核密度函数为单峰分布，但自 2013 年起出现双峰甚至向多峰演变，从侧面反映出从 2013 年开始我国整体的能源消耗强度呈现多级分化的态势。从分布延展性来看，2005～2020 年核密度函数分布一直具有明显的右拖尾特征，一方面，这意味着存在部分省份处于能源消耗强度均值以上，面临着较大的节能压力；但另一方面，也说明我国还存在节能强度很高的省份。

（二）分区域能源消耗现状分析

图 4.5 从整体角度描绘了我国能源消耗强度的变化趋势，为把握各地区能源消耗的特征，本书进一步按照东部、中部、西部的分区域视角分析不同区域内能耗强度的变化，具体如图 4.6 所示。由该图可知，与全国能

源消耗整体特征相同，2005～2020 年各区域用能强度也均呈现明显的下降态势，但近年来日渐趋于平缓，且各地区的能源消耗强度表现出较大差异。具体地，西部地区最高，能源消耗强度在 0.979～2.394；中部地区次之，在 0.654～1.675；东部地区能源消耗强度最低，用能强度在 0.478～1.117，这在一定程度上体现出节污降耗实力与地区经济实力相关的分布特征。为细致分析三大区域能源消耗的具体特征，下文基于各区域能源消耗强度核密度图进行了更深层次的探讨。

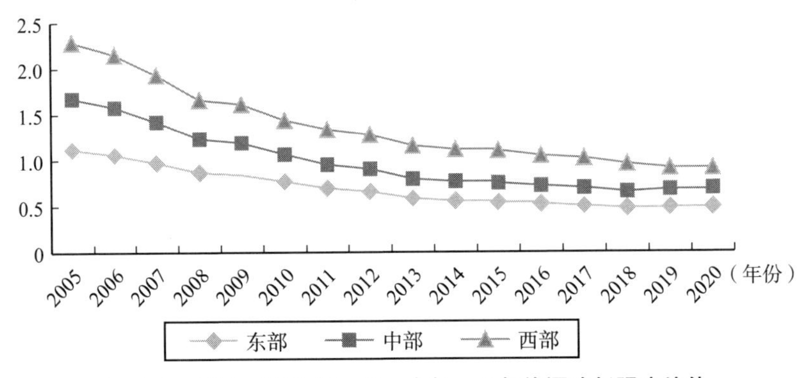

图 4.6　2005～2020 年东部、中部、西部能源消耗强度均值

图 4.7 直观反映了 2005～2020 年东部地区能源消耗强度的核密度分布，表 4.3 列示了 2005～2020 年该区域内各省份能源消耗强度的均值。由图 4.7 可知，整体来看，东部地区核密度函数分布整体逐年左移，表明该地区单位 GDP 消耗的能源量不断下降。从主峰高度来看，2005～2018 年主峰呈不断攀升趋势，但到 2019 年呈现一定的下降态势，这与全国核密度函数主峰高度变化特征类似，说明在 2005～2018 年东部地区各省份用能强度的差距越来越大，但到 2019 年这种差距有缩小的趋势。从波峰个数来看，区别于全国整体能耗强度分布特征，东部地区核密度函数更早地表现出多峰分布。具体地，2005～2007 年为典型的单峰分布，此后核密度函数逐渐演化为多峰分布，而在 2016～2020 年则表现为明显的双峰分布，这反映出东部地区自 2008 年起能源消耗强度就呈现多级分化的态势，而到 2016 年则呈现两极分化的态势。观察函数的分布延展性可知，从 2007 年

开始其右侧出现拖尾的现象，此后这种变化趋势逐年加深，分布延展性存在拓宽趋势，这意味着东部地区同时存在节能强度较大与用能强度较大的省份。

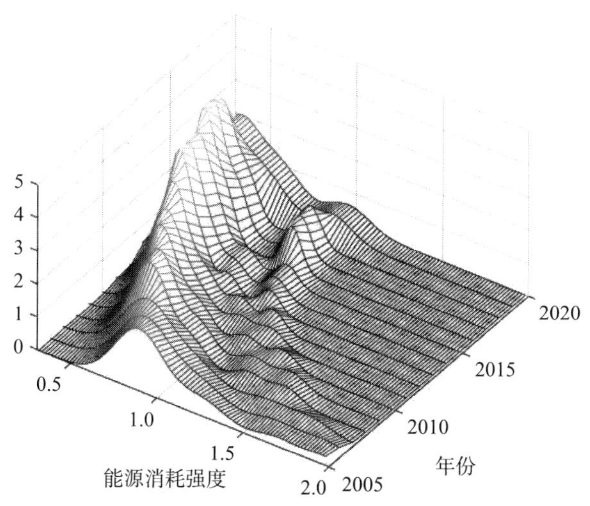

图 4.7　2005～2020 年中国东部地区能源消耗强度核密度

结合表4.3可知，北京是东部地区节能强度最高的省份，广东次之；而河北、辽宁是东部地区用能强度排名前两位的省份，其能源消耗强度均值分别达到了北京的2.95倍和2.59倍。这主要是由于河北是我国的工业基地，能源密集型企业较多，钢铁产业发达，坐拥首钢、邯钢与唐钢三大钢铁基地，对煤炭等传统化石能源的需求量依然较大，截至2020年其在能源消费结构中的占比仍然达到了88.46%①，因此减煤压钢为该地区实现能耗降低目标的主要方向。辽宁也拥有雄厚的工业基础，如鞍山的钢铁冶炼制造产业、沈阳的飞机制造与机床制造产业等，也正因如此，辽宁也存在着能源消费结构偏煤、产业结构偏重的问题，在产业结构调整与工业企业节能方面面临着严峻挑战。而北京作为我国的政治、文化中心，资金丰富，产业发展水平较高，技术创新能力较强，能够实现经济与能源低碳协

① 资料来源：2021年中国能源报。

同发展，因此其节能效果位居全国首位，这对于我国其他地区探寻低碳环保经济增长模式具有一定的借鉴意义。对于广东来讲，该省正逐步形成多元、优化的能耗结构，其中煤炭、石油的消耗比重逐年降低，大规模使用天然气代替传统高污染能源成为主流趋势。统计数据显示，2020 年广东省仅以占比 6.9% 的能源消耗为全国贡献了 10.9% 的经济总量①，能源结构向利好方向演化发展。

表 4.3　　2005～2020 年东部各省份能源消耗强度均值

项目	北京	天津	河北	辽宁	上海	江苏
均值	0.421	0.668	1.242	1.092	0.558	0.554
项目	浙江	福建	山东	广东	广西	海南
均值	0.558	0.582	0.797	0.510	0.751	0.617

图 4.8 展现了 2005～2020 年中部地区能源消耗强度的核密度分布，表 4.4 为 2005～2020 年该区域内各省份能源消耗强度的均值。观察图 4.8 可知，从整体来看，中部地区核密度函数中心不断左移。具体地，2005～2013 年该函数中心呈现出大幅左移的趋势，但 2013 年后左移速度明显放缓，表明 2005～2013 年中部地区积极落实能源节约工作并取得显著成果，经济发展对能源的依赖明显减弱，但自 2013 年后该地区节能工作进入瓶颈期，能源消耗强度下降幅度显著减慢。从主峰高度来看，2005～2008 年主峰高度略有提高；但 2009 年有所下降，之后主峰高度基本保持不变；到 2013 年主峰急剧上升，且分布变得竖直陡峭。这意味着 2005～2008 年中部各省份节能效果的差距开始凸显，而 2009～2012 年各省份能源消耗强度基本趋同，但到 2013 年各省份用能差距加剧且逐步扩大。从波峰个数来看，中部地区核密度分布表现出“多峰—单峰—多峰”的演变趋势，具体地，2005～2008 年为多峰分布，2009～2012 年为单峰分布，2013～2020

① 【地评线】南方网评：能耗双控，持续推动绿色低碳发展［EB/OL］. 南方网，2022－09－19.

年又呈多峰分布，这与主峰高度表现出阶段性变化的时间点相一致，说明在2005～2008年以及2013～2020年中部地区能源消耗强度也表现出多级分化的现象。从分布延展性来看，与东部地区不同，中部地区自2009年才开始呈现明显的右拖尾特征。

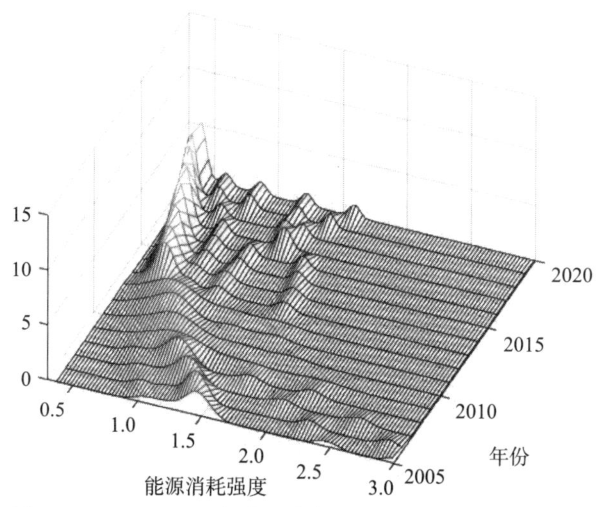

图4.8　2005～2020年中国中部地区能源消耗强度核密度

结合表4.4可知，与经验判断一致，山西与内蒙古的平均能源消耗强度在中部各省份中分别居第一位、第二位。这主要是由于山西作为我国的煤炭开采基地，内蒙古作为我国的钢铁冶炼、石油加工产业基地，是我国的能源密集型大省，在推动我国工业化建设、拉动经济崛起方面发挥了不可替代的作用。但也正因如此，这两大能源富集区煤矿业在能源结构中的占比高达85%①，形成了能源消费拉动经济增长的发展模式，能耗结构亟须转型，节能潜力巨大。而江西与安徽两省在节能方面表现优异，其能耗强度均值在中部地区最低，经济发展较为清洁低碳。其中，江西不仅在“十三五”时期超额完成绿色发展任务，还为其他地区绿色环保建设提供了35条可复制的经验；此外，该省的低能耗发展政策体系也逐步构建完

① 资料来源：2019年9月同花顺财经。

成，温室气体排放数据库不断完善，金属冶炼生产工艺绿色化程度较为领先，为该省实现节能发展打下了良好的基础。同时，安徽也在积极贯彻落实节能降耗工作，为实现能源“双控”目标而努力，在“十三五”期间，该省能源强度累计降低16%①，能源消费强度与能源消费增速均表现为下行趋势；此外，该省还逐步对既有建筑实施节能改造，倡导绿色低能耗生活方式，积极发展新能源产业，目前已具备成熟的太阳能等清洁能源的开发技术。

表4.4　　2005~2020年中部各省份能源消耗强度均值

项目	山西	内蒙古	吉林	黑龙江	安徽	江西	河南	湖北	湖南
均值	1.804	1.488	0.843	1.000	0.708	0.620	0.804	0.816	0.786

图4.9刻画了2005~2020年西部地区能源消耗强度的核密度分布，表4.5为西部各省份能源消耗强度均值表。由图4.8可以发现，从整体来看，西部地区核密度函数中心虽然呈左移趋势，但与东部、中部地区不同，该地区左移速度较为缓慢，这表明与东部、中部地区相比，西部地区的节能工作有待进一步加强，经济发展对能源依赖存在较大惯性。从主峰高度来看，核密度函数主峰一直呈上升趋势，这意味着西部各省份能源消耗方面一直存在着较大差距且这种差距呈不断扩大趋势。从波峰个数来看，西部地区核密度函数表现出“单峰—双峰—多峰”的演化特征。具体地，2005~2014年核密度函数为单峰分布；从2015年开始逐渐演化出侧峰，表现为“主峰—侧峰”的双峰分布；至2019年核密度函数则演化为多峰分布。从分布延展性来看，与全国分布延展性特征趋同，西部地区也一直存在明显的右拖尾现象。

结合表4.5可知，宁夏、青海为西部地区平均能耗强度最大的两个省份，同时也是全国平均能耗强度排名前两位的省份。这主要是由于宁夏、

① 安徽省发展和改革委员会．安徽双控目标评价考核连续五年被国家通报表扬［EB/OL］．安徽省发展和改革委员会，2021-08-30.

青海属于欠发达地区，技术创新动力不足，导致这两省能源利用效率相对较低，对传统能源的需求仍旧比较旺盛。就宁夏而言，2020 年该省火力发电在电力结构中的占比高达 83.8%[①]；对于青海来讲，能源化工、有色金属、黑色金属冶炼产业占比依然较大，这些产业均具有高能耗高污染特征，因此需重点防治与管控。而重庆作为西部地区最发达的直辖市，对西部地区节能降耗贡献率位居首位。该地区将“绿色 +”与经济社会各方面紧密融合，如建造绿色矿山 101 座、绿色工厂 42 家，且在 2019 年成立绿色银行等[②]，有效实现了全社会的低能耗发展，因此其单位能耗在西部地区表现最优。对于陕西来讲，虽然该省的节能表现在西部地区位居第二，但相对于东中部地区，该省的节能工作还有待进一步提高，依然存在经济增长与生态环境不能协调发展的问题，产业结构也应逐步降低对传统化石能源的依赖。

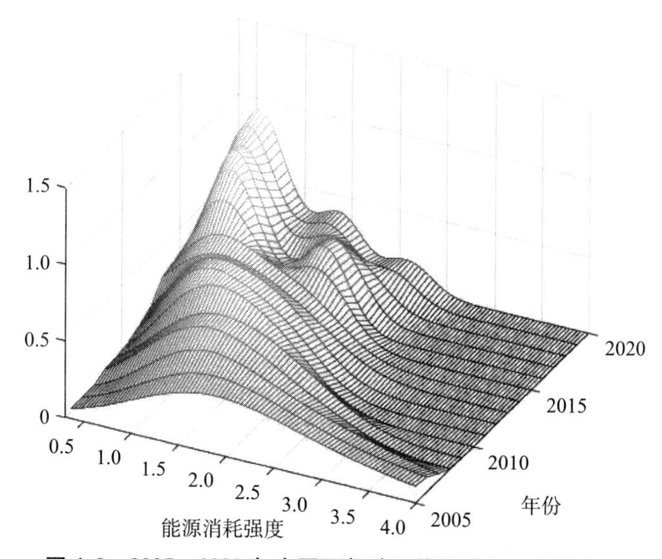

图 4.9　2005 ~ 2020 年中国西部地区能源消耗强度核密度

① 2020 年宁夏回族自治区发电量及发电结构统计分析［EB/OL］. 华经情报网，2021 - 03 - 11.

② 重庆市人民政府工作报告（2019 年）［EB/OL］. 重庆市政府网，2019 - 02 - 01.

表 4.5　　2005～2020 年西部各省份能源消耗强度均值

项目	重庆	四川	贵州	云南	陕西	甘肃	青海	宁夏	新疆
均值	0.808	0.893	1.452	1.020	0.813	1.351	1.966	2.372	1.651

四、产业结构升级对能源消耗的直接效应分析

（一）特征事实分析

为了从事实层面初步分析产业结构升级对能源消耗的作用方向，笔者对这两个变量进行了线性拟合，并将其反映在图 4.10 中。由该图可知，随着产业结构升级指数的提高，其对能耗强度的约束越强，二者明显表现出负相关性，这也初步支持了前文提出的 H4－1。但仅基于线性拟合图不能对二者的关系得出准确的结论，因此后文基于多元线性回归模型进行进一步检验。

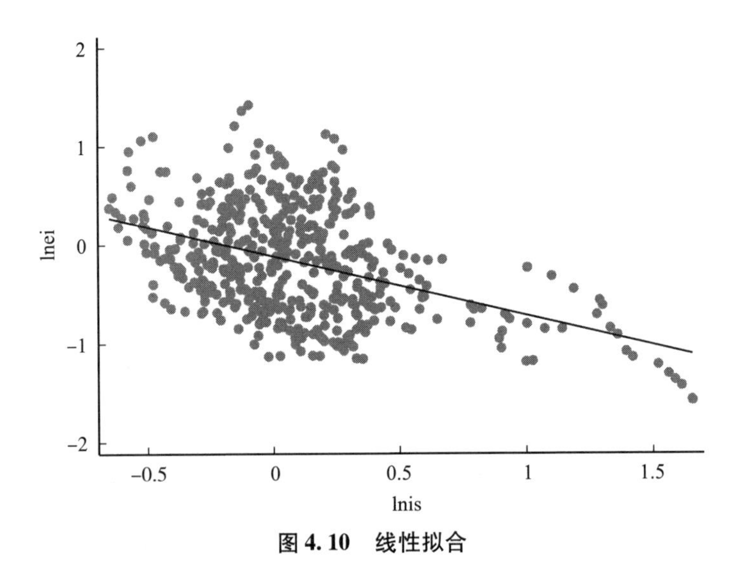

图 4.10　线性拟合

（二）基准回归分析

首先，为确保变量之间的相关性，本书先进行相关性分析，表 4.6 报告了各变量间的相关系数。其中，被解释变量能源消耗与核心解释变量产业结构升级以及其他控制变量的相关系数在 1% 的水平下显著，且均呈现负相关关系，因此本书设定的多元线性回归模型具有实际意义。

表 4.6　　　　相关性分析

变量	lnei	lnis	lnurb	lnfdi	lninfra	lnfinance
lnei	1					
lnis	-0.424***	1				
lnurb	-0.609***	0.499***	1			
lnfdi	-0.373***	-0.033	0.371***	1		
lninfra	-0.669***	0.116**	0.411***	0.510***	1	
lnfinance	-0.263***	0.598***	0.441***	0.124***	0.167***	1

注：***、** 分别表示 1%、5% 的显著性水平。

其次，为避免多元线性回归模型中的变量存在多重共线性问题，进而造成估计结果不准确，本书运用方差膨胀因子（VIF）对 lnis、lnurb、lnfdi、lninfra、lnfinance 进行多重共线性检验，如表 4.7 所示。需要说明的是，不存在多重共线性的前提是各变量的 VIF 值均小于 10。由表 4.7 可知，lnis、lnurb、lnfdi、lninfra、lnfinance 的 VIF 值取值范围为 1 ~ 2，因此变量间不存在多重共线性问题。

表 4.7　　　　解释变量和控制变量的方差膨胀因子 VIF

变量	lnis	lnurb	lnfdi	lninfra	lnfinance	均值
VIF	1.89	1.79	1.52	1.46	1.64	1.66
1/VIF	0.528	0.557	0.660	0.683	0.609	0.607

最后，基于式（4－2）检验产业结构升级对能源消耗的直接作用效果。为便于对比分析以及确保研究结论的稳健性，表4.8列示了3种模型的回归结果。由表4.8可知，无论采用哪种回归方式，lnis的系数均在1%的显著性水平下为负，说明产业结构升级具有很好的节能效果，这表明产业结构高级化本身具备的要素配置能力能够带来“环境红利”。为了选择出哪种估计模型更适合对式（4－2）进行回归，首先比较混合OLS模型与固定效应模型。其中，最小二乘虚拟变量法（LSDV法）是对比两种模型的重要手段，其结果显示大部分虚拟变量均是显著的，所以有理由认为式（4－2）存在固定效应，而混合OLS模型不适合对式（4－2）进行回归（陈强，2010）。其次比较固定效应模型与随机效应模型，由于Hausman检验的结果显示，式（4－2）的P值为0.007，远小于0.05，因此构建固定效应模型最为合适。

表4.8　　式（4－2）回归结果

变量	混合OLS模型	固定效应模型	随机效应模型
lnis	−0.418*** (−7.71)	−0.272*** (−6.31)	−0.286*** (−6.67)
lnurb	−0.650*** (−7.94)	−1.589*** (−16.32)	−1.489*** (−16.33)
lnfdi	−0.011 (−0.66)	−0.013 (−0.91)	−0.004 (−0.27)
lninfra	−0.358*** (−15.46)	−0.305*** (−6.62)	−0.323*** (−8.11)
lnfinance	0.078*** (3.78)	0.044*** (3.21)	0.047*** (3.44)
截距项	2.349*** (6.59)	6.048*** (15.39)	5.687*** (15.36)
		chi2＝15.94，P＝0.007	

注：***表示1%的显著性水平。

由于固定效应模型更加适合对式（4－2）进行回归，下文对其回归结果进行分析。具体来看，产业结构升级指数每提升1个单位，能源消耗强度就会相应地减少0.272个单位。控制变量中，lnurb的系数在1%的显著性水平下为负，这意味着城镇化水平的提高显著降低了能源消耗强度，表明随着城市人口规模的不断扩大，紧凑型城市理论被付诸实施，相互叠加的城市功能与较高的城市连通性能够提升能效水平，减少能源消耗并实现可持续发展。lninfra的系数在1%的显著性水平下为负，这说明便利的交通基础设施能够提高区域间的互联互通，促进生产规模的再扩大，使生产活动实现一定的规模效应，提高能源利用效率，进而节约能源。lnfinance的系数在1%的显著性水平下为正，意味着能耗强度会随着金融市场的发展而显著提升，导致环境污染加剧。这主要是由于金融市场发展越完善，对经济发展的正向驱动作用越强，人们的收入水平也随之提高，进而引起居民消费效应，从而导致能源消耗强度上升。lnfdi对能源消耗强度的影响为负，但其负向作用并不显著。

（三）稳健性检验与内生性检验

为保证多元线性回归结果的科学性，本书进一步进行了稳健性检验与内生性检验。

1. 稳健性检验

（1）改变样本研究区间。

由于本书选择的样本期跨度较大，为避免样本时间选择对模型估计结果造成偏误，本书在对研究时间进行掐头去尾后，将时间区间变换为2006～2019年，并基于此重新进行固定效应回归，回归结果如表4.9的列（1）所示。由列（1）可知，lnis的回归系数仍在1%的显著性水平下为负数，说明回归结果不受样本期跨度的影响，确保了原有结论的稳健性。

（2）剔除样本异常值。

为避免样本异常值对模型的准确性造成影响，研究中常运用Winsorize缩尾法对此类数据进行剔除。本书运用该方法对式（4－2）中的变量进行1%分位上的双边缩尾后进行回归，其结果列示在表4.9的列（2）中。由列（2）可知，lnis 仍与 lnei 呈显著负相关关系，说明原有回归结果未受到异常值的影响，确保了原有结论的稳健性。

（3）改变产业结构升级的测量方式。

对于产业结构升级，不同学者基于不同角度提出了不同的测量方式。劳动力就业结构的变化也可以反映出产业结构升级的实际情况，故本书借鉴杨伟国等（2022）的研究，采用第三产业就业人数与第二产业就业人数之比对产业结构升级进行衡量，其回归结果见表 4.9 中的列（3）。由列（3）可知，lnis 的回归系数为 -0.197 且在 1% 的显著性水平下显著，因此证明了原有回归结果十分稳健。

表 4.9　　稳健性检验

变量	(1)	(2)	(3)
lnis	-0.238*** (-5.15)	-0.256*** (-5.94)	-0.197*** (-4.94)
lnurb	-1.459*** (-11.42)	-1.597*** (-16.55)	-1.773*** (-19.78)
lnfdi	-0.027* (-1.8)	-0.011 (-0.80)	-0.008 (-0.57)
lninfra	-0.614*** (-5.41)	-0.302*** (-6.59)	-0.298*** (-6.38)
lnfinance	0.049*** (3.12)	0.029** (2.05)	0.040*** (2.86)
截距项	5.361*** (9.85)	6.072*** (15.63)	6.867*** (19.17)
观测量	420	480	480
R^2	0.804	0.814	0.806

注：*、**、*** 分别表示回归系数达到了 10%、5%、1% 的显著性水平。

2. 内生性检验

本节旨在分析产业结构升级对能源消耗的影响，但是基于理论与现实判断，二者可能存在内生性问题。一方面，产业结构升级可能与能源消耗之间存在反向因果关系：在产业结构升级影响能源消耗的同时，能耗强度的降低也可能促进产业结构优化升级；另一方面，可能忽略了影响能源消耗的重要因素，造成模型设定存在偏误。因此，为了解决以上内生性问题导致的偏误，本书进一步采用工具变量法（2SLS）识别二者的因果关系。借鉴冯珍等（2021）的做法，选用滞后一阶的产业结构升级指数（L. lnis）作为工具变量。表 4. 10 中的列（1）、列（2）分别报告了工具变量法第一阶段、第二阶段的估计结果。由该表的列（1）可知，滞后一阶的产业结构升级与产业结构升级在 1% 的显著性水平上呈正相关，且其余控制变量均显著，表明本书选择的工具变量能够较好地解释内生变量。此外，需要重点关注第一阶段中的 F 统计量，当其小于 10 时，意味着所选的工具变量不具备有效性，为弱工具变量。由列（1）可知第一阶段的 F 值为 658. 85，故而不用担心弱工具变量问题。第二阶段的估计结果显示，在控制内生性问题后产业结构升级对能源消耗强度的影响系数为 -0. 227 且通过了 1% 的显著性水平检验，即产业结构升级仍对能源消耗具有显著的负向影响，所以工具变量法得出的结论与多元线性回归模型结论一致。故而，产业结构升级与能源消耗间不存在内生性问题。综上，H4 -1 成立。

表 4. 10　　内生性检验

变量	（1）	（2）
	lnis	lnei
L. lnis	0. 918 *** （54. 25）	—
lnis	—	-0. 227 *** （-4. 78）
lnurb	0. 167 *** （3. 60）	-1. 514 *** （-12. 40）
lnfdi	0. 013 ** （2. 44）	-0. 029 ** （-2. 04）

续表

变量	(1)	(2)
	lnis	lnei
lninfra	0.086** (2.11)	-0.512*** (-4.85)
lnfinance	0.013** (2.06)	0.052*** (3.28)
截距项	-0.661*** (-3.57)	6.485*** (13.32)
观测量	450	450
F 值	658.85	—
R^2	0.982	0.931

注：列（1）统计量 F 的值为工具变量法第一阶段的值，列（2）括号内的为 z 值而非 t 值。**、*** 分别表示回归系数达到了 5%、1% 的显著性水平。

（四）异质性分析

1. 分布异质性

前文采用多元线性回归模型得出的结果为产业结构升级对能源消耗强度的平均处理效应，但此结果无法估计参数随能源消耗强度不同分位点的变化，难以对产业结构升级的节能效应做到全面、细致的解读，而科恩克尔等（Koenker et al.，1978）提出的分位数回归模型恰好解决了这一问题，并且降低了对误差项分布的要求。因此，为验证 H4-1a，同时深化产业结构升级对能源消耗的影响研究，本书使用面板分位数模型探究产业结构升级对不同分位点上能源消耗强度的影响效果，具体模型设定为：

$$lnei_{it} = \alpha_{\tau 0} + \alpha_{\tau 1} lnis_{it} + \alpha_{\tau 2} lnX_{it} + \varepsilon_{it} \quad (4-7)$$

其中，τ 代表选取的分位点，$\alpha_{\tau 1}$ 为产业结构升级对不同分位点上能源消耗强度的作用程度，其余变量所表示的含义均与式（4-2）相同。

表 4.11 列示了分位数模型回归的结果。其中，q10%、q25%、q50%、q75%、q90% 分别表示 0.1、0.25、0.5、0.75 和 0.9 分位点。此外，为直

观反映不同分位点上，各影响因素对能源消耗的作用方向与作用强度，本书绘制图 4. 11 说明各变量对能源消耗强度影响的分位数回归趋势，以更直观地反映各变量对能源消耗强度的异质性影响。其中，不同分位数水平下，lnis、lnurb、lnfdi、lninfra、lnfinance 的系数变化用实折线标示，而其 95% 置信区间采用灰色阴影标示。值得注意的是，当分位点发生改变的时候，各变量的 95% 置信区间也会呈现差异，由于其宽度象征着回归值的标准差，因此当置信区间较窄时，则说明回归值较为稳定，标准差较小。此外，图 4. 11 中的中间水平粗虚线为运用 OLS 模型得到的回归系数，其对应的 95% 置信区间位于附近的两条水平实线之内。

表 4. 11　　分布异质性回归结果

变量	q10%	q25%	q50%	q75%	q90%
lnis	-0. 190 *** (-3. 61)	-0. 285 *** (-6. 22)	-0. 406 *** (-6. 58)	-0. 657 *** (-5. 76)	-0. 703 *** (-8. 43)
lnurb	-1. 020 *** (-7. 83)	-0. 933 *** (-10. 07)	-0. 618 *** (-6. 62)	-0. 439 *** (-3. 14)	-0. 350 *** (-3. 44)
lnfdi	0. 048 * (1. 77)	0. 018 (0. 83)	-0. 010 (-0. 79)	-0. 027 (-0. 76)	-0. 111 *** (-3. 65)
lninfra	-0. 405 *** (-11. 35)	-0. 411 *** (-16. 45)	-0. 362 *** (-16. 41)	-0. 310 *** (-8. 39)	-0. 366 *** (-8. 16)
lnfinance	0. 069 ** (2. 05)	0. 070 ** (2. 12)	0. 078 *** (2. 46)	0. 122 *** (3. 25)	0. 123 *** (4. 48)
截距项	3. 633 *** (7. 05)	3. 303 *** (8. 53)	2. 193 *** (5. 81)	1. 753 *** (2. 70)	1. 286 ** (2. 56)

注：*、**、*** 分别表示回归系数达到了 10%、5%、1% 的显著性水平。

由表 4. 11 可知，各分位点上 lnis 的估计系数均为负数且通过 1% 的显著性检验，这说明产业结构升级具有良好的节能效果，与多元线性回归模型得到的研究结论相一致。但从系数大小来看，产业结构升级对不同分位点上能源消耗强度的影响存在较大差异，即产业结构升级对高分位点上能源消耗强度抑制作用较之低分位点更大，这说明产业结构调整对能耗较大地区的能源强度抑制作用更大，H4－1a 成立。

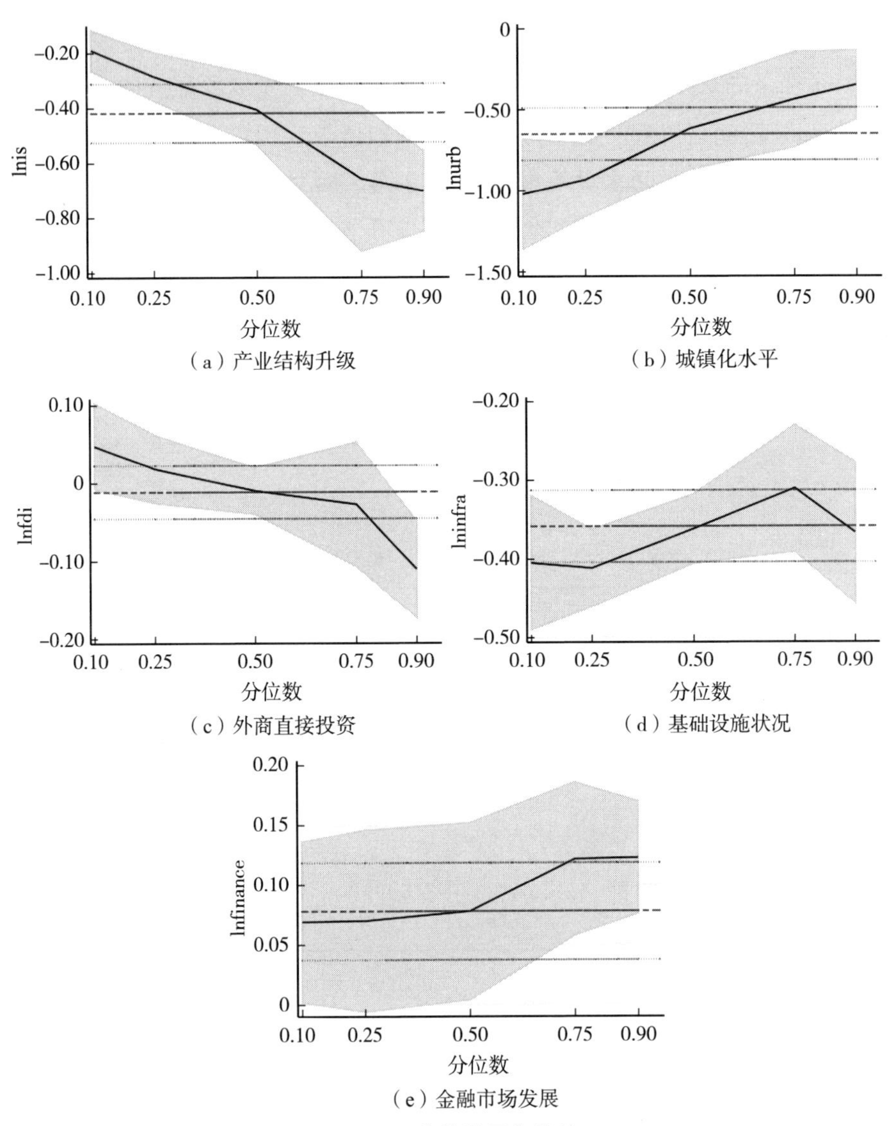

（a）产业结构升级

（b）城镇化水平

（c）外商直接投资

（d）基础设施状况

（e）金融市场发展

图 4.11　分位数回归趋势

结合图 4.11（a）可以观察到，lnis 的置信区间随分位数的提高逐渐由宽变窄，这表明对于低分点来讲，lnis 的估计系数存在标准差较大的现象。此外，lnis 的估计系数呈现单调下降的趋势，这说明产业结构对能源消耗强度的边际贡献是不同的。对于城镇化水平，各分位点上 lnurb 的估计系数均为负数且通过 1% 的显著性检验，这意味着：一方面，城镇化对地区能源消耗强度产生负向影响；另一方面，随着地区能源消耗强度的增长，城镇化对能源消耗强度的抑制作用逐渐减小。这可能是由于当地区本身能耗强度较大时，实施紧凑型城市理论虽然能够节约能源，但由于城市规模效应与居民消费效应的存在，将会在一定程度上抵消部分抑制效果。结合图 4.11（b）可以观察到，城镇化对应的 95% 置信区间变化幅度较小，因此 lnurb 估计系数的标准差稳定地位于一个水平区间内。此外，lnurb 的估计系数也表现出单调性，不存在“分位数交叉”问题。

对于外商直接投资，整体上其对能耗强度的影响呈现先促进后抑制的特征。具体来看，0.5 分位点是二者关系由促进作用转变为抑制作用的分水岭；在 0.1 分位点处，外商直接投资的边际效应显著为正，此时“污染天堂”假说成立；在 0.9 分位点处，外商直接投资的边际效应显著为负，此时才表现出明显的节能效果。结合图 4.11（c）可以发现，在高分位点时，lnfdi 的置信区间较宽，此时 lnfdi 的估计系数标准差较大。此外，lnfdi 的估计系数也呈现出单调性，意味着在不同分位点上，外商直接投资的边际贡献存在差异。

对于基础设施建设，各分位点上 lninfra 的估计系数均为负数且通过 1% 的显著性检验，这说明加强基础设施建设是节约能源消耗的有效路径。结合图 4.11（d）可以观察到，基础设施状况对应的 95% 置信区间的宽度几乎不随分位点变动，意味着该回归系数的标准差几乎无差异；但 lninfra 的估计系数不具有单调性，存在“分位数交叉”问题，表明对于不同分位点水平的能源消耗强度，基础设施建设可能呈现相似的作用效果；此外，lninfra 的估计系数与均值回归置信区间存在较大交集，说明对于不同分位点，基础设施建设的节能效应并未表现出较大差异，而是围绕均值回归系数上下波动。

对于金融市场发展，各分位点上 lnfinance 的估计系数均为正数且通过显著性检验，这意味着对于任何分位点来讲，金融市场发展均不利于当地节能目标的实现，会对资源、环境带来不利影响。结合图 4.11（e）可以发现，lnfinance 的估计系数对应的置信区间变化幅度也较小；此外，lnfinance 的估计系数的变化也呈现出单调性，随着分位点的提高，金融市场的发展对能源消耗强度的边际促进作用越强，越不利于当地绿色发展。

2. 区位异质性

考虑到不同区域资源禀赋、地理位置存在差异，产业结构升级对能源消耗强度的作用效果可能存在异质性，且基于传统三大区域划分视角得到的研究结论较为笼统，无法准确反映中国各区域中不同影响因素对能源消耗强度的影响，因此本书依照八大综合经济区的划分标准从更加详细的视角探讨产业结构升级的节能效果。表 4.12 和表 4.13 报告了八大综合经济区位异质性回归结果。

由表 4.12 和表 4.13 可知，从整体上看，沿海经济区产业结构升级的节能作用要优于内陆经济区，各地区产业结构升级的节能效果表现出较大差异，H4 - 1b 成立。在北部沿海、东部沿海与南部沿海这三大综合经济区中，变量 lnis 在 1% 的显著性水平下为负数，表明在这些经济区内产业结构升级的节能效果显著。这主要是由于这三大经济区邻近海域，进出口贸易发达，是商贸流通发展的领航地，资金丰富，产业发展水平较高，能够有效制约能源消耗强度上升。其中，东部沿海综合经济区产业结构升级的节能效果最强，这主要是由于该经济区是中国最先融入世界经济的区域，也是社会经济资源最密集的地区，商品经济高度发达，对外开放程度高，具有独特的经济发展优势，因此产业结构较为完善与成熟，能够有效降低能耗。在东北、黄河中游、大西北这三大综合经济区中，变量 lnis 为正数且通过了显著性检验，表明在这些区域内产业结构升级反而提升了能源消耗强度。对于东北综合经济区来讲，由于该经济区是中国的老工业基地，经济结构转变不彻底且起步较晚，工业体系较为陈旧，产品附加值低等，因此难以为经济低能耗发展赋能。对于黄河中游与大西北综合经济区来讲，这两个区域位居内陆，是商贸流通、经济发展的薄弱地区，对生产要素的吸引力不强，产业结构缺乏完整性，具有较大提升空间，因此导致产业结构升级未能降低能源消耗。而在长江中游、大西南这两大综合经济区中，变量 lnis 的系数未通过显著性检验，因此在该区域内产业结构升级的节能效果不显著。

表 4.12　　　　区位异质性回归结果（一）

变量	东北综合经济区	北部沿海综合经济区	东部沿海综合经济区	南部沿海综合经济区
lnis	0.221 * (1.89)	-0.828 *** (-5.01)	-0.928 *** (-19.16)	-0.508 *** (-4.86)
lnurb	-4.366 *** (-6.61)	-0.444 (-1.05)	-0.618 *** (-2.84)	-1.724 *** (-4.48)
lnfdi	-0.097 ** (-2.52)	-0.054 (-0.75)	0.158 ** (2.66)	0.154 *** (3.04)
lninfra	-0.366 ** (-2.31)	-0.410 *** (-3.07)	-0.184 *** (-2.92)	0.140 (1.06)
lnfinance	0.068 (1.13)	0.166 *** (4.53)	0.045 ** (2.15)	0.019 (0.79)
截距项	17.221 *** (6.33)	1.738 (0.94)	2.732 *** (3.49)	7.097 *** (4.91)
观测量	48	64	48	48
F 值	32.91	56.22	412.0	132.1
R^2	0.804	0.836	0.981	0.943

注：*、**、*** 分别表示回归系数达到了 10%、5%、1% 的显著性水平。

从控制变量来看：对于城镇化水平，除北部沿海综合经济区的 lnurb 回归系数不显著外，其余经济区的 lnurb 回归系数均在 1% 的显著性水平下为负数。这是由于北部沿海经济区包含京津冀地区以及人口大省山东，截至 2020 年底，京津冀城镇化率达到 68.6%①，山东省城

① 资料来源：国家统计局。

镇化率也高达63%[①]，高城镇化水平带来交通拥挤、住房紧张、生态环境失调等一系列问题，因此不能促进能源节约。

对于外商直接投资，东北、黄河中游两大综合经济区内的 lnfdi 回归系数在5%的显著性水平下为负数，而在东部、南部以及长江中游这三大综合经济区内的 lnfdi 回归系数为正数且通过了显著性检验。这主要是由于东北综合经济区包含黑龙江、吉林、辽宁三大工业大省，黄河中游综合经济区包含山西、内蒙古等能源消耗大省，且由前文分位数回归结果可知，外商直接投资只对高分位点的能源消耗强度表现出边际抑制性，因此在这两大经济区内，跨国公司、外企的入驻能够促进传统能源节约。然而对于东部、南部以及长江中游这三大综合经济区来讲，其经济发展以高附加值的服务业为支撑，对传统能源的依赖性较低，因此处于能源消耗强度的低分位点处，从而产生“污染天堂”效应。

对于基础设施建设，除南部沿海、黄河中游、长江中游这三大综合经济区内 lninfra 的回归系数未通过显著性检验外，其余经济区内 lninfra 的回归系数均为负数且均显著。这主要是由于本书是从交通基础设施建设的视角对基础设施状况进行衡量，而完善的交通基础设施，一方面，可以在能源的运输、流通过程中减少不必要的成本；另一方面，也能为加快区域一体化进程作出重要贡献，因此能够形成规模效应，进而降低能源消耗强度。鉴于交通基础设施的节能特征，应在南部沿海、黄河中游、长江中游综合经济区内进一步提高交通基础设施建设水平。

表 4.13　　区位异质性回归结果（二）

变量	黄河中游综合经济区	长江中游综合经济区	大西南综合经济区	大西北综合经济区
lnis	0.182* (1.70)	0.107 (1.20)	-0.069 (-0.57)	0.320** (2.41)

① 山东省住房和城乡建设厅召开山东省住房和城乡建设事业发展“十四五”规划新闻通气会[EB/OL]. 人民资讯，2021-06-18.

续表

变量	黄河中游综合经济区	长江中游综合经济区	大西南综合经济区	大西北综合经济区
lnurb	-2.279*** (-10.53)	-2.841*** (-15.48)	-2.125*** (-15.46)	-1.284*** (-4.31)
lnfdi	-0.072* (-1.74)	0.190*** (2.96)	-0.001 (-0.06)	0.016 (0.81)
lninfra	0.006 (0.06)	0.015 (0.17)	-0.120* (-1.92)	-0.243** (-2.20)
lnfinance	0.047 (1.41)	-0.056 (-2.54)	0.020 (0.90)	-0.018 (-0.56)
截距项	8.800*** (9.54)	11.249*** (14.05)	7.879*** (14.78)	5.100*** (4.17)
观测量	64	64	80	64
F 值	101.6	218.3	350.5	63.42
R^2	0.902	0.952	0.962	0.852

注：*、**、*** 分别表示回归系数达到了 10%、5%、1% 的显著性水平。

对于金融市场发展，北部沿海与东部沿海综合经济区 lnfinance 的回归系数均表现为正数且分别通过了 1% 和 5% 的显著性检验，其余经济区内 lnfinance 的回归系数均未通过显著性检验。这是由于北部沿海、东部沿海综合经济区包含我国的金融增长极——北京与上海，因此该经济区内金融发展引致的财富效应与规模效应表现得更为明显，进而促使居民消费增加、企业生产规模扩大，导致能源需求扩大、消耗增加。

五、产业结构升级、绿色技术创新对能源消耗的中介效应分析

在机制研究部分，本书已经从理论层面阐明了产业结构升级如何促进

绿色技术创新进而对能源消耗产生影响。为检验这一理论假设是否成立，本书基于中介效应模型对此传导机制进行进一步考察。考察中介效应常用的方法为逐步回归法、Sobel 检验法以及 Bootstrap 检验法。虽然逐步回归法分析逻辑最为直观，但其检验效力较低，对于中介效应存在性的判定存在缺陷。而 Sobel 检验法的检验效力高于逐步回归法，从而避免了逐步回归法对中介效应的遗漏。但 Sobel 检验法假设系数 a 与系数 b 估计值的乘积符合正态分布，事实上，即使系数 a 与系数 b 的估计值均符合正态分布，其乘积也未必符合。而 Bootstrap 方法越过了这一假设，检验的精确度更高。因此，本书首先运用逐步回归法判断回归系数是否显著，并配合使用 Sobel 检验法以及 Bootstrap 检验法验证中介效应的存在性，力求达到最优的检验效果。

（一）逐步回归法的估计结果与分析

表 4.14 为运用逐步回归法得到的中介效应回归结果。其中，列（1）为产业结构升级对能源消耗强度影响的总效应，列（2）为产业结构升级对中介变量绿色技术创新影响的回归结果，列（3）为产业结构升级和中介变量绿色技术创新对能源消耗强度的共同影响。总效应回归结果显示，产业结构升级对能源消耗强度的影响系数为 -0.272，且在 1% 的水平下显著，表明产业结构形态的高级化对能源消耗强度产生了显著的负向影响。由列（2）可以发现，产业结构升级对绿色技术创新的回归系数为 0.983 且在 1% 的水平下显著，表明产业结构升级能够产生明显的绿色创新效应，具体地，产业结构升级指数每上升 1 个百分点，绿色技术创新效率则提高 0.983 个百分点。在列（3）中，从中介变量绿色技术创新的影响系数来看，绿色技术创新对能源消耗强度的影响系数为 -0.079，且在 1% 的水平下显著，表明绿色技术创新能够通过对传统生产工艺、流程进行绿色化改造，以及开发利用新型清洁能源等途径有效降低能源消耗。

表 4.14　　　　基于逐步回归法的中介效应回归结果

变量	(1)	(2)	(3)
	lnei	lngreen	lnei
lngreen			-0.079*** (-4.13)
lnis	-0.272*** (-6.31)	0.983*** (9.33)	-0.195*** (-4.20)
lnurb	-1.589*** (-16.32)	3.016*** (12.68)	-1.351*** (-12.11)
lnfdi	-0.013 (-0.91)	-0.117*** (-3.49)	-0.022 (-1.59)
lninfra	-0.305*** (-6.62)	0.215* (1.91)	-0.288*** (-6.34)
lnfinance	0.044*** (3.21)	-0.015 (-0.46)	0.042*** (3.17)
截距项	6.048*** (15.39)	-14.074*** (-14.66)	4.941*** (10.51)
观测量	480	480	480
R^2	0.812	0.758	0.819

注：*、*** 分别表示回归系数达到了10%、1%的显著性水平。

从产业结构升级的影响系数来看，在加入中介变量后产业结构升级对能源消耗强度的影响系数变为-0.195，依然在1%的水平下显著，但其影响的程度较总效应明显降低。因此，绿色技术创新在产业结构升级影响能源消耗的过程中承担部分中介效应。在验证了中介效应存在性后，进一步根据温忠麟等（2014）的做法，我们可以计算出产业结构升级通过绿色技术创新影响能源消耗强度的中介效应比例。计算结果表明，绿色技术创新的中介效应占总效应的份额为28.55%，故 H4 -3 初步成立。

（二）Sobel 法、Bootstrap 法的检验结果与分析

逐步回归法估计结果表明产业结构升级是通过绿色技术创新这一传导路径降低能源消耗强度的，为进一步验证逐步回归法的正确性，本书在 Stata 16.0 软件中下载 sgmediation 程序包运用 Sobel 法进行进一步检验。由于基准回归中 Hausman 检验显示个体固定效应更适用于本书设定的模型，而 sgmediation 程序无法直接控制地区固定效应，因此笔者先生成地区虚拟变量，而后将其作为控制变量加入 sgmediation 程序中，以此达到控制各省份不随时间变化的目的。

表 4.15 为 Sobel 检验回归结果。通过与表 4.14 逐步回归结果进行对比可以发现，除截距项的回归系数与 t 值存在差异外，两表中各解释变量对应的回归系数与 t 值均相同。此外，Sobel 检验、Goodman 检验 1 与 Goodman 检验 2 均通过了 1% 的显著性检验，印证了绿色技术创新在产业结构升级与能源消耗的关系中存在中介效应。并明确显示了中介效应的系数为 -0.077，直接效应的系数为 -0.195，总效应的系数为 -0.272，均通过了 1% 的显著性检验。另外 Sobel 检验的结果还显示，中介效应在总效应的比重为 28.4%，与逐步回归法得到的中介效应比例基本一致。

表 4.15　Sobel 检验结果

变量	(1)	(2)	(3)
	lnei	lngreen	lnei
lngreen			-0.079*** (-4.13)
lnis	-0.272*** (-6.31)	0.983*** (9.33)	-0.195*** (-4.20)
lnurb	-1.589*** (-16.32)	3.016*** (12.68)	-1.351*** (-12.11)

续表

变量	(1)	(2)	(3)
	lnei	lngreen	lnei
lnfdi	-0.013 (-0.91)	-0.117*** (-3.49)	-0.022 (-1.59)
lninfra	-0.305*** (-6.62)	0.215* (1.91)	-0.288*** (-6.34)
lnfinance	0.044*** (3.21)	-0.015 (-0.46)	0.042*** (3.17)
截距项	5.945*** (16.87)	-13.125*** (-15.24)	5.148*** (10.30)
Sobel 检验		-0.077*** (-3.775)	
Goodman 检验 1		-0.077*** (-3.757)	
Goodman 检验 2		-0.077*** (-3.793)	
中介效应系数		-0.077*** (-3.775)	
直接效应系数		-0.195*** (-4.201)	
总效应系数		-0.272*** (-6.306)	
中介效应比例		0.284	

注：*、*** 分别表示回归系数达到了10%、1%的显著性水平。

Sobel 检验验证了产业结构升级与能源消耗之间中介效应的存在性，进一步地，本书运用 Bootstrap 方法对该结论进行检验。值得注意的是，运用

Bootstrap 方法检验中介效应，需观测置信区间是否包含 0，不包含 0 意味着中介效应显著，反之则不显著。笔者先设定随机抽样种子数，并将置信水平设定为 95%，再进行 500 次抽样。回归结果显示，绿色技术创新中介效应的 95% 置信区间为［-0.156，-0.030］，明显不包含 0，因此 Bootstrap 方法验证了绿色技术创新中介效应的有效性，结果是十分稳健的。综上，H4-3 成立。

六、产业结构升级、绿色技术创新对能源消耗的门槛效应分析

为检验产业结构升级与能源消耗之间是否具有产业结构升级与绿色技术创新的门槛效应，本节基于式（4-5）对其进行门槛效应检验。门槛效应分析具体可分为以下步骤：首先检验模型的门槛效应是否存在，若存在，是单门槛、双门槛还是三门槛效应？其次计算出各门槛值并进行门槛效应系数回归。

（一）门槛效应检验

为确定门槛个数，本书首先基于三重门槛值的假设条件，基于式（4-5），根据 Bootstrap 抽样法进行 1000 次计算，表 4.16 分别列示了产业结构升级（lnis）、绿色技术创新（lngreen）作为门槛变量时，3 种门槛个数下的 F 值、P 值以及 10%、5%、1% 的临界值水平。由表 4.15 可知，在单一门槛模型中，二者 F 统计量的 P 值均小于 0.1，即通过了 10% 的显著检验。但在二门槛、三门槛模型中，二者 F 统计量的 P 值均大于 0.1，即未通过 10% 的显著性检验。因此，无论以 lnis 作为门槛变量还是以 lngreen 作为门槛变量，门槛模型中都仅有一个门槛值。然后运用单门槛模型进行回归可得，以 lnis 作为门槛变量时，门槛值为 0.393，置信区间为（0.385，0.400）；以 lngreen 作为门槛变量时，门槛值为 -1.403，置信区间为（-1.473，-1.397）。

表 4.16 门槛效应检验结果

门槛变量	门槛个数	F 值	P 值	10%临界值水平	5%临界值水平	1%临界值水平	门槛值	95%的置信区间
lnis	一门槛	75.17	0.017	43.854	54.270	79.996	0.393	(0.385, 0.400)
	二门槛	24.37	0.188	42.186	91.383	171.557	—	—
	三门槛	3.91	0.905	32.722	71.158	148.355	—	—
lngreen	一门槛	52.63	0.023	33.290	42.005	72.026	-1.403	(-1.473, -1.397)
	二门槛	18.80	0.176	22.524	27.445	36.283	—	—
	三门槛	11.89	0.472	24.059	28.618	38.401	—	—

为此笔者将 lnis、lngreen 各自的单门槛似然比函数图绘制在图 4.12 中。其中，竖轴用来表示 LR 统计量的值。值得注意的是，要想证明门槛值的有效性，门槛值的 LR 统计量的值必须小于 7.35。还需说明的是，lnis、lngreen 各自的门槛值均位于曲线最低点的位置，而水平虚线则意味着 LR 统计量等于 7.35。由图 4.12 可知曲线的最低点明显低于 7.35 的水平线，因此证明了上文得到的门槛值是有意义的。

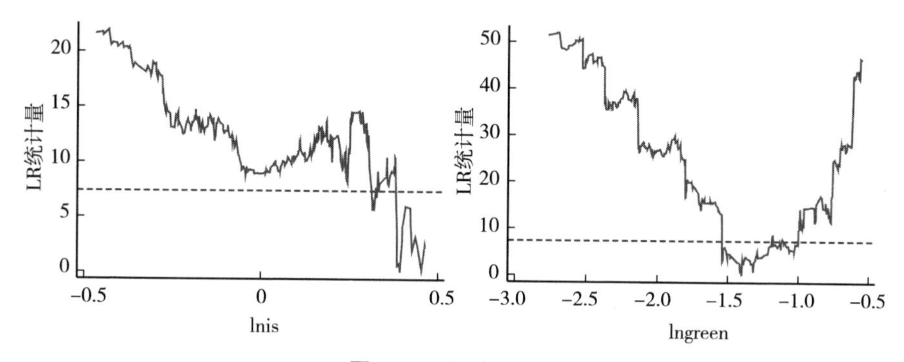

图 4.12 似然比函数

（二）门槛估计结果及分析

表4.17显示了式（4－5）面板门槛的估计结果。其中左半部分为产业结构升级对能源消耗强度的非线性影响，右半部分为绿色技术创新约束下产业结构升级对能源消耗的非线性影响。观察表4.16左半部分可知，产业结构升级指数位于不同区间时，产业结构升级对能源消耗强度的影响存在较大差异，即二者的关系呈现出先弱抑制后强抑制的单门槛特征。此实证结果一方面验证了之前学者提出的"产业结构升级与能源消耗间存在非线性影响"这一研究结论的正确性，另一方面却又提出了较为不同的见解——即产业结构升级指数无论位于哪个区间内，只要产业结构由第二产业向第三产业转移，就能够制约能耗强度的上升，只是作用强弱存在不同。具体地，当产业结构升级指数位于低强度区间时（即产业结构升级指数小于等于$e^{0.393}$），lnis的系数为－0.142且在1%的水平上显著，即产业结构升级指数上升1个单位，能源消费强度只能下降0.142个单位，表明此时产业结构升级虽然能够降低能源消耗强度，但这种抑制作用还较弱。此时，产业结构升级之所以表现出节约能源的作用是因为"退二进三"的产业结构调整政策提升了第三产业在国民经济中的占比，而第三产业主要以服务业以及低能耗高附加值的行业为主，挤压了部分高污染高能耗工业行业的生存空间，削减了传统能源消耗在能源消费体系中的占比，进而降低了能源消耗强度。另外，产业结构升级之所以表现出弱节能特征是由于，一方面，产业结构虽然有所调整，但调整力度依然不够，产业结构依然偏重，导致能源消费结构偏煤，因此能源消耗强度下降幅度不大，仍然存在较大的节能空间。另一方面，此时产业结构处于由第一、第二产业为支柱产业向第三产业为支柱产业变动的初期，地方政府为快速促进产业结构转型、提高第三产业产值占比，可能采取直接指导、财政补贴等方式敦促企业转变发展模式，过度支持第三产业企业的发展，进而导致第三产业企业在生产过程中盲目扩张，过度浪费资源，从而在一定程度上抵消了产业结构升级对能源消耗强度的抑制作用。

随着产业结构不断调整升级，到达高强度区间时（即产业结构升级指数大于 $e^{0.393}$），lnis 的系数为 -0.435 且在 1% 的水平上显著，即产业结构升级指数上升 1 个单位，能源消费强度能够下降 0.435 个单位，此时与低强度区间相比，产业结构升级对能源消耗强度表现出强抑制特征。这主要是由于一方面，随着产业结构不断调整，国民经济中第三产业占据主导地位，不再依赖以工业为主的第二产业，导致落后产能的高污染企业面临淘汰，因此经济发展对传统化石能源的依赖减弱，能耗结构逐渐向低碳化、清洁化方向发展。另一方面，产业结构的升级还体现在生产链升级以及产品升级上，随着产业链附加值的提升，其生产的产品也将具备较高的附加值，实现生产质量方面的提升。另外，生产最终产品逐渐取代生产初级或者中间产品，实现生产层次的跨越，这不仅能够达到节能降耗的目的，对能源的需求也转变为以消费更清洁的电力为主。

综上，H4-2 成立。

观察表 4.17 右半部分可知，绿色技术创新能力位于不同区间时，产业结构升级对能源消耗强度的影响存在较大差异，即二者的关系呈现先弱抑制（不显著）后强抑制的单门槛特征。具体地，当绿色技术创新能力位于低强度区间时（即绿色技术创新效率小于等于 $e^{-1.403}$），lnis 的系数为 -0.061 但并不显著，表明此时产业结构升级对能源消耗强度的抑制作用十分微弱。一方面，这可能是由于此时地区技术创新能力欠缺，企业生产工艺和流程的优化只能依赖简单模仿，但生搬硬套的简单模仿不仅会损害绿色创新企业创新的积极性，还会使“搭便车”企业不思进取，以此造成恶性循环，难以推动产业结构向更高形态演变，并难以摆脱对能源的依赖；另一方面，由于此时创新能力有待增强，所以此期间几乎不会出现突破性的绿色创新技术，无法形成知识、技术的累积效应与规模效应，也难以形成产业发展的凝聚力，不能为整个产业链的绿色革新赋能，产业结构依然以重工业为主，能源消耗依然以煤炭、石油为支柱，导致能源消耗强度仍然处于较高水平。

表 4.17　　面板门槛模型回归结果

lnis		门槛变量：lngreen	
变量	回归系数	变量	回归系数
lnurb	-1.717*** (17.36)	lnurb	-1.672*** (-17.96)
lnfdi	-0.024* (-1.73)	lnfdi	-0.026** (-1.97)
lninfra	-0.277*** (-6.10)	lninfra	-0.273*** (-6.21)
lnfinance	0.037*** (2.78)	lnfinance	0.025* (1.90)
$lnis_L$	-0.142*** (-2.83)	$lngreen_L$	-0.061 (-1.21)
$lnis_H$	-0.435*** (-7.98)	$lngreen_H$	-0.359*** (-8.40)
截距项	6.536*** (16.43)	截距项	6.339*** (16.89)

注：*、**、*** 分别表示回归系数达到了 10%、5%、1% 的显著性水平。

当绿色技术创新能力不断增强，达到高强度区间时（即绿色技术创新效率大于 $e^{-1.403}$），lnis 的系数为 -0.359 且在 1% 的水平上显著，表明产业结构升级指数每上升 1 个单位，能源消费强度能下降 0.359 个单位，此时产业结构升级对能源消耗强度表现出强抑制特征。其原因可能为：第一，绿色技术创新可以对原有传统产业部门中的生产工艺、生产流程以及生产设备进行绿色化更新与改进，从而推动传统生产部门以及生产产品升级，实现能源利用效率与生产效率的双提高。第二，突破性的绿色技术创新还会催生和培育出绿色环保产业。一方面，环保绿色产业的兴起是产业结构升级的深化与发展，敏锐的理性投资者会率先发现新市场的投资先机，从而改变原有的投资策略，加强对此新兴产业的投资，从而推动绿色环保产业成为新的经济增长点，促使产业结构向环境友好型方向更新换代，并释放出巨大的节能潜力；另一方面，绿色环保产业创造出的就业岗位和提供的丰厚报酬会吸引创新型人才和剩余劳动力转移，而作为知识与技术的载体，劳动力的聚集为产业内知识和技术的交流、吸收提供了契机，从而进一步推动新能源、新材料、节能环保等新兴技术的发展，节约能源，缓解能源供需矛盾。第三，绿色技术创新开发出的终端产品与当今流行的绿色消费理念相符合，从而引致市场对绿色产品的需求扩大，而需求的增长又会进一步敦促企业优化新工艺与新产业链，使得能源消费强度进一步降低。综上，H4 -4 成立。

此外，就控制变量而言，与多元线性回归模型中的相比，各控制变量系数的绝对值略有所变动，但各变量回归系数的正负号没有发生改变，因此也从侧面印证了本案例回归结果的稳健性。

第四节　产业结构升级、绿色技术创新降低能源消耗的对策

目前来看，我国能源消耗强度呈逐年下降趋势，但近年来各区域能耗强度降低速度逐渐放缓且有些省份还具备较大的节能潜力。此外，各区域内能源消耗强度均出现了两级甚至多级分化的现象，为突破能源转型的瓶颈，早日实现“双碳”的宏伟目标，本书考虑了产业结构升级与绿色技术创新两条可行路径，并对其进行机制研究与实证检验。本章在总结理论分析和实证分析结果的基础上，基于产业结构调整升级、绿色技术创新驱动两个层面提出了推动我国能源消费革命、促进能源绿色低碳转型的策略。

一、产业结构升级降低能源消耗的对策研究

（一）持续推进“退二进三”的产业结构升级政策

多元线性回归结果与面板门槛回归结果均显示，产业结构升级指数越高，其对能源消耗的制约效果越强，因此，持续推进“退二进三”的产业

结构升级政策是促进我国经济绿色化的关键路径。为此，笔者认为政府应因势利导，推进产业结构升级进程，并从以下几个方面提出具体的建议。

第一，扶持高新技术产业发展。一方面，应积极跟随时代发展，追踪行业新动态，找出技术提升的关键点，并依托高校、研究所等，将其作为高新技术的孵化器，努力提升高新技术的知识厚度与技术厚度；另一方面，还应积极推行减税政策，确保高新技术落地实施，从而为高新技术企业创造成果与收益，促进产业链条延长，使其成为经济发展的驱动引擎，从而打造经济高质量发展的新高地。

第二，改造和提升传统工业。基于客观现实角度，工业仍是当前实体经济发展的核心力量。因此，一方面，应加速构建工业物联网，通过提升传统工业体系的智能化、自动化以及信息化性能，对生产体系进行全方位、多维度、全链条的改造，加强工业资源循环、综合利用，在提升产品市场竞争力的同时，也能够实现生产终端的清洁化无废化处理；另一方面，政府还应强化工业企业的环境影响评价指标，完善污染管控体系，深挖传统工业产业的节能潜力，将节能降耗的理念深入融合企业生产中。

第三，加快培育现代服务业。由于服务业大部分属于清洁型产业，因此其将成为未来发展的优先选择，所以应积极引导资本、技术等要素流向更高端的服务业。还应围绕国家重大战略，紧密对接战略性新兴产业，打造智能化、绿色化产业园，加快突破一批关键技术，并提高技术渗透速度。同时对传统的服务理念与模式要进行革新，提高专业化程度，增强企业绿色化合作，在重点领域运用“以点带面”的方式来培育新经济增长点。

（二）因地制宜地制定产业政策

分布异质性检验表明，产业结构升级对于能源消耗本身较大的区域来说节能效果较强；而区位异质性检验显示，沿海综合经济区内产业结构升级的节能降耗效果明显优于内陆地区，因此制定有差异的产业政策十分必要。具体来讲：

第一，由我国的能源消耗现状可知，青海、宁夏是西部地区也是全国用能强度最大的省份，山西、内蒙古是中部地区的能源消耗大省，河北、辽宁是东部地区面临节能压力最大的省份，因此相对于其他地区，这些省份更应加速产业升级转变。具体地，对于青海、宁夏，该区域内蕴藏着太阳能、水能等丰富的可再生资源，因此政府有关部门应重视可再生资源潜力的发挥，同时管控高耗能行业低水平重复建设，促进区域脱碳并转换经济增长动能。对于山西、内蒙古，该地区矿产资源丰富，拥有众多的资源型城市，因此政府部门应重点支持服务业、旅游业等接续替代产业的发展，使产业向多元化、可持续化方向转变，同时限制落后产能的投资数量与力度，提高对矿产资源的节约与高效利用等。对于河北、辽宁，两省处于经济水平相对发达的东部地区，因此应充分发挥东部地区的资金与技术优势，让节能强度较高的地区带动这两省的低能耗经济发展，并通过扶植低能耗高附加值的清洁产业，提升产业结构高级化水平。

第二，相对于沿海综合经济区，内陆综合经济区内产业结构尚不能产生节能效应。对于东北综合经济区，该地区工业发展历史悠久，到目前为止，该地区工业体系规模已十分可观且相对完备，因此应从升级工业方面制定产业政策推动节能目标的实现。该地区应进一步出台和明确科技创新型工业企业进驻东北地区的优惠政策，同时给予本地工业企业更多的研发经费支持，引导小微企业与大型国有工业企业联合发展，通过小微企业的灵活性逐渐带动大型企业的技术升级。对于黄河中游与大西北综合经济区，这两个经济区经济基础薄弱，对生产要素的吸引力不强，人才易流失，因此人才引进是关键。该地区应紧密对接高等院校、研究院等高等教育机构，开展产学结合试验基地，培养应用型人才，并设立专门基金与补助使高端人才能够真正扎根，从而减少人才流失，以促进企业转型升级。

二、绿色技术创新降低能源消耗的对策

根据第三章机制研究以及第四章实证分析可知，绿色技术创新是产业结构升级产生节能效应的传导路径；只有当地区绿色技术创新能力提高至

一定水平后，产业结构升级才能显著制约能源消耗强度的上升。因此，增强我国绿色创新能力是实现节能发展目标、提升我国核心竞争力的重要途径。对此，本节通过国家、市场和企业，也即宏观、中观、微观三个层面对其提出了具体的策略。

（一）国家政策支持层面的应对策略

政府作为企业重要的利益相关者，可以通过建立专门的政策性扶持机制，对企业的绿色技术创新进行补助。但如何贯彻落实政府的绿色创新扶持政策，将政策的正面影响最大化，应将相关工作的重点放在以下两个方面。

（1）避免绿色创新激励措施的同质化、无差别化。政府部门应发挥市场“守夜人”的作用，依据行业、企业的发展实际，对市场主体的绿色创新活动既要做到锦上添花又要做到雪中送炭。一方面，对于攻关难度大、潜在价值高的绿色技术创新活动，政府应尽快给予金融支持帮助该类市场主体纾解攻坚难题，从而发挥其绿色创新引领作用；另一方面，对于绿色创新生态较为脆弱的企业，政府可采取提高税收优惠、研发补贴等多管齐下的方式激励其积极开展绿色创新实践，使其市场竞争能力较弱、不具有比较优势的格局得到根本扭转。

（2）动态优化研发补助政策。在扶持企业开展绿色创新的过程中，政府应基于企业成本、环境因素进行考量，制定合理的研发补助金额与规模，避免“过犹不及”而滋生寻租行为。由于寻租行为会削弱企业绿色创新意愿，抑制市场主体从事绿色创新的动力，因此，政府应当建立合理的筛选和考核机制，实现整个程序的透明化和公平化，最大化利用研发补助政策来增强企业参与实质性绿色创新的动力和积极性。

（二）市场构建层面的应对策略

良好的市场氛围、公平的营商环境以及规范的市场秩序能够为绿色技术创新提供充足的资金保障和创新要素支持，为绿色发展持续赋能。因此，维护市场公平，防止市场垄断，发挥市场活力，构建市场导向的绿色创新体系，可从以下几个方面入手。

（1）纵深推进要素市场改革，充分发挥市场的主体作用。对于市场构建的薄弱点，应破除阻碍要素流通的障碍，重塑要素配置方式，使其自主有序地流通于各产业间、各行业间甚至微观企业间。应加快统一市场规则的步伐，以竞争行为对市场需求进行调整，再以市场供需来获得价格，以减少政府行为对价格的影响与干预。此外，还应进一步提高技术与资本的融合速度，提高资源配置效率，以实现企业绿色创新能力的提升。

（2）同行竞争是企业间产生绿色技术创新竞争的关键，因此作为企业的重要利益相关者，行业协会应发挥牵头、引导、协调的作用，激励企业进行良性的绿色技术创新竞争。对于绿色技术创新竞争力强、声誉优的企业，行业协会应将其作为行业标杆，放大其示范效应以惠及其他同行企业，从而营造出良好的绿色环保氛围。

（三）企业发展层面的应对策略

作为市场活动的主体，一方面，企业不仅承担着推进国民经济发展的重要使命，积极为“金山银山”作出贡献；另一方面，企业还应培育绿色技术创新的觉悟与意识，响应国家的绿色发展战略，担负起“绿水青山”的社会责任，对此，企业可从以下几个方面增强自身绿色创新能力，树立绿色环保形象。

（1）企业管理者应关注并重视环境问题，树立绿色创新理念以及环境责任承担意识。一方面，作为企业的领导者、决策者，管理人员应以权变、发展的眼光对待绿色技术创新问题，应将环境问题与压力视为培植企业竞争优势的机会，利用政府提供的研发补助资源，积极开发、寻找绿色消费市场，依据市场供需变化作出绿色创新投资决策，并具体落实到环境友好项目的推进中去，从而引导企业绿色转型发展，打造企业绿色竞争优势。另一方面，构建研产销三种维度的绿色创新评估指标，并将其纳入管理人员的业绩考核标准中，以鼓励管理人员积极承担绿色创新责任。

（2）企业应积极拓展绿色创新知识的获取渠道，重视绿色创新知识的学习，为绿色创新活动的开展提供保障。企业可依据国家出台的环境规制政策、绿色消费市场的需求变化、高等院校开发的绿色创新知识、行业中领头企业的绿色管理策略等途径获取绿色创新相关知识，通过整合后对现有的绿色创新知识体系进行扩充，以主动的姿态及时追踪行业新动态。此外，还应提高对绿色创新知识的消化能力，将其内化为企业真正的竞争实力，以提升企业的社会价值与财务绩效。

（3）企业应加强对员工节能环保的宣传力度，不断增强员工的绿色创新意愿。人是集知识、技能、经验、态度、智慧等于一体的载体，只有激发出人的创新意愿，才能产生创新行为。企业应明确对绿色创新行为的支持态度，营造绿色创新氛围，可将绿色创新成果作为员工实现升职加薪的重要依据，从而激发员工创新行为的能动性，提高员工的成就感与满足感以形成正向反馈。同时，企业可创建绿色创新知识共享平台，通过培训班、研讨会等方式加强知识交流与学习，将其作为驱动企业绿色创新的重要机制。

第五章　数字经济、产业结构升级对区域碳减排的影响

第一节　引　　言

一、研究背景

21 世纪以来，云计算、大数据、物联网等新一代信息技术迅猛发展，改变着传统的生产生活方式。随着数字经济规模的不断扩张，数字经济对我国经济发展的影响也在不断增强。根据《中国互联网发展报告 2022》数据显示，2012 年我国数据经济占国内生产总值比重达到 21.6%，标志着我国数字经济开始进入高速成长阶段。截至 2021 年，我国数字经济占国内生产总值的比重已提升至 39.8%，相比 2012 年，十年间上升了约 18 个百分点；同时，我国数字经济规模也由 2012 年的 11 万亿元增长到 2021 年的 45 万亿元，年均增长率高达 30.9%①。国家统计局相关统计数据显示，2021 年，农业机械化率超过 72%，其中高度数字化农业机械超过 60 万台，大大提高了农业生产效率，成为促进我国农业现代化的中坚力量；工业数字机器人密度达到 322 台/万人，相较 2012 年增长了 13 倍，在提升生产效率的同时，大大减少了生产中的消耗和浪费；而在服务业领域，我国电商平

① 中国互联网经济发展报告［M］. 北京：电子工业出版社，2022.

台交易额继续保持高速增长，2012～2021 年的年均增长率高达 20.3%[①]。由此可见，我国数字经济正处于高速发展阶段，未来几年甚至几十年将继续改造升级我国传统产业，引领中国经济高质量增长。在此期间，还将伴随着经济动能转换、产业结构升级、工业碳排放减少等一系列现象，这将为经济、产业、环境等领域的高质量发展提供新的机遇。

中国的工业化发展起步较晚，可以追溯到 19 世纪下半叶。然而，由于当时社会环境动荡、经济环境低迷和技术环境落后等众多因素的影响，中国的工业化发展十分缓慢。直到中华人民共和国成立，中国的工业化才正式进入快速发展阶段。随着第二产业比重的快速上升，中国的二氧化碳排放总量也开始快速增长，特别是在中国加入世贸组织之后。2001～2005 年，我国的碳排放增长率始终维持在 10%～20%，2003 年的碳排放总量的增长率更是高达 18.4%。但 2010 年后，我国碳排放总量增速放缓，从 2010 年的 12%降至 2019 年的 3.5%，2015 年我国的碳排放总量出现首次下降，约为 1.3%[②]（见图 5.1）。此外，根据英国石油公司的统计结果，虽然 2020 年全球经济受到新冠疫情的冲击，但亚太地区的碳排放量仍占全球碳排放总量的 1/2，其中，中国作为世界第一制造大国，碳排放总量占比高达 30.7%，远超其他国家和地区[③]。据国际能源署的最新预测，2025 年全球二氧化碳排放量将达到 370 亿吨的峰值，随后碳排放量将稳步下降[④]。这比我国 2030 年实现“碳达峰”的目标提前了 5 年，可见在未来 5 年甚至是 10 年里，我国的碳减排任务依然艰巨。

随着数字经济的爆发式增长，传统产业的数字化升级和新兴数字产业的出现对产业结构的影响也愈加显著。据全球气候行动峰会发布的资料预测，到 2030 年，数字技术在农业、制造业、交通、建筑、能源等行业的广泛应用可以使全球碳排放总量减少 15%。其中，中国受益于数字技术的碳减排总量将达到 121 亿吨[⑤]。可见，随着数字技术的广泛应用，传统产业

---

① 资料来源：国家统计局。
② 资料来源：中国碳排放核算（CEADs）数据库。
③ 资料来源：2022 年 BP 世界能源统计年鉴。
④ 资料来源：国际能源署（IEA）。
⑤ 资料来源：全球气候行动峰会（GCAS）。

的绿色化转型将加速进行。同时，数字经济所引起的产业结构高级化也能够影响区域碳排放总量。据网易统计局数据计算，2020 年，我国燃煤电厂、钢铁和水泥行业，分别排放二氧化碳 35.39 亿吨、15.98 亿吨和 11.12 亿吨，分别占我国碳排放总量的 34%、15% 和 11%①。由此可见，第二产业是我国碳排放的主要来源，在我国碳排放总量中的占比超过 60%。而数字经济的快速发展可以通过孵化新兴产业，降低第二产业和高能耗产业在我国产业结构中的占比，进而促进区域碳减排。因此，利用数字经济浪潮促进我国产业结构升级，既是积极引导我国产业转型的关键，也是实现“双碳”目标的重要保障。

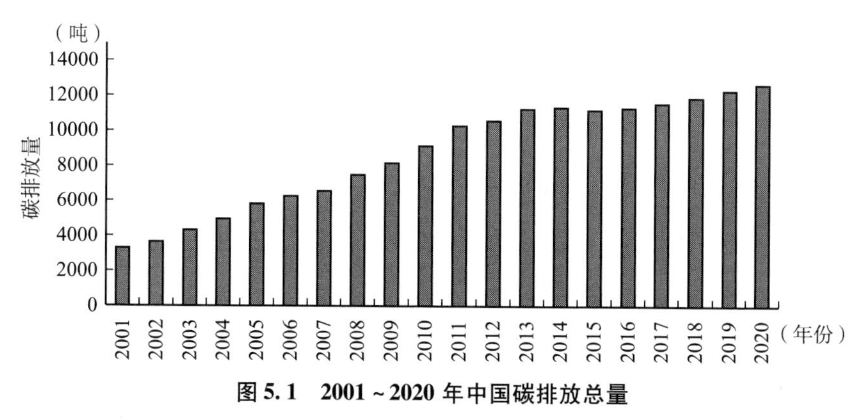

图 5.1　2001～2020 年中国碳排放总量

资料来源：CEADs 数据库整理。

基于上述分析，需要我们思考的是：（1）在未来数字经济高速发展的过程中，如果不考虑产业结构升级因素，那么数字经济能否驱动区域碳减排？即数字经济是否对区域碳减排具有直接影响效应？（2）随着数字经济的发展联动产业结构升级，能否以产业结构升级作为中介，间接影响区域碳减排？（3）应该采取何种路径来实现数字经济对区域碳减排的促进作用，以实现数字经济、产业结构升级与区域碳减排的协同增长？（4）数字经济与区域碳减排之间有何空间规律和交互影响？上述问题是本书需要深

① 资料来源：2020 年中国细分行业碳排放数据。

入研究和探讨的问题，可以从数字经济联动产业结构升级视角，为碳减排的相关政策制定提供参考和借鉴。

二、研究目的

本书以梳理国内外数字经济、产业结构升级和碳减排相关研究为基础。首先，对数字经济和产业结构的概念内涵进行了界定。其次，对数字经济对区域碳减排的直接影响机制、产业结构升级的中介作用机制和数字经济与区域碳减排的空间交互影响机制进行了研究和探讨，并以此为基础，建立计量模型，进行实证研究。最后，为我国的数字经济、产业结构升级和区域碳减排提出相应的发展对策，进而保证我国经济的高质量发展。本书的研究目的如下所示。

（1）揭示我国数字经济发展历程、现状和优势，并从不同维度揭示区域数字经济发展差异性的原因。自人类进入信息时代，数字技术的广泛应用推动了生产力的快速发展，许多国家同时也在不断加大在信息技术上的投入，致力提前进入或完成第四次工业革命，作为最大发展中国家的中国也不例外，自 1999 年 1 月国务院办公厅出台发展移动通信产业相关文件开始，我国不断加大在信息化建设上的投入，经过短短 20 年的发展，我国已经跨过信息化建设起步阶段和信息化建设深入阶段，正式进入数字经济时代，但由于我国数字经济起步较晚，沿海地区与内陆地区的数字化建设起步时间、投入力度和资源条件存在差异，所以数字经济在不同区域的发展水平和特征也存在诸多不同。因此，研究我国数字经济发展历程，对我国各区域数字经济发展现状和特点进行深入分析，有利于认识我国数字经济发展的不足，进而有针对性地制定政策，提高区域数字经济发展水平。

（2）探究数字经济影响区域碳减排的直接、间接和空间作用机制，以便具有针对性地利用数字经济的发展解决碳排放问题。数字经济影响碳减排的直接作用机制主要体现在其运行模式和技术特点两个方面。从运行模式上看，数字经济依靠互联网平台连接众多企业，实现信息、数据技术的高速流动，大幅度降低了交易环节中的碳排放，同时数字经济助推低碳理念的普及，让低碳生活变成一种常态，减少了日常生活的碳排放；从技术特点上看，数字经济大数据、人工智能、物联网等技术的应用可以对传统产业进行改造，如城市智能电网、定制化生产、大数据能耗监测系统等技术的出现，有效提升了能源利用效率，推动碳减排事业的发展。数字经济对区域碳减排的间接影响是通过促进产业结构升级实现的，主要体现在数字经济发展引起的产业结构高级化变动和产业的数字化升级上。数字经济对区域碳减排的空间作用机制主要是通过生产要素流动、数字技术传播和基础设施共享来实现。由此可见，数字经济对碳减排的影响可能存在直接、间接和空间作用机制，所以有必要从这三个方面分析数字经济对区域碳减排的影响，以便提出具有针对性的建议，从数字经济发展角度降低区域碳排放，为我国经济的高质量发展奠定基础。

（3）提出以数字经济促进我国区域碳减排的策略和建议，最大效率利用数字经济带动我国产业结构升级和碳减排。在总结实证分析结果的基础上，针对我国各省份的数字经济发展特点和不足，提出相应的发展建议，弥补数字经济短板，发挥周边地区数字经济的优势，利用数字经济的溢出效应提振周边城市数字经济的发展。针对数字经济对区域碳减排的影响，本书主要从补齐数字经济发展短板、加强数字经济行业监督力度以及推动区域数字经济合作与碳治理融合三个维度提出以数字经济抑制区域碳排放的建议；针对产业结构升级的中介作用，本书主要从加大政策支持和引导力度、完善多层次的监管体系以及协同周边多地多维度联动发展三个维度提出以数字经济驱动产业结构升级，进而有效抑制区域碳排放的建议。以新兴数字产业淘汰落后产业，促进产业结构高级化，进而实现经济重心的迁移，为碳减排提供产业结构保障。以数字技术改造传统产业，提升产业能源效率，减少资源浪费，进而实现单位碳排放量的增加，为碳减排提供技术支持。

三、研究意义

本书对数字经济、产业结构升级、碳减排等相关理论进行研究，并对我国各省份的数字经济发展水平及现状进行测度分析，研究数字经济联动产业结构升级对区域碳减排的影响，并从不同角度提出我国区域碳减排的相关治理策略。本书的研究意义有以下两个层面。

（一）理论意义

（1）拓展了数字经济与碳减排的相关理论研究。自数字经济发展以来，数字经济与碳排放的关系研究一直是经济学和生态学领域共同关注的话题。数字经济对碳减排的影响路径，不仅包括数字基础设施建设、能源结构优化、消费观念改变等直接影响路径，还包括产业结构升级、产业结构优化等间接影响路径。因此，本书在现有研究成果的基础上，结合产业结构分类理论、产业竞争力理论和产业结构演化理论，试图从产业结构视角分析数字经济发展对区域碳减排的影响路径，进而为节能减排的相关研究提供新的思路，便于未来学者在此基础上深入研究数字经济对碳减排的影响，具有经济学和生态学的理论研究意义。

（2）丰富了产业结构升级与碳减排的相关理论。产业结构升级是一个较为宏观的概念，也是经济学研究的重要问题，但在产业结构升级的概念上依然存在较多争议。因此，本书在参考前人研究的基础上，对产业结构升级的内涵进行明确的定义，并根据数字经济影响产业结构升级的机制构建出产业结构升级指标测量体系，将产业结构升级作为中介变量，进一步检验和验证了产业结构升级在数字经济和碳减排中的中介作用。这在一定程度上丰富了产业结构领域的相关理论，为产业结构升级促进区域碳减排提供了新的思路和理论依据。

（二）实际应用价值

（1）有利于我国合理利用数字经济，强化优势领域溢出，改善劣势领域不足。现阶段，我国的数字经济正处于爆发式增长阶段。然而，由于我国地域辽阔，各省份之间的数字经济基础和起步时间均存在显著差异，这也导致数字经济发展水平存在显著的区域差异性。在这种情况下，研究我国各省份的数字经济发展水平，深入探讨数字经济发展的优势和短板，不仅有助于数字经济发展落后地区数字经济发展水平的提高，也将为我国经济的高质量增长提供新动力。基于此，本书主要对2013～2020年我国30个省份的数字经济发展水平进行测度，并将数字经济分解为6个维度，进一步详细分析区域数字经济发展的优势和短板，加大国家对数字经济发展落后地区的重视，并针对数字经济发展短板进行完善和优化，开展相应的政策扶持，发挥数字经济优势维度的溢出效应，不断强化区域数字经济的综合竞争力，以全面提升我国数字经济发展水平。

（2）有利于利用数字经济促进我国产业结构升级，实现产业结构高度化。近年来，我国一直致力推动产业结构升级，加快经济重心由第二产业向第三产业迁移，以促进经济的稳定增长，提高人民生活水平，改善环境质量。然而，我国在过去的10年里产业结构升级速度非常缓慢，甚至开始出现经济发展和产业结构演进理论相互冲突的情况，主要原因是创新能力建设不足、产业竞争力欠缺和产能过剩等。在这种情况下，深入研究我国产业结构升级的历程和数字经济赋能对产业结构的影响，不仅有利于从创新建设、产业竞争力和去产能方面拉动产业结构升级，也有利于借数字经济发展的东风，实现数字经济与产业结构升级的密切结合，从而实现我国经济的高质量增长。本书重点从数字经济角度出发，对产业结构升级水平进行测算，并充分考虑产业结构高级化水平和产业竞争力提高等因素，详细分析数字经济对产业结构升级的机制和力度，加大国家对数字经济与产业结构相结合的重视，从而发挥政府的主导调节作用，做到数字经济和产业结构升级两手抓，不断刺激引导我国产业结构升级，提高产业整体竞争力。

（3）有利于利用数字经济减少区域碳排放，对区域可持续发展具有重要意义。自我国进入工业化中期以来，碳排放问题一直是党和政府高度关注的问题。一方面，随着碳排放总量的日益增长，温室效应、极端天气以及疾病流行等问题逐渐出现，影响人们的生产和生活，阻碍经济和社会的可持续发展；另一方面，在第75届联合国大会上，中国明确提出2030年力争实现碳达峰、2060年力争实现碳中和的“双碳”目标。2022年3月5日，在第十三届全国人大五次会议中，更是将“有序推进碳达峰碳中和工作，落实碳达峰行动方案”写入政府工作报告中。因此，基于对数字经济影响区域碳减排的产业结构路径的研究，结合我国区域数字经济发展特征，测算我国数字及经济发展水平，提出并检验数字经济影响区域碳减排的路径，并提出相应的优化策略，从而为国家制定应对碳排放问题规划提供参考。

第二节　数字经济、产业结构升级对区域碳减排的影响机制

基于相关理论基础，本书将分别对数字经济对区域碳减排的直接影响、产业结构升级的中介作用以及两者之间的空间交互溢出效应的逻辑关系进行理论上的推导，并以此为基础提出研究假说。在本节，主要结合我国数字经济、产业结构升级和区域碳减排现状，深入研究三者之间的作用关系，并构建数字经济影响碳减排的逻辑关系图，以对其形成机制进行系统的研究，为下文具体的实证研究提供理论依据。

一、数字经济对碳减排的直接影响机制

（一）基建和运行的抑制效应

现如今，我国仍处于数字经济的高速发展阶段，而数字经济的发展往往需要大量的资源投入，这主要包括两个方面：数字经济的基础建设投入和数字经济的运行资源投入。

在数字经济的基础建设上，核心层面的数字基础建设主要包括5G传输线路、大数据处理器和人工智能电子元器件等，这些基础设施的建设和相关器件的生产都会消耗大量的资源，并产生一定的碳排放；外延层的数字基础建设主要包括新能源系统配套设施、无人化基建设施和新材料配套设施等，这些基础设施的建设和开发往往需要耗费大量的人力和物资；辐

射层的数字基础设施建设较为宏观，也更贴近生活，例如，智慧城市系统、智能交通系统等，其中无线传感器的大量生产和投入也会产生大量的碳排放。同时，数字基础设施的建设不是一个一劳永逸的工程，而是一个需要持续建设投入的工程，需要根据数字基础的发展不断升级其基础配套设施。这也意味着数字基础设施建设所产生的碳排放是不可避免的（Pickavet et al.，2009），将持续抑制区域碳减排。

在数字经济的运行资源投入方面，由于数字经济本身高集聚的特点，单位空间内往往会聚集大量的数字基础设施，这些基础设施的运行会消耗庞大的电力资源（Salahuddin and Alam，2015），因此在数字经济的发展乃至成熟阶段，维护数字经济运行的资源会随着数字经济的发展呈现出边际效应递增的趋势。整体而言，在数字经济发展的过程中，基础设施建设和维护运行会引起区域碳排放的提高，抑制区域碳减排。

（二）技术研发和流动的促进效应

数字经济作为信息、知识和智慧经济的集合体，能够极大提高人类处理信息的能力，大幅度降低交易的风险与成本。这种经济形态可以突破传统经济生产要素的限制，提高人力、自然资本和物质资本的配置效率，极大地促进企业研发和技术交流。

在技术研发方面，首先，数字技术可以分析和整合海量的数据资源，形成庞大且高效的技术信息库，有利于研究人员把握低碳技术短板，并进行针对性的研究，减少低碳技术研发的周期（徐建华等，2019）。其次，数字平台的构建有利于研究工作突破时间和空间的限制，方便研究人员实时交流，提升低碳技术的开发效率。最后，人工智能、大数据和云计算等技术多采用开源模式，企业研发不用投入资源重新进行基础数字技术的开发，可以减少企业研发中的成本，将更多的资金和资源运用到关键技术的开发上。

在技术流动方面，一方面，通信和传播技术的不断升级，加快技术跨区域流动的效率，也缩短了技术的应用周期。当一个企业的低碳技术应用取得显著成效时，信息可以快速被其他企业获取，并进行技术的引进。另一方面，数字平台降低了信息的获取成本，提高了信息匹配的效率，对于需要绿色低碳技术的企业，可以通过数字平台快速、准确地获取相应的技术和服务，这将加快低碳技术在各行业中的应用（邬彩霞和高媛，2020）。总之，数字经济能够通过技术研发和流动来促进碳减排。

（三）数据监测的促进效应

数字经济可以利用大数据技术收集企业碳排放信息和能源消耗信息，实时监控企业状态，最大限度地发挥数据的价值，实现碳排放监管的实时性和前瞻性。

在企业层面，数字技术在生产过程中的应用可以实现对企业生产过程的实时监测，实现资源使用和浪费的可视化管理，识别出企业生产过程中的低效率资源利用环节，并结合相关技术，实现生产环节的智能调控，提高资源的利用率，提升单位能耗的生产效益。同时，数据监测在能源行业的应用有助于协调能源供给侧和需求侧的匹配，防止能源供需错配、跨区域协调度低、技术和基础设施不匹配等问题的出现，降低因信息不对称产生的资源浪费，提高资源的利用效率（张于喆，2018）。最后，生产经营中数据监测的应用可以优化生产计划，提高产业生产效率，辅助管理者进行生产流程再造，实现企业的低碳生产流程改造（王锋正等，2022）。

在政府层面，政府环保部门可以利用数据监测技术准确了解企业碳排放总量和区域碳排放现状，发挥政府调控作用，奖励低碳排放企业，惩罚高碳排放企业，进而调动地方企业减排积极性。同时，实时的碳排放信息披露有助于发挥社会团体和人民群众的监督作用，做到全方位、立体监督企业碳排放，最终抑制碳排放。图 5.2 是数字经济影响区域碳减排的直接作用机制。考虑到我国已经处于数字经济的高速发展阶段，数字经济建设所带来的抑制作用远不及技术研发和流动的促进效应、数据监测的促进效应，鉴于此，本书提出 H5 -1：

H5 -1：数字经济对碳减排呈显著促进作用。

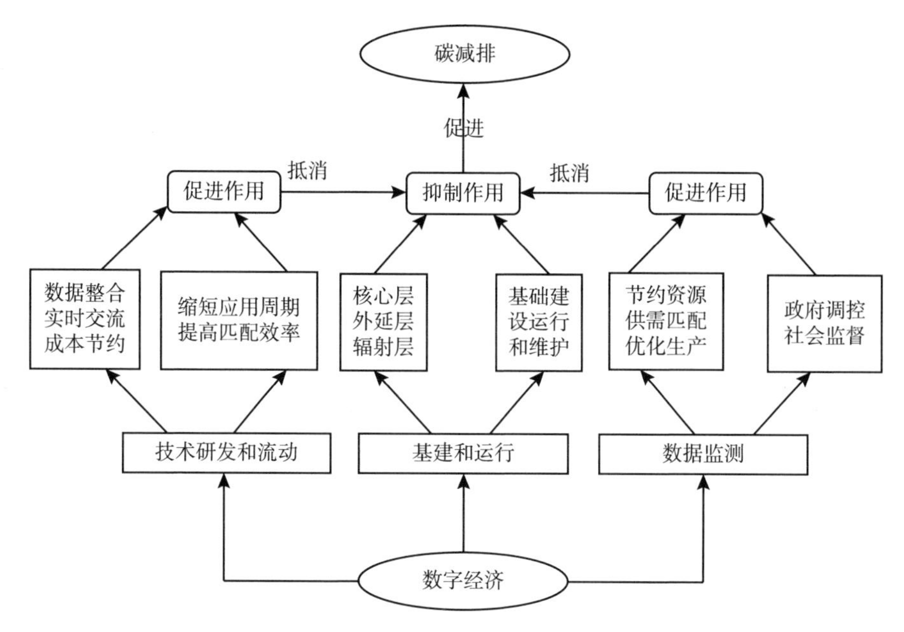

图 5.2　数字经济对碳减排的直接作用机制

二、产业结构升级的中介作用机制

（一）数字经济对产业结构升级的影响

数字经济是新一轮科技革命的特征之一，也是产业结构发展变革的必然趋势。在数字经济高速发展的同时，我国产业结构也呈现新的发展态势，产业结构升级的速度明显加快，呈现新的时代特点。

1. 数字经济通过产业数字化影响产业结构升级

产业数字化是指利用数字技术，将数据纳为关键生产要素，对产业链进行全要素的技术升级，以实现产业的升级、转型和再造（鲁玉秀，2022）。随着信息技术的不断发展和硬件技术的不断突破，数据已经可以作为一种生产要素运用到生产中的各个环节，如研发、生产、销售等环节，赋能企业实现数字化升级。在研发环节，数字技术的应用会大大提高数据的处理速度，提升研发效率。同时，数据的快速传输能够将所有研发者联系在一起，实时的信息传输，推动了思想的碰撞，大大提高了企业的研发能力。在生产环节，数字技术的应用大大提高了生产的智能化水平，实时监控生产原料，算法优化生产流程，大大提高了资源的利用效率，减少企业在生产环节中资源的浪费，同时也提高了企业生产的效率，提升了企业对于市场变动的灵敏性。在经营环节，数字技术能够重塑企业的经营效率，数字化经营可以帮助管理者快速了解企业状况，利用数据处理和预测技术快速制定企业发展战略，实时应对环境变化，帮助企业解决仓储、生产、交付上的问题。在销售环节，随着用户数量的不断上升，大数据可以帮助企业迅速找到产品受众，提高产销的匹配效率，进而大大降低企业的销售成本。因此，数字经济可以通过产业数字化，以数字技术为动力，驱动传统产业数字化升级，以实现产业结构升级。

2. 数字经济通过数字产业化影响产业结构升级

数字产业化所形成的数字产业是数字经济的核心，主要为数字经济的发展提供技术、产品、服务和解决方案等。近几十年来，数字经济快速发展，催生了一大批数字经济相关产业，主要可以分为数字产品制造业、数字产品服务业、数字技术应用业、数字要素驱动业四个大类。随着数字经济发展的不断深入，这些行业的规模也在不断扩张（李艺铭和安晖，2017）。数字产品制造中的计算机制造、智能设备制造和电子元器件及设备制造的兴起能够为制造业注入新的活力，作为高端制造业，这种制造产品附加值更高（AKX et al.，2016）。因此，数字产品制造业的发展将提升第二产业在产业结构中的比重，进而影响产业结构升级。数字产品服务业的数字产品批发、数字产品零售、数字产品租赁、数字产品维修等规模的不断扩大将提高第三产业在产业结构中的比重，以此促进产业结构升级。数字技术应用业的软件开发、互联网相关服务、信息技术服务等的发展，也会在一定程度上加重第三产业在产业结构中的占比，而数字要素驱动业中的互联网平台、互联网金融、数字内容与媒体、信息基础设施建设、数据资源与产权交易等会随着数字经济的深入发展，在第三产业中的占比也在不断上升，进而影响产业结构升级。综上分析，数字经济影响产业结构升级的理论机制如图 5. 3 所示。

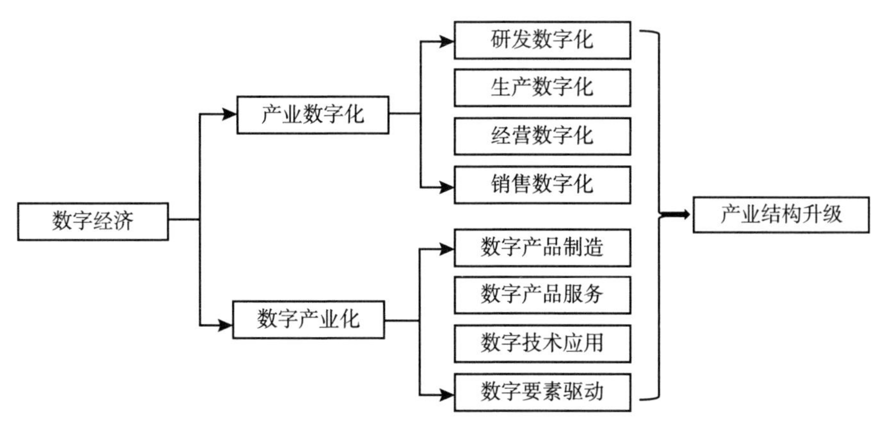

图 5. 3　数字经济影响产业结构升级的理论机制

（二）产业结构升级对碳减排的影响

产业结构升级主要可以通过经济效应、分配效应、规模效应影响碳减排，经济效益可以通过影响三大产业占比，促进碳减排；分配效应可以通过淘汰低效率高污染产业，促进碳减排；规模效应可以通过提升单位能耗产出，降低区域碳排放。

1. 产业结构升级可以通过经济效应促进碳减排

从宏观层面上看，在三大产业中，第一产业的占比与碳排放呈现正相关的关系，虽然第一产业农业的发展能够吸收部分二氧化碳，但相关农业机械的使用会造成二氧化碳排放量的增加。第二产业是高能耗产业的主要集中地，其碳排放总量占据碳排放总量的半壁江山。同时，第二产业所占比重较重也是碳排放的根源所在，一方面，第二产业的传统工业多以高能耗、高污染为主；另一方面，第二产业对能源、资源和人力的依赖性较强，能源投入和资源投入总量高，但生产效率低下，碳排放强度较大。第三产业的碳排放强度比第二产业低，比第一产业高，第三产业发展前期，劳动密集型向资本密集型服务业转型，第三产业与碳排放成正比，第三产业发展后期，资本密集型向知识密集型服务业转型，第三产业的碳排放强度会逐渐降低。在注重经济效应和环境保护的今天，传统以第二产业为主导的经济模式，显然不符合社会可持续发展的需要。产业结构需要舍弃传统的发展模式，降低第二产业的比重，提高第三产业在产业结构中的占比，以此降低经济发展对碳排放的依赖。

2. 产业结构升级可以通过分配效应促进碳减排

从中观层面上看，产业结构的持续升级意味着企业的优胜劣汰，这会导致资源的重新分配，而大部分资源会流动到更有潜力、更绿色的企业中。首先，产业结构升级意味着自然资源的重新分配，随着产业结构升级，第三产业将占据更多的自然资源消耗，第二产业中低能耗、低污染的产业竞争能力更强，意味着也能获得更多的自然资源。低碳企业自然资源分配占比的增加，意味着高碳排放企业自然资源分配占比的减少，此消彼长的情况下，自然资源的重新分配会引起碳排放量的降低。其次，产业结构升级意味着劳动力的重新分配，劳动力人口会流动到生产效率更高、经济效应更好的产业中，导致高污染、高碳排放产业以及第二产业中劳动力人口比例降低，进而降低碳排放总量。最后，产业结构升级意味着资本资源的重新分配，资本会随着产业结构升级流入以低能耗、低污染、低排放为特征的产业，这些产业也会因为资本的注入表现出强者恒强，弱者更弱的局面，低效率高污染产业会被淘汰（Razzaq et al.，2021），而高效率、绿色企业的占比会更高。

3. 产业结构升级可以通过规模效应促进碳减排

从微观层面上看，产业结构升级在促进资源合理分配的基础上，也会促进相关产业集聚，产业集聚有利于资源的集中调配和基础设施的共用共享，有效降低企业布局分散所产生的基础设施建设消耗。同时，产业集聚会使得产业结构布局趋于合理和高级，这会有效降低资源的浪费，协调企业供需，降低企业的生产成本与交易成本。随着产业结构的不断升级，产业规模化所带来的碳减排效应也会更加明显，从而降低企业碳排放强度，提升企业单位能耗产出（Watanabe，1999）。因此，产业结构升级的规模效应有利于促进碳减排。综上分析，产业结构升级影响碳减排的理论机制如图 5. 4 所示。

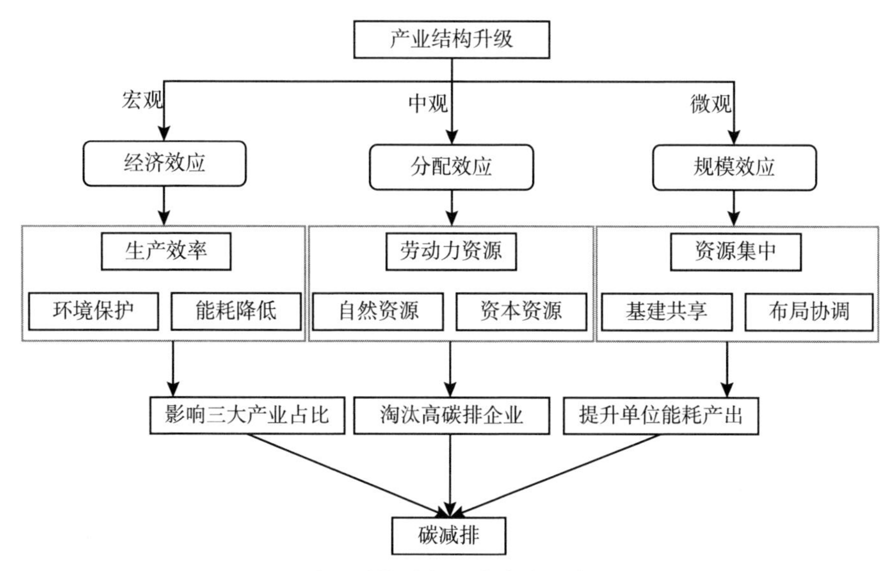

图 5. 4　产业结构升级影响碳减排的理论机制

（三）产业结构升级的中介作用机制

数字经济能够为产业间融合搭建桥梁，为企业间合作构建服务平台，在促进产业融合数字化升级的同时，能够大幅度降低交易的风险与成本，这将突破传统经济生产要素的限制，极大激发区域经济的发展潜力。因此，就数字经济对经济的增长而言，两者是一种“边际递增”的非线性关系。此外，数字经济对于碳排放量的影响也存在一定的抑制作用，数字经济智能技术的应用能够精准控制能源消耗（谢云飞，2022），有效减少资源浪费，在二氧化碳排放的源头处降低碳排放。同时，数字经济也带来了产业结构的大变革，新零售、定制服务、分包—众包平台合作，都能降低产能过剩所带来的碳排放问题。

数字经济除了直接影响碳减排外，还可以通过产业结构升级间接影响碳减排。数字经济可以通过产业数字化和数字产业化，促进产业革新和新兴产业的出现，进而促进产业结构的升级。受数字技术的影响，产业结构升级不仅意味着三大产业占比的变化，还意味着数字技术赋能下产品附加值的提高，这将大幅度降低企业的能源消耗，提高企业单位能耗的生产效益。可见，数字经济、产业结构升级和碳减排三者之间存在着紧密的联系，即数字经济在为碳减排提供新方向的同时，也能够通过数字产业化和产业数字化促进产业结构升级，产业结构升级则可以通过产业结构高级化和产品附加值的提高促进碳减排。

综上所述，数字经济的持续发展将会促进产业结构升级，而产业结构水平的提高又会通过经济效应、分配效应、规模效应等途径显著影响区域碳减排水平。通过上文的理论分析和逻辑关系图可以发现，数字经济对碳减排的影响的确存在产业结构升级路径的影响机制。即产业结构升级在数字经济与碳减排的关系中发挥了重要的中介作用。产业结构的中介作用机制图如图 5.5 所示。基于上述分析，本书提出 H5 -2。

H5 -2：产业结构升级在数字经济和碳减排中发挥显著的中介作用。

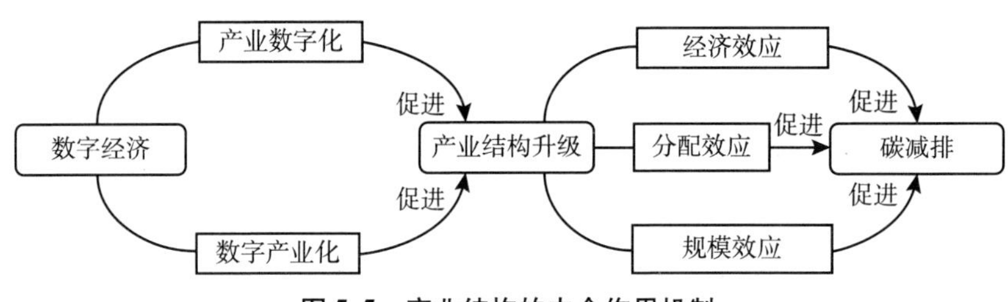

图 5.5　产业结构的中介作用机制

三、数字经济与碳减排的空间交互影响机制

（一）数字经济溢出效应

数字经济在一个地区的不断发展，最终会形成数字经济中心，进而通过溢出效应，带动整个区域数字经济的发展，促进数字经济高水平区域的形成。数字经济的溢出效应主要通过以下三个途径。

第一，外部规模效应。数字经济的发展促使一个地区聚集大量的数字产业、数字基础设施和数字人才。当一个地区的数字经济发展到一定水平时，区域内数字产业竞争的加剧会促使部分数字产业远离集聚中心，向周边地区迁移。数字基础设施，如大数据中心、5G 互联网等可以为周边省份提供跨区域服务，这将提高数字基础设施的利用效率，并降低周边城市数字产业的运营成本，有利于数字产业就近迁入，进而带动周边地区数字产业发展（李欣等，2017）。同时，人力资源本身就有外溢的特点，数字人才也可以通过数字平台，突破空间桎梏，向周边地区甚至是更远的地区提供数字服务。

第二，技术溢出效应。一方面，由于某些地区数字产业的大量集聚，数字产业间的竞争也将加剧。为了避免被淘汰，企业将更加注重相关技术的开发和应用，并增加企业在科学研究中的投入比重（王玉，2021），提升企业的核心竞争力，而被淘汰的技术会优先流向数字技术较为落后的周边地区，进而产生技术的溢出。另一方面，数字技术所带来的网络效应，能够加快信息的传播速度，促进新兴技术和应用方向的快速匹配，缩短技术应用周期，从而加快技术的输出效率。

第三，产业融合平台。数字经济强调对传统产业的改造和融合，技术溢出能够带动周边地区产业数字化，而数字平台的深入发展有助于突破传统三大产业的界限，导致三大产业内部和外部的边界越来越模糊（植草益，2001）。在互联互通、要素重组、信息交织的数字经济业态下，数字经济发达地区可以通过产业融合带动周边地区的发展，对传统产业进行技术赋能和产业赋能，以数字技术为支撑，整合区域资源，催生跨区域融合的新产业模式。

（二）碳减排溢出效应

一个地区碳减排水平的上升通常会促进周边地区的碳减排。碳减排的溢出效应主要体现在清洁能源溢出、低碳产业溢出和政策示范作用三个方面。

第一，清洁能源溢出效应。低碳经济的核心之一是能源技术的创新（邬彩霞和高媛，2020），碳减排水平的提高意味着清洁能源在一个地区发展中的使用比例增加。一方面，能源技术的发展和应用可以通过技术输出效应影响周边地区，加速周边地区的能源技术革新；另一方面，清洁能源的规模效应有利于向周边地区输出过剩能源，周边地区可以通过“搭便车”的方式使用当地清洁能源发电，进而直接减少能源消耗，以提高碳减排水平。

第二，低碳产业溢出效应。我国大部分省份仍处于工业化中期，工业化还处于成长和成熟阶段，产业结构的优化和升级尚未完成，高能耗、高污染、高碳排产业占比仍处于较高水平。高碳企业普遍存在着能源利用效率低、生产成本高的缺点，而低碳产业具有能源利用效率高、生产成本低的优势，更容易在竞争中获得有利地位（苏媛和李广培，2021）。因此，在市场调节作用下，低碳产业会不断向发展落后地区迁移，竞争市场份额，导致低碳产业向周边省份扩散。

第三，政策示范作用。由于邻近城市的市场高度重叠，邻近省份的产业之间也有着密切的联系。一方面，政府会通过学习周边地区的发展模式，制定与之相似的政策；另一方面，企业进入邻近地区市场也要符合当地的政策规范。相应的低碳发展政策的出台，会为企业的发展指明方向，并完善相应的监管制度，引导产业向更绿色、低碳的方向发展，鼓励更多的资金投入低碳产业和技术研发中，从而降低区域的碳排放水平。

（三）数字经济与碳减排的空间交互溢出效应

随着交通网络的不断完善和通信技术的升级换代，区域间的联系越来越密切，加上产业链和供应链之间的紧密联系，使得区域数字经济和碳减排也会对周边区域造成一定的影响，即数字经济和碳减排存在空间交互溢出效应。在数字经济方面，随着数字经济发展水平的提高，数字经济表现出空间溢出效应，带动周边地区数字经济的发展。

周边地区将通过共享数字基础设施和能源系统的“搭便车”行为（李欣等，2017），减少资源的消耗，并通过数字经济发达地区的产业示范效应、污染示范效应和知识溢出效应引入更多的高技术和低碳排放产业，进而促进周边地区的碳减排。在碳减排方面，二氧化碳通过空气传播也会对周边地区的环境造成影响，附近的城市会对此采取预防措施，加强产业监督，并设立较高的产业准入门槛，阻碍高能耗、高碳排放企业的进入。由此可见，数字经济和碳减排之间存在着复杂的空间交互溢出关系，这是单一方程模型无法衡量的。因此，需要使用空间联立方程模型，并结合实际情况来验证这种关系。数字经济和碳减排的交互影响机制如图 5.6 所示。基于上述分析，本书提出 H5 - 3 和 H5 - 4。

H5 - 3：数字经济和碳减排均存在空间溢出效应。

H5 - 4：数字经济对周边省份的碳减排具有促进作用，碳减排对周边省份数字经济的发展具有促进作用。

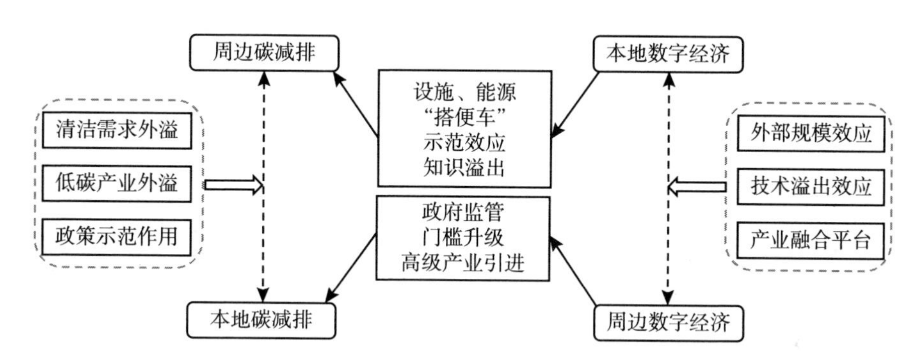

图 5.6　数字经济与碳减排交互影响机制

总之，本节首先从数字经济对碳减排的直接影响效应入手，从基建和运行的抑制作用、技术研发和流动的促进效应、数据监测的促进效应三个方面出发，分析了数字经济影响碳减排的直接作用机理，结果表明数字经济对碳减排存在双向作用，但现阶段数字经济对碳减排的促进作用更加显著。其次，针对数字经济对碳减排的影响路径，对产业结构升级的中介作用进行了分析，分别从数字经济对产业结构升级的影响、产业结构升级对碳减排的影响、产业结构升级的中介作用机制三个方面阐述了产业结构升级的中介作用。最后，从空间角度出发，分析了数字经济溢出效应、碳减排溢出效应以及数字经济与碳减排的空间交互溢出效应，即数字经济和碳减排均存在空间溢出效应，说明数字经济对周边地区的碳减排具有促进作用，碳减排对周边地区数字经济的发展具有抑制作用。在理论分析的基础上，构建了数字经济影响碳减排的逻辑关系图，以对其形成机制进行系统的研究，为下文具体的实证研究提供理论依据。

第三节　数字经济、产业结构升级对区域碳减排影响的实证研究

一、变量界定、模型构建及变量测度

（一）变量界定

（1）被解释变量：碳减排（cd）。本书中，被解释变量为碳减排。碳减排指标是指单位二氧化碳排放量所产生的经济效益。鉴于数据的可获得性，以及为了更好地体现出数字经济对碳排放的影响，本书综合考虑经济发展因素和技术进步因素，选取碳排放强度指标的倒数，其具体的计算方法是 GDP 与二氧化碳的比值。

（2）核心解释变量：数字经济发展水平（dige）。本书中，核心解释变量为数字经济发展水平。根据数字经济的定义，数字经济是指直接或间接利用数据来引导资源发挥作用，推动生产力发展的经济形态。因此，结合现有研究，本书在借鉴赵涛等（2020）研究成果的基础上，对数字经济的指标体系进行完善，同时兼顾了数据的可得性、全面性和科学性原则，将 16 个指标分解为表示数字经济发展的 6 个维度，以分析区域数字经济的优势和短板。

（3）中介变量：产业结构升级（ins）。与前文的分析一致，本书在第三章的分析中认为产业结构升级主要包括产业结构高级化和产品附加值提高两个部分，另外在探讨数字经济影响产业结构升级时也提到了产

业数字化和数字产业化两个维度。在综合考虑其影响机理的情况下，本书选取产业结构高度化指标衡量区域产业结构升级水平，其具体的计算方法为第二、第三产业各自增加值占 GDP 的比重乘以产业各自劳动生产率的总和。

（4）其他控制变量。结合前文的理论分析，以及对国内外学者研究的梳理，本书认为财政收入水平（$gove_{it}$）、城市化水平（$city_{it}$）、金融发展水平（$fina_{it}$）、能源消费总量（$ener_{it}$）、外商投资（$finve_{it}$）也会在数字经济影响区域碳排放中产生影响。

财政收入水平（$gove_{it}$）：财政收入是政府调节社会发展的重要手段之一，政府可以通过财政手段对地方经济的发展进行间接且宏观的影响，实现社会资源的优化配置，国家也可以通过控制财政收支的方向、数量实现经济发展方向的变动，引导地方产业向更为绿色、环保的方向发展。一方面，政府可以通过设置税收指标和财政收入机制直接影响企业主体，限制高碳排放企业发展，促进数字经济企业发展；另一方面，政府的财政收入水平也决定着政府支出水平，财政支出的增加有利于发挥政府职能，调节地方经济，防止发展失衡，实现区域可持续发展。

城市化水平（$city_{it}$）：城市化水平是影响区域碳排放的重要因素之一，自改革开放以来，我国人口高速增长，这为我国经济发展带来巨大的人口红利。一方面，随着人口拥挤效应的增加，城市的能源消费、资源消费都在快速上升，这会造成碳排放的增加；另一方面，随着城市化水平的提升，该区域的经济发展速度也会加快，这会有利于区域碳排放强度的提高。因此，城市化水平是影响区域碳排放的重要因素。本书中，选择人口总量与区域面积的比值来衡量城市化水平。

金融发展水平（$fina_{it}$）：金融行业作为第三产业，金融业发展水平越高意味着该地区的经济发展水平也越高。金融作为市场经济发展的基础之一，它能够将其他产业过多的资金转移到资金缺乏的产业中。现阶段，数字经济的发展和数字企业的成长急需大量融资，而金融发展水平越高就意味着向数字经济领域流动的资金就越多，就越能够促进区域数字经济的发展。

能源消费总量（$ener_{it}$）：能源消费是碳排放的主要源头之一。近几年，随着我国工业化的加剧，能源消费对碳排放的影响越来越显著。另外，也有研究表明，能源消费是造成区域碳排放差异化的重要原因。因此，本书借鉴了钟晓青等（2007）的测度方法，将所有能源消费进行标准煤转换，并将所有能源的消耗量进行加总来衡量能源消费总量。

外商投资（$finve_{it}$）：外商投资对我国数字经济和区域碳排放具有双向作用。一方面，外商直接投资能够促进我国资本的形成，提高我国产业转型升级速度，先进的管理理念和技术水平也能够为我国数字经济的发展注入新的动力。同时，由于外商的进入会加剧国内市场的竞争，有利于我国市场经济保持活力，不断提高企业竞争力。另一方面，在外商投资的同时，外商也会严格控制高新技术产业的技术扩散，形成技术壁垒，很容易让我国变成其零部件的代工厂，限制我国高新技术产业的发展。另外，外商投资的行业也多为母国淘汰产业和高碳排放产业，这类企业的入驻虽然在短时间内能够带动我国经济发展，但从长远上看，会透支我国发展潜力，给我国经济的高质量发展带来极大危害。

（二）模型构建

1. 中介效应模型

上文分析了我国数字经济与区域碳减排的关系，在这里为了探究数字经济对碳减排的直接效应，本书建立如下模型。鉴于各项数据之间存在量纲差异，为降低数据的异方差性，需要对部分数据进行取对数处理：

$$cd_{it} = \alpha_0 + \alpha_1 dige_{it} + \alpha_c X_{it} + \mu_i + \delta_t + \varepsilon_{it} \tag{5-1}$$

其中，cd_{it}代表 i 省份在 t 年的碳减排情况；$dige_{it}$表示区域数字经济发展水平；X_{it}代表一系列的控制变量；μ_i 代表不随省份 i 变化的个体固定效应；δ_t 代表时间固定效应；ε_{it}表示随机干扰项。

除了式（5-1）体现数字经济对区域碳减排的直接影响，为讨论数字经济与碳减排之间产业结构升级的中介作用机制，需要分别构建数字经济对于产业结构升级及数字经济联动产业结构升级对区域碳减排的回归方程，如式（5-2）、式（5-3）所示：

$$ins_{it} = \beta_0 + \beta_1 dige_{it} + \beta_c X_{it} + \mu_i + \delta_t + \varepsilon_{it} \tag{5-2}$$

$$cd_{it} = \gamma_0 + \gamma_1 dige_{it} + \gamma_2 ins_{it} + \gamma_c X_{it} + \mu_i + \delta_t + \varepsilon_{it} \tag{5-3}$$

在式（5-2）、式（5-3）中，ins 代表产业结构升级指数，可以通过 β_1、γ_1、γ_2 的显著性来判断产业结构升级在数字经济和碳减排之间的中介效应。其中控制变量 X_{it} 主要包括：财政收入水平（$gove_{it}$）、城市化水平（$city_{it}$）、金融发展水平（$fina_{it}$）、能源消费总量（$ener_{it}$）、外商投资（$finve_{it}$）。

2. 空间联立方程模型

鉴于数字经济能够突破传统经济时间和空间的限制，为了探究两者之间的空间交互关系，本书引入联立方程来表示数字经济对碳减排的影响，以及碳减排对数字经济的影响。因此，本书参考了周慧玲（2021）所采用的方法，引入空间变量，验证数字经济与碳减排之间的双向内生关系、空间溢出效应以及邻近地区的空间交互影响，空间联立方程如下：

$$cd_{it} = \xi_0 + \xi_1 dige_{it} + \rho_1 \sum_{j=1}^{n} w_{ij} cd_{jt} + \rho_2 \sum_{j=1}^{N} w_{ij} dige_{jt} + \sum_{i=1}^{k} \theta_i Y_{it} + \tau_{it} \tag{5-4}$$

$$dige_{it} = \chi_0 + \chi_1 cd_{it} + \rho_3 \sum_{j=1}^{n} w_{ij} dige_{jt} + \rho_4 \sum_{j=1}^{n} w_{ij} cd_{jt} + \sum_{i=1}^{k} \theta_i Z_{it} + \nu_{it} \tag{5-5}$$

其中，式（5-4）为碳减排方程，式（5-5）为数字经济方程，i 和 j 表示地区，t 表示年份，w_{ij} 为空间权重矩阵，ρ 代表空间相关系数，用于衡量资源型城市工业集聚和环境污染的空间溢出效应。同时，为了兼顾其他因素的影响，需要在空间联立方程中加入 5 个控制变量，其中控制变量 Y 主要包括：金融发展水平（$fina_{it}$）、能源消费总量（$ener_{it}$）、外商投资（$finve_{it}$），控制变量 Z 主要包括：财政收入水平（$gove_{it}$）、城市化水平（$city_{it}$）、能源消费总量（$ener_{it}$）。另外，τ 和 v 分别表示工业集聚方程和环境污染方程的随机误差项。

（三）变量测度

1. 数字经济水平测度

本书将数字经济分解为数字基础、数字技术、数字人才、经济贡献、产业数字化和数字金融 6 个维度，并在此基础上将其细分为 16 个二级指标，兼顾数据的可得性和科学性原则，构建数字经济测度指标体系，各二级指标与指标含义如表 5.1 所示。

表 5.1　　数字经济评价指标体系

一级指标	权重	二级指标	权重	具体指标	方向
数字基础	0.1549	互联网普及	0.0288	人均互联网宽带接入端口	正向
		互联网用户	0.1001	人均移动电话用户数	正向
		信息传输	0.026	人均长途光缆线路长度	正向
数字技术	0.2707	研究经费	0.0781	人均 R&D 研究经费数量	正向
		项目数量	0.0946	人均 R&D 研究项目数量	正向
		专利申请数	0.098	人均专利申请数	正向
数字人才	0.1125	从业人员	0.0942	研究人员占比	正向
		高等教育	0.0183	高等教育在校生占比	正向
经济贡献	0.2954	软件业收入	0.1884	人均软件业收入	正向
		电信业务收入	0.107	人均电信业务收入	正向
产业数字化	0.2884	计算机应用	0.0428	每百人计算机使用	正向
		企业互联网	0.0083	每百家企业拥有网站数	正向
		电商活动	0.0271	有电商活动企业所占比重	正向
数字金融	0.0883	数字化广度	0.0323	数字金融覆盖广度	正向
		数字化深度	0.0257	数字金融使用深度	正向
		数字化程度	0.0303	数字金融数字化程度	正向

通过表5.1各项指标可以计算出中国30个省份2013～2020年的数字经济发展状况，结果如表5.2所示，可以发现：从总体上看，近年来我国数字经济发展较快，2013～2020年，各省份数字经济发展水平明显提高，在地理分布上呈现出由东南沿海向西北和东北递减的特征；从区域上看，数字经济发展存在不平衡的现象，东部地区的数字经济发展水平明显高于其他地区，而中部、西部、东北地区数字经济发展水平相当。从各省份上看，北京、上海、江苏和浙江四个省市数字经济发展水平最高，2013～2020年一直保持领先水平，而黑龙江、山西、河南、广西和甘肃5个省份的数字经济发展水平明显落后于周边地区。

表5.2　　2013～2020年我国各省份数字经济发展水平

省份	2013年	2014年	2015年	2016年	2017年	2018年	2019年	2020年
北京	0.338	0.359	0.403	0.412	0.458	0.538	0.629	0.711
天津	0.273	0.306	0.330	0.337	0.340	0.381	0.414	0.468
河北	0.057	0.069	0.097	0.106	0.126	0.158	0.197	0.224
山西	0.065	0.077	0.098	0.104	0.122	0.152	0.185	0.217
内蒙古	0.091	0.114	0.143	0.155	0.167	0.194	0.231	0.257
辽宁	0.118	0.137	0.155	0.150	0.173	0.203	0.234	0.263
吉林	0.074	0.084	0.114	0.121	0.143	0.174	0.207	0.231
黑龙江	0.067	0.085	0.111	0.120	0.137	0.155	0.186	0.209
上海	0.290	0.307	0.334	0.336	0.383	0.438	0.510	0.567
江苏	0.227	0.260	0.303	0.318	0.349	0.424	0.493	0.539
浙江	0.245	0.255	0.311	0.312	0.355	0.430	0.510	0.572
安徽	0.087	0.112	0.149	0.157	0.185	0.222	0.270	0.305
福建	0.139	0.161	0.195	0.201	0.233	0.284	0.332	0.366
江西	0.044	0.062	0.097	0.105	0.132	0.184	0.232	0.266
山东	0.121	0.142	0.173	0.185	0.214	0.254	0.270	0.313

续表

省份	2013 年	2014 年	2015 年	2016 年	2017 年	2018 年	2019 年	2020 年
河南	0.049	0.064	0.090	0.096	0.119	0.158	0.192	0.223
湖北	0.091	0.107	0.139	0.147	0.169	0.211	0.252	0.289
湖南	0.067	0.080	0.109	0.115	0.140	0.184	0.226	0.264
广东	0.195	0.213	0.240	0.257	0.315	0.390	0.457	0.509
广西	0.044	0.058	0.082	0.089	0.102	0.143	0.181	0.211
海南	0.068	0.086	0.124	0.120	0.138	0.179	0.214	0.236
重庆	0.089	0.113	0.155	0.163	0.194	0.244	0.285	0.320
四川	0.068	0.085	0.121	0.127	0.153	0.190	0.237	0.275
贵州	0.033	0.055	0.083	0.092	0.113	0.155	0.200	0.233
云南	0.040	0.055	0.094	0.103	0.122	0.159	0.202	0.238
陕西	0.091	0.115	0.141	0.150	0.171	0.215	0.263	0.298
甘肃	0.050	0.070	0.100	0.095	0.113	0.147	0.185	0.213
青海	0.110	0.137	0.176	0.179	0.207	0.250	0.293	0.330
宁夏	0.076	0.099	0.135	0.133	0.164	0.214	0.248	0.285
新疆	0.067	0.073	0.101	0.094	0.110	0.141	0.186	0.224

为深入探索区域之间的差异性，本书将16个一级指标分为6大维度，并生成四大地区的数字经济指数得分雷达图（见图5.7）。从各项得分来看，东部地区的数字经济各项得分均处于较高水平，但产业数字化、数字基础和数字人才的得分相对较低；中部地区各项得分较为均衡，其中，数字技术、数字金融和经济贡献的得分略高于其他项；西部和东北地区数字经济的经济贡献优势较为明显，但其他维度得分较低。就时间趋势而言，我国各区域数字经济在各维度上的指标都在稳步上升，其中经济贡献维度的增加最为明显，这说明数字经济对于区域经济发展的促进作用在不断增强；此外，东部地区的数字技术优势明显且上升速度较快，与之相邻

的中部地区数字技术优势在2016～2020年也有一定程度的提高，但与之距离较远的西部地区和东北地区的数字技术指标提升缓慢，自2013～2020年提高水平微乎其微。这说明数字技术可能存在一定的空间溢出效应，东部地区的数字技术优势可以通过空间溢出效应带动中部地区数字技术的发展。

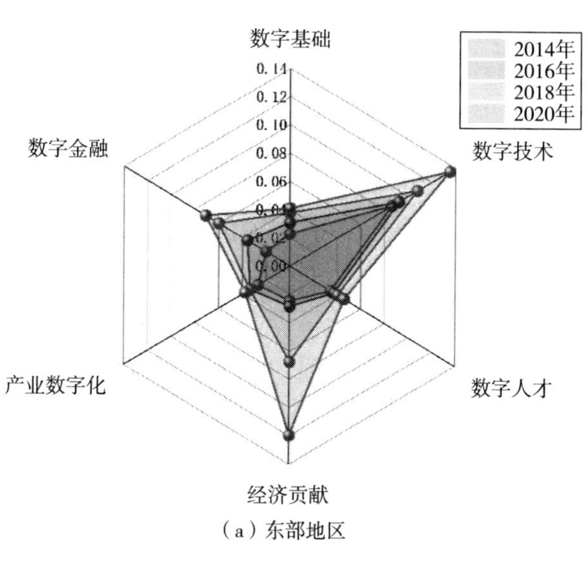

（a）东部地区

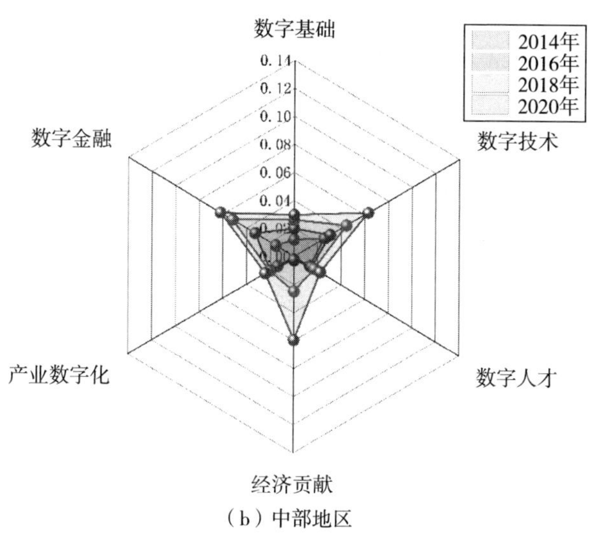

（b）中部地区

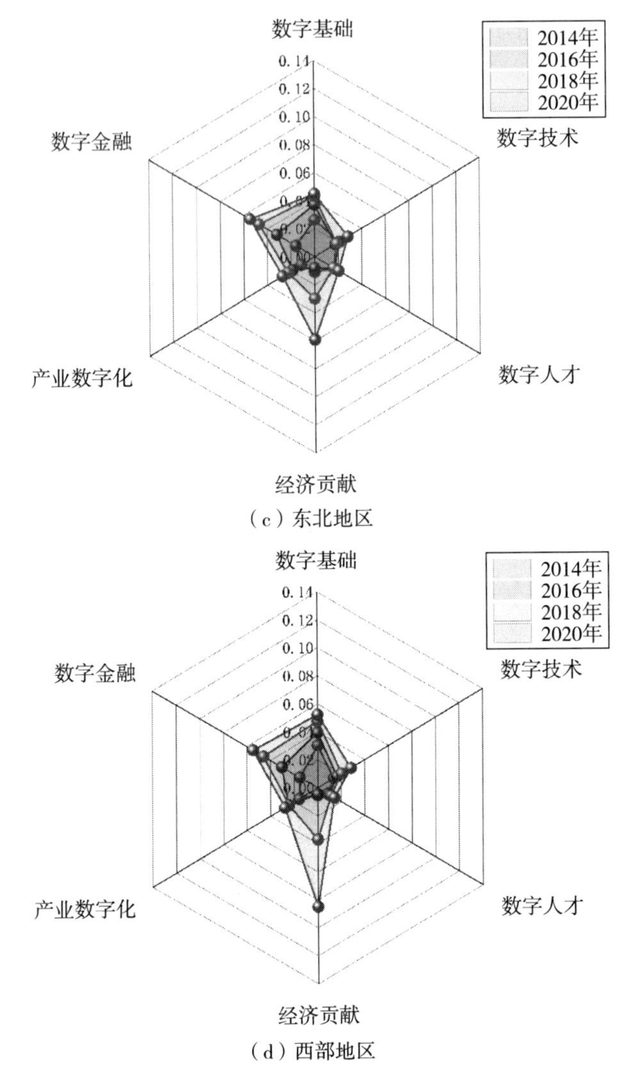

（c）东北地区

（d）西部地区

图 5.7　中国四大区域数字经济的雷达图

2. 产业结构升级测度

关于产业结构升级，本书考虑到数字经济的发展不仅会促进第一产业向第二、第三产业转型，影响第二、第三产业的占比，同时也会对第二、第三产业的产品附加值造成影响。因此，为了兼顾数字经济对产业结构升级的影响特征，本书在产业结构升级的测度上，借鉴了刘伟和张辉（2008）

的做法，采用产业结构高度化指标来反映区域产业结构升级水平，并在此基础上进行了改进，以剔除第一产业产能过高所带来的影响，计算过程如式（5-6）所示：

$$ins = \sum_{j=2}^{3} \frac{IN_{i,j,t}}{IN_{i,t}} \times \frac{IN_{i,j,t}}{L_{i,j,t}}, \ j=2, 3 \quad (5-6)$$

其中，$IN_{i,j,t}$代表 i 地区第 j 产业在 t 时期的产值增加值，$IN_{i,t}$表示地区生产总值，$L_{i,j,t}$表示第 j 产业的从业人员，$\frac{IN_{i,j,t}}{IN_{i,t}}$为第 j 产业产值在总产值中的占比，$\frac{IN_{i,j,t}}{L_{i,j,t}}$表示第 j 产业的劳动生产率。在计算中，由于劳动生产率是一个有量纲的数值，因此需要对其进行无量纲处理，这里采用的是均值化方法。

核密度估计是一种非参数估计方法，可以利用连续的曲线反映出变量的分布形态、位置和动态变化情况，并兼顾结果的稳定性。因此，本书利用 Matlab 软件对 2013～2020 年中国 30 个省份的产业结构升级水平的动态变化情况进行分析，结果如图 5.8 所示。从分布位置上看，密度函数的中心随着时间变化向右移动，说明我国各省份的产业结构升级水平整体上呈现上升的趋势，主要是因为随着经济的不断发展，我国开始注重产业结构和经济的高质量发展，第二产业和第三产业的占比不断上升，且第二、第三产业的技术赋能效应也更加明显。从波峰上看，波峰最高值变低，波峰宽度变宽，说明我国省份产业结构升级的进度不一，地区差异逐渐增大。这主要是由于区域经济基础不同所产生的马太效应导致的，东部沿海地区强者恒强，西部偏远地区产业结构升级进度缓慢。

从各省份上看（见图 5.9），产业结构升级表现出由沿海省份向内地省份逐级递减的态势，其中产业结构升级指数较高的区域主要集中在东部地区，如北京、上海、天津、江苏、福建、浙江。北京地区的产业结构升级指数一直较高，2013 年为 1.36，2020 年达到了 2.51。产业结构升级指数较低的地区主要分布在西部和东北地区，如广西、甘肃、黑龙江，其中黑龙江的产业结构升级指数近年来继续呈现波动下降的趋势，2013 年其产业结构升级指数为 0.70，2020 年下降为 0.62，是产业结构升级指数最高地区北京的 1/4。从东部、中部、东北和西部四大区域上看，中国四大区域间各省份的产业结构升级指数也存在较大差异。其中，较为特殊的有东部地区的河北省和西部地区的内蒙古，河北省虽属于东部地区，但产业结构高度化水平在2020年处于全国倒数第四。主要原因在于，河北地区的人均生产力低下，第三产业在GDP中的占比虽然在不断提升，但三大产业的劳动生产率8年来提升并不明显。内蒙古自治区虽属于西部地区，但在2020年其产业结构高度化水平已非常可观，主要原因在于内蒙古自治区地广人稀，自然资源丰富，第二产业发达，人均劳动生产率明显高于其他西部省份，产业结构转型升级效果显著。

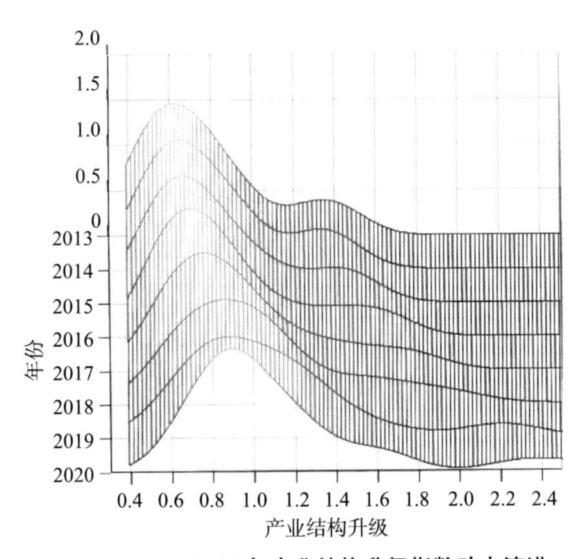

图5.8 2013～2020年产业结构升级指数动态演进

3. 碳减排水平测度

目前，学者们对碳减排评价指标的测算提出了两种方法：一是直接利用二氧化碳（CO_2）的排放量作为约束条件（Panayotou T.，2016；刘伟等，2008）；二是利用二氧化碳排放量（CO_2）与GDP的比值——碳强度为指标，衡量碳减排情况。本书则参考了孙传旺等（2010）研究碳约束对中国经济发展的影响时所采用的碳强度指标的变形，即碳强度的倒数表示碳减排水平，如式（5-7）所示：

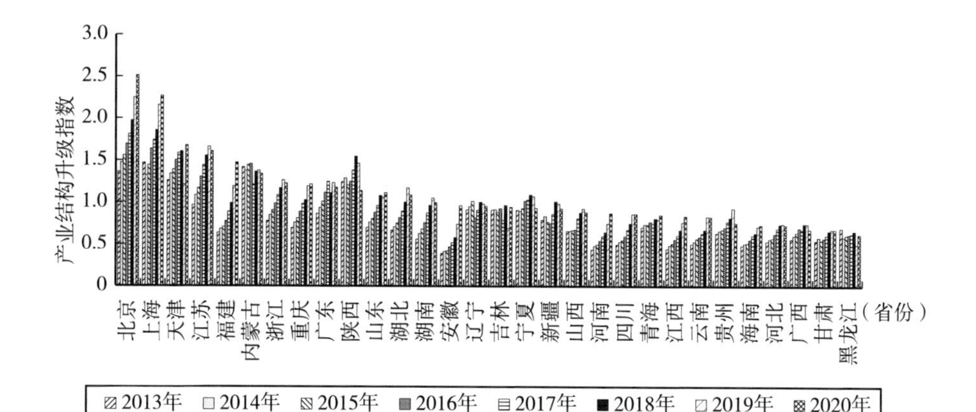

图 5.9　中国产业结构升级统计

$$ci_{it} = \frac{C_{it}}{GDP_{it}} \rightarrow cd_{it} = \frac{GDP_{it}}{C_{it}} \tag{5-7}$$

$$C_{it} = \sum E_{ijt} \times \eta_j (i = 30; j = 1, 2, \cdots, 9) \tag{5-8}$$

其中，ci_{it}代表碳强度，C_{it}表示区域年二氧化碳排放总量，GDP_{it}表示区域生产总值。cd_{it}代表碳减排系数，当减排系数较大时，说明该区域可以利用较低的碳排放实现较高的经济产出，反之，当该系数较低时，说明该区域依然需要靠高碳产业实现经济发展，具有较高的碳减排责任，也说明该区域的碳减排水平较低，碳约束力不足，同“双碳”目标存在巨大差距。关于区域二氧化碳排放总量的测量，本书参考 IPCC《国家温室气体排放清单指南》的计算方法，利用九大能源最终消费总量与碳排放系数的乘积进行测量，如式（5－8）所示，其中 E_{ijt}表示 i 省第 t 年的第 j 种能源消耗量，η_j 表示第 j 种能源的碳排放系数。

通过式（5－7）和式（5－8）可以计算出 2013～2020 年中国 30 个省份的碳减排状况。为了进一步对 2013～2020 年的中国 30 个省份数据进行可视化分析，本研究绘制了中国 30 个省份的碳排放强度图（见图 5.10），可以发现：从整体上看，我国各省份的碳减排水平在不断提高。在空间分布上表现出由东南沿海向西北内陆递减的趋势，同时南方地区也是碳减排水平增加速度最快的地区。从四大区域上看，东部地区碳减排水平最高、增速最快，其中北京的碳减排水平一直处于第一的位置，广东的碳减排水平增加最为明显；中部地区的碳减排呈现出由西南向东北地区逐步增加的趋势，其中安徽的碳减排水平增速最慢，2020 年仍处于较低水平；东北地区的碳减排水平整体较低，且吉林省呈现出先增加后降低的态势；西部地区的碳减排水平整体比东北地区略高，主要是四川和重庆的碳减排水平提高明显，其中重庆的碳减排水平在 2019 年就已经达到较高水平。

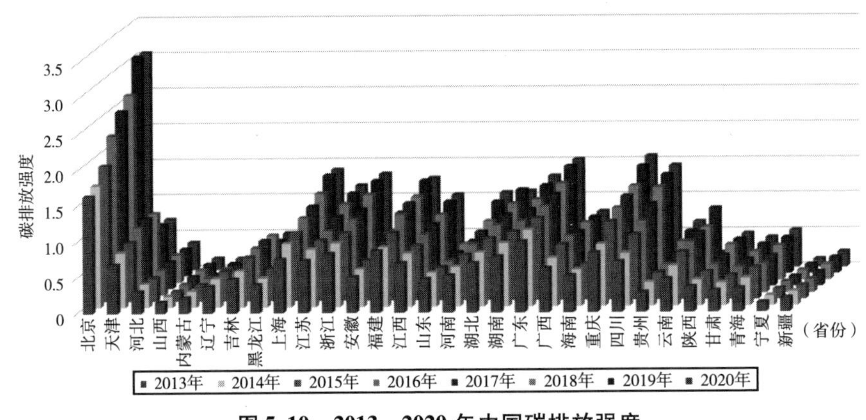

图 5.10　2013～2020 年中国碳排放强度

二、数据来源与描述性统计

鉴于中国香港、澳门、台湾地区以及西藏自治区部分数据的缺失，本书主要针对中国其余 30 个省份开展研究，样本研究期间为 2013～2020 年。为了深入探究区域发展水平不同对数字经济和碳排放的影响，本书根据不同省份的地理位置和经济发展状况，在参考党的十六大报告等有关文件的基础上，将中国的 30 个省份划分为东部、中部、西部和东北四个经济区进行对比分析。数据来源主要有《中国统计年鉴》（2013～2021 年）、《中国信息产业年鉴》（2013～2021 年）、《中国第三产业统计年鉴》（2013～2021 年）、北京大学数字普惠金融指数和 CEADs 碳排放数据库等。关于部分省份年份数据缺失的情况，本书采用线性差值法进行补充。表 5.3 是主要变量的描述性统计结果。

表 5.3　　变量描述性统计

分类	变量	N	mean	p50	sd	min	max
被解释变量	cd	240	0.721	0.653	0.461	0.130	2.627
解释变量	dige	240	0.201	0.175	0.118	0.0440	0.572
中介变量	ins	240	0.928	0.839	0.366	0.422	2.252
控制变量	gove	240	0.112	0.106	0.0310	0.0720	0.218
	lncity	240	5.468	5.658	1.292	2.078	8.276
	fina	240	3.461	3.225	1.076	1.972	7.476
	lnener	240	9.456	9.405	0.639	7.558	10.61
	finve	240	0.443	0.276	0.417	0.0630	1.837

结果显示，碳减排指标（cd）的均值为0.721，最大值为2.627，最小值为0.13，标准差为0.461，表示不同省份之间的碳排放差距较大。其中，数字经济发展水平（dige）、产业结构升级指数（ins）同样表现出最大值与最小值差距大、标准差大的特点。从控制变量上看，财政收入水平（gove）、城市化水平（lncity）、金融发展水平（fina）、能源消费总量（lnener）、外商投资（finve）等也表现出了一定的地域差异性。

三、模型估计与结果分析

（一）相关性检验与共线性诊断

在进行回归分析之前需要先对变量的相关性进行分析，初步判断变量之间的共线性问题，并对相关变量进行初步判断和筛选，结果如表5.4所示，可以发现除了能源消费总量（lnener）外，其余变量均在1%水平下显著，且各变量的相关性系数均小于0.8，可以初步排除变量之间的共线性问题。为了进一步避免变量之间的多重共线性问题，本书采用Stata 16.0对各变量的方差膨胀因子（VIF）进行检验，结果如表5.5所示，可以发现所有变量的VIF值均小于5，且VIF的平均值为2.92，说明各变量间不具有共线性问题，可以进行回归分析。

表 5.4　　各变量的相关性分析

变量	cd	dige	ins	gove	lncity	fina	lnener	finve
cd	1							
dige	0.656***	1						
ins	0.493***	0.792***	1					
gove	0.253***	0.329***	0.433***	1				
lncity	0.576***	0.482***	0.375***	0.332***	1			
fina	0.353***	0.555***	0.536***	0.680***	0.192***	1		
lnener	-0.00600	0.114*	0.0950	-0.345***	0.235***	-0.362***	1	
finve	0.468***	0.704***	0.606***	0.615***	0.611***	0.572***	-0.0870	1

注：* 表示 $p<0.10$，*** 表示 $p<0.01$。

表 5.5　　各变量的共线性分析

变量	dige	ins	gove	lncity	fina	lnener	finve	Mean
VIF	4.49	3.07	2.84	1.95	2.91	1.57	3.58	2.92

（二）基准回归与中介效应分析

表 5.6 是数字经济对区域碳减排的直接作用机制的线性估计结果，经过豪斯曼检验，本书选择固定效应模型进行估计。其中，在表 5.6 的模型（1）中，在未加入控制变量的情况下，数字经济发展水平（dige）的估计系数为 3.488，且通过了 1% 的显著性水平检验，说明数字经济的发展能够显著促进区域碳减排。在表 5.6 的模型（2）中，在加入控制变量的情况下，财政收入水平（gove）与区域碳减排之间具有显著的负向关系，表明财政收入水平增长的同时会伴随着碳减排水平的下降。城市化水平（lncity）的系数值为正且显著，说明城市化和人口的集中虽然会引起二氧化碳排放量的增加，但对于经济增加的效应更明显，因此能够显著提高单位碳

所产生的经济价值；金融发展水平（fina）与碳减排之间具有不显著的负向关系，说明金融发展水平的增加未能够有效抑制碳减排；能源消费总量（lnener）与碳减排之间存在负相关，且在1%的水平下保持显著，说明能源消费会显著提升区域碳排放水平；外商投资水平（lnfinve）也与碳减排之间呈现不显著负相关的关系，说明外商投资加剧区域碳排放水平的效应不明显。该实证结果支持H5－1，即数字经济对碳减排有显著促进作用。

表5.6　　　　数字经济影响区域碳减排的线性估计结果

变量	cd	
	(1)	(2)
dige	3.488*** (0.355)	2.931*** (0.372)
gove		-1.924*** (0.720)
lncity		1.216*** (0.427)
fina		-0.054 (0.039)
lnener		-0.750*** (0.142)
finve		-0.043 (0.048)
常数项	0.167*** (0.044)	1.038 (2.116)
个体固定	Yes	Yes
年份固定	Yes	Yes
观测值	240.000	240.000
r2_a	0.547	0.620
时期	8	8

注：括号中内容为标准误，*** 表示 $p<0.01$。

在前文的机制分析部分，从产业结构升级视角分析了数字经济对区域碳减排影响的传导机制。为进一步验证该机制，本书采用中介效应模型进行实证研究，回归结果如表5.7所示。在表5.7的模型（1）中，验证了数字经济对区域碳减排的积极影响。模型（2）则验证了数字经济是否能够促进产业结构升级，二者中数字经济的回归系数为正，且在1%的水平下显著。最后，将产业结构升级这一中介变量代入数字经济对区域碳减排的回归方程。通过观察核心解释变量可以发现，在模型（3）中，数字经济对区域碳减排的影响系数较模型（1）有所下降，说明产业结构升级是数字经济影响区域碳减排的影响机制，通过分析模型（3）的系数可以发现，产业结构升级（ins）对区域碳减排的系数为正，且通过了1%的显著性水平检验。该实证结果支持H5-2，即产业结构升级在数字经济和区域碳减排中发挥显著的中介作用。

表5.7　数字经济影响区域碳减排作用机制的检验结果

变量	(1)	(2)	(3)
	cd	ins	cd
dige	2.931*** (0.372)	2.341*** (0.369)	1.962*** (0.373)
gove	-1.924*** (0.720)	-2.798*** (0.715)	-0.765 (0.683)
lncity	1.216*** (0.427)	0.831* (0.424)	0.872** (0.394)
fina	-0.054 (0.039)	-0.027 (0.039)	-0.043 (0.036)
lnener	-0.750*** (0.142)	-0.364** (0.141)	-0.599*** (0.132)
finve	-0.043 (0.048)	-0.041 (0.048)	-0.026 (0.044)

续表

变量	(1)	(2)	(3)
	cd	ins	cd
ins			0.414*** (0.066)
常数项	1.038 (2.116)	-0.185 (2.101)	1.114 (1.934)
个体固定	Yes	Yes	Yes
年份固定	Yes	Yes	Yes
观测值	240.000	240.000	240.000
r2_a	0.620	0.642	0.683
时期	8	8	8

注：括号中内容为标准误，*** 表示 $p<0.01$，** 表示 $p<0.05$，* 表示 $p<0.1$。

（三）空间交互溢出效应检验

1. 空间自相关检验

在进行空间计量分析之前，需要对研究对象是否存在空间效应进行检验，即对数字经济发展指数和碳减排指数进行空间自相关检验。因此，本书选取莫兰指数（Moran's I）来检验中国30个省份的数字经济和区域碳减排的空间自相关性，鉴于现阶段交通运输发达，网络基础设施构建完善，数字经济和碳减排容易突破空间的限制，进而影响周边省份。因此，本书空间矩阵选取邻接空间权重矩阵，即两个省份相邻记距离为1，否则记距离为0，检验结果如表5.8所示。结果显示，数字经济的莫兰指数p值均小于0.01，即通过了99%的置信度检验，而碳减排的莫兰指数p值均小于0.05，即通过了95%的置信度检验。从符号上看，数字经济和碳减排的莫兰指数均为正数，说明数字经济和碳减排确实存在正向空间相关性，即数字经济发展水平和碳减排水平相似的区域往往邻接且趋于集聚，也说明通过空间联立方程模型分析两者之间交互影响关系的必要性。

表 5.8　　2013～2020 年数字经济和碳减排的莫兰指数

年份	数字经济			碳减排		
	Moran's I	z	p-value *	Moran's I	z	p-value *
2013	0.405	3.663	0.000	0.291	2.832	0.002
2014	0.399	3.597	0.000	0.317	3.018	0.001
2015	0.411	3.696	0.000	0.266	2.572	0.005
2016	0.399	3.595	0.000	0.272	2.662	0.004
2017	0.373	3.380	0.000	0.262	2.605	0.005
2018	0.368	3.332	0.000	0.252	2.511	0.006
2019	0.359	3.283	0.001	0.198	2.057	0.020
2020	0.350	3.217	0.001	0.182	1.895	0.029

2. 局部空间自相关检验

为进一步说明空间相关性，本书选用 Moran 散点图分析数字经济和碳减排的局部相关性，并采用 LISA 集聚结果从整体上判断局部相关的类型以及聚集区域的显著性问题。Moran 散点图中的四个象限可以用于表示本地和周边地区的空间相关类型。

（1）第一象限（HH），表示本地区集聚强，周边地区集聚也强，存在相互溢出、扩散效应。

（2）第二象限（LH），表示本地区集聚弱，但周边地区集聚强。

（3）第三象限（LL），表示本地区集聚弱，周边地区集聚也弱。

（4）第四象限（HL），表示本地区集聚强，但周边地区集聚弱，扩散能力也弱。

LISA 集聚结果也可以在统计意义显著性的情况下，在地图上反映出本地和周边地区的四种空间相关类型，2020 年数字经济和碳减排的莫兰指数散点图如图 5.11、图 5.12 所示。LISA 集聚结果如表 5.9 所示。

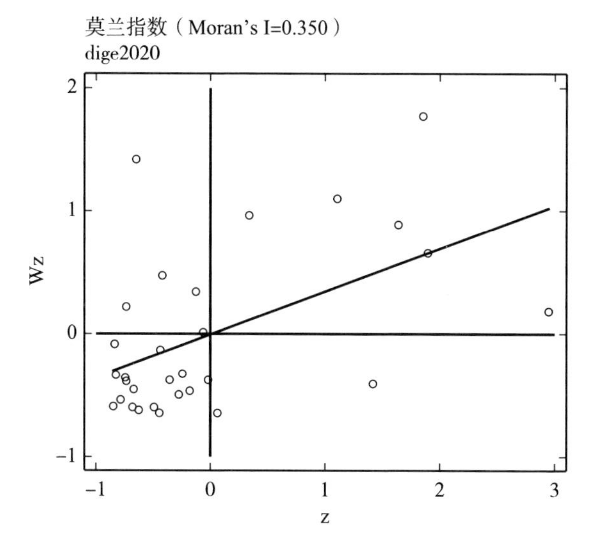

图 5.11　2020 年数字经济莫兰指数散点图

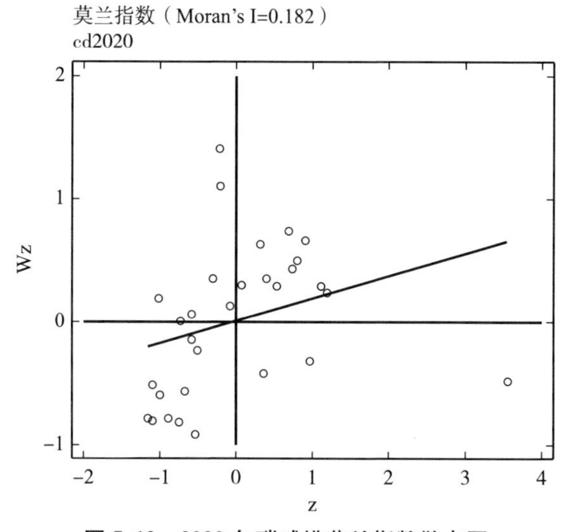

图 5.12　2020 年碳减排莫兰指数散点图

表 5.9　　空间联立方程估计结果

集聚结果	数字经济	碳减排
高高集聚区域	安徽、江苏、浙江	安徽

续表

集聚结果	数字经济	碳减排
高低集聚区域	无	无
低高集聚区域	无	天津
低低集聚区域	辽宁、内蒙古	吉林、辽宁、内蒙古、甘肃、宁夏
不显著区域	其他	其他

在2020年数字经济莫兰指数散点图（见图5.11）中，数字经济"HH"的地区主要集中在长江三角洲地区，表明在这一地区数字经济的集聚较强，周边地区的数字经济集聚也较强，存在一种交互影响、相互溢出的关系，这类地区主要有：上海市、江苏省、安徽省、浙江省；数字经济"LL"的地区主要集中在内蒙古自治区和辽宁省，说明这两个省份的数字经济发展水平较弱，周边地区的数字经济发展水平也较弱。在2020年碳减排局部空间自相关检验图中，碳减排"HH"的地区主要集中在安徽省，表示安徽省及其周边省份的碳减排能力较强且与周边地区相互促进。碳减排"LH"的地区主要集中在天津市，表示天津市的碳减排能力较弱，但周边地区的碳减排能力较强。碳减排"LL"状态的地区主要集中在中国的北方地区，如甘肃、内蒙古、吉林、辽宁，这四个省份的碳减排水平较低，周边地区的碳减排水平也较低。总体来看，数字经济和碳减排的LISA集聚结果表现出一定的重合性，考虑到碳减排影响存在一定的滞后性，因此，推断两者之间可能存在一种交互影响的关系。该实证结果支持H5-3，即数字经济与碳减排均存在空间溢出效应。

3. 数字经济与碳减排的空间交互溢出检验

为了探究我国数字经济和区域碳减排之间的空间交互溢出影响关系，本书采用广义空间三阶段最小二乘法（GS3SLS）对空间联立方程进行估计，结果如表5.10所示。

表 5.10　　空间联立方程估计结果

变量	(1)	(2)
	dige	cd
W × dige	0.207 *** (20.648)	-0.774 *** (-14.613)
W × cd	-0.066 *** (-14.628)	0.248 *** (17.438)
dige		3.711 *** (23.234)
cd	0.266 *** (23.792)	
gove		-0.040 (-0.100)
lncity		0.005 (0.598)
fina	0.002 (0.428)	
lnener	0.021 *** (3.204)	-0.074 *** (-2.878)
finve	0.001 (1.497)	
_cons	-0.161 ** (-2.445)	0.535 ** (2.163)
观测值	240	240

注：括号中内容为标准误，*** 表示 $p<0.01$，** 表示 $p<0.05$。

关于数字经济与区域碳减排的交互影响。广义空间三阶段最小二乘法的估计结果显示，在表 5.10 的模型（1）中，区域碳减排（cd）的回归系数为 0.266，显著为正且通过了 99% 置信度检验，表明碳减排指标每提升1%，就会对区域数字经济的发展造成正面影响，促进数字经济水平的进一步提高，即使数字经济发展水平上升0.266%。在表5.10的模型（2）中，数字经济发展水平（dige）的回归系数为3.711，显著为正且通过了99%置信度检验，表明数字经济每提升1%，就会促进区域碳减排3.711%，说明我国数字经济发展水平和区域碳减排之间存在显著的交互影响作用，且数字经济对区域碳减排的促进作用更加明显。数字经济的发展能够有效促进技术扩散，大幅度提高生产力，提升单位二氧化碳所产生的经济效益。

关于数字经济与区域碳减排的空间交互溢出效应。空间滞后项的回归系数显示，在表5.10的模型（1）中，数字经济的空间滞后项（W×dige）的回归系数为0.207，显著为正，且通过了99%置信度检验，说明周边省份数字经济的发展能够促进本省数字经济水平的提高，即数字经济具有溢出效应，当周边省份的数字经济发展到一定程度时，会向本省扩散，甚至会整合周边地区的数字经济资源形成庞大的数字经济集聚群。而区域碳减排的空间滞后项（W×cd）的回归系数为-0.066，显著为负，同时通过了99%置信度检验，说明周边省份碳减排的升高，会对本省的数字经济起到抑制作用，原因可能在于，周边省份碳减排的上升意味着污染、高能耗企业的迁移，很容易出现就近选择的情况，导致本省低端产业占比增加，不利于本省数字经济的发展。在表5.10的模型（2）中，数字经济的空间滞后项（W×dige）的回归系数为-0.774，显著为负，通过了99%置信度检验，说明周边省份数字经济的发展很可能会抑制本省碳减排水平的提高，原因在于数字经济的发展也会引起产业迁移，将高能耗、低附加值的企业转移到周边地区，进而增加周边地区的碳排放量。而区域碳减排的空间滞后项（W×cd）的回归系数为0.248，显著为正，也通过了99%置信度检验，说明周边地区碳减排水平的上升也会促进周边地区碳减排水平的上升，即区域碳减排存在一荣俱荣一损俱损的现象。该实证结果拒绝H5-4，即数字经济对周边省份的碳减排存在抑制作用，碳减排对周边省份数字经济发展也具有抑制作用。

（四）区域异质性分析

现实中，由于各地区的经济发展速度不同，无论是数字经济发展水平还是碳减排水平，在区域分布上都会表现出异质性的特点。针对这一现象，有必要进一步探讨数字经济与区域碳减排之间的关系。本书在参考党的十六大报告等有关文件的基础上，将中国的30个省份划分为东部、中部、西部和东北四个经济区进行对比分析，区域划分如表5.11所示。

表5.11　我国30个省份区域划分

区域划分	省份
东部地区	北京、天津、上海、河北、山东、江苏、浙江、福建、广东、海南
中部地区	山西、河南、湖北、安徽、湖南、江西
西部地区	内蒙古、新疆、宁夏、陕西、甘肃、青海、重庆、四川、广西、贵州、云南
东北地区	黑龙江、吉林、辽宁

表5.12是数字经济与区域碳减排的区域异质性回归分析结果。模型（1）是我国东部地区数字经济对区域碳减排的分析结果，结果表明，东部地区的数字经济能够显著促进区域碳减排；模型（2）是我国中部地区数字经济对区域碳减排的分析结果，结果表明，我国中部地区也能够显著促进区域碳减排；模型（3）是我国西部地区数字经济对区域碳减排的分析结果，结果显示，西部地区的数字经济发展同样能够促进区域碳减排，而这一效应在东北地区并不显著。其中，中部地区数字经济发展对区域碳减排的促进作用更强，西部地区次之，东北地区最不明显。这一结果的产生原因在于，我国中部地区的数字经济处于高速发展阶段，数字经济能够发挥的作用更加明显；西部地区的数字经济水平更低，处于刚刚起步，发展红利比东部地区要大；东北地区近几年，产业结构转型缓慢，经济甚至出现倒退的情况，面临着严峻的经济发展和环境保护难题。

表 5.12　　数字经济影响区域碳减排的区域异质性检验

变量	(1)	(2)	(3)	(4)
	东部	中部	西部	东北
dige	2.868*** (0.626)	6.366*** (1.294)	4.348*** (1.400)	1.928 (2.794)
gove	-3.743*** (1.346)	1.003 (1.246)	-0.414 (1.777)	-0.373 (2.179)
lncity	1.216 (1.585)	4.576*** (1.149)	1.103 (0.948)	-0.082 (1.214)
fina	-0.059 (0.085)	-0.068 (0.082)	0.041 (0.075)	0.081 (0.420)
lnener	-0.982 (0.868)	-1.363*** (0.277)	-0.812*** (0.224)	-0.254
finve	0.022 (0.078)	0.057 (0.111)	-0.185 (0.149)	-0.056 (0.113)
_cons	2.249 (5.823)	-13.385 (8.403)	2.644 (4.150)	2.877 (6.782)
N	80.000	48.000	88.000	24.000
r2	0.768	0.959	0.597	0.748
r2_a	0.679	0.933	0.452	0.274

注：*** 表示回归系数达到了 1% 的显著性水平。

四、稳健性检验

（一）中介效应模型稳健性检验

稳健性检验能够进一步检验数字经济对区域碳减排影响的稳定性。因此，本书借鉴了朱兴旺（Xingwang Zhu，2022）的做法，先对模型的因变量区域碳减排水平（cd）进行替换分析，然后对核心解释变量数字经济发展水平（dige）进行替换处理，检验模型是否存在内生性问题。

1. 替换因变量

由于本书采用的碳减排指标是由能源消耗折算成相应的碳排放系数，进而计算出的区域碳减排指数。因此，在进行因变量的替换时，将采用CEADs数据库的碳排放总量，计算出30个省份的碳减排水平，进而验证结果是否仍然成立，实证结果如表5.13的模型（1）、模型（2）、模型（3）所示，相关变量的符号基本与前文一致，说明上文模型的构建较为稳健。

表5.13　　中介效应模型稳健性检验

变量	替换因变量			核心解释变量滞后		
	(1)	(2)	(3)	(4)	(5)	(6)
	cd	ins	cd	cd	ins	cd
dige	5.144*** (0.627)	2.341*** (0.369)	3.246*** (0.606)	3.056*** (0.458)	2.080*** (0.476)	2.270*** (0.446)
gove	-4.362*** (1.215)	-2.798*** (0.715)	-2.093* (1.112)	-1.884** (0.776)	-3.372*** (0.807)	-0.610 (0.752)
lncity	-0.312 (0.721)	0.831* (0.424)	-0.986 (0.641)	1.310*** (0.464)	0.704 (0.482)	1.044** (0.431)
fina	-0.179*** (0.066)	-0.027 (0.039)	-0.157*** (0.058)	-0.042 (0.042)	-0.005 (0.044)	-0.041 (0.039)
lnener	-0.811*** (0.240)	-0.364** (0.141)	-0.516** (0.215)	-0.673*** (0.159)	-0.342** (0.165)	-0.543*** (0.148)
finve	0.038 (0.081)	-0.041 (0.048)	0.071 (0.071)	-0.051 (0.050)	-0.054 (0.052)	-0.031 (0.046)
ins			0.811*** (0.107)			0.378*** (0.068)
常数项	10.466*** (3.570)	-0.185 (2.101)	10.616*** (3.145)	-0.194 (2.390)	0.376 (2.484)	-0.336 (2.204)

续表

变量	替换因变量			核心解释变量滞后		
	(1)	(2)	(3)	(4)	(5)	(6)
	cd	ins	cd	cd	ins	cd
个体固定	Yes	Yes	Yes	Yes	Yes	Yes
年份固定	Yes	Yes	Yes	Yes	Yes	Yes
观测值	240.000	240.000	240.000	210.000	210.000	210.000
r2_a	0.557	0.642	0.656	0.565	0.591	0.630
时期	8	8	8	8	8	8

注：*、**、*** 分别表示回归系数达到了 10%、5%、1% 的显著性水平。

2. 替换核心解释变量

本书的核心解释变量是通过构建数字经济六维度指标，并以此为基础，测算出数字经济的发展水平。在稳健性分析中，为兼顾数字经济发展对碳减排影响的滞后性，需要对核心解释变量数字经济进行滞后一期处理，利用滞后一期的数字经济发展水平指标替换核心解释变量。结果如表 5.13 的模型（4）、模型（5）、模型（6）所示。可以发现，结果仍然成立，数字经济对碳减排呈现出显著的正向影响，且产业结构升级的中介作用仍然成立，即数字经济对碳减排呈显著促进作用，产业结构升级在数字经济和碳减排中发挥显著的中介作用。

（二）空间联立方程模型稳健性检验

考虑到空间权重矩阵的设置问题，为了保证空间联立方程回归模型的稳健性，本书首先改用空间经济距离矩阵，采用广义空间三阶段最小二乘法对联立方程进行重新估计，并运用三阶段最小二乘法，检验原方程组，结果如表 5.14 所示，可以看出表 5.14 的模型（1）和模型（2）的相关变量的回归系数与表 4.9 的相关变量符号和系数的显著性相比变化不大，表 5.14 模型（3）和模型（4）的所有变量的符号和显著性与采用广义空间三阶段最小二乘法的结果相似，这表明空间联立方程的估计结果具有稳健性。

表 5.14　　空间联立方程稳健性检验

变量	空间经济距离矩阵		3sls	
	(1)	(2)	(3)	(4)
	dige	cd	dige	cd
W × dige	1.000 *** (13.287)	-4.441 *** (-5.612)		
W × cd	-0.010 ** (-0.308)	0.840 ** (2.131)		
dige		4.119 *** (10.092)		2.214 *** (7.534)
cd	0.103 *** (10.169)		0.149 *** (7.816)	
gove		-4.526 *** (-5.193)		-2.557 *** (-3.733)
lncity		0.083 *** (3.832)		0.145 *** (6.864)
fina	0.018 *** (6.344)		0.051 *** (8.675)	
lnener	0.009 * (1.898)	-0.163 *** (-4.689)	0.054 *** (6.635)	-0.164 *** (-4.524)
finve	-0.188 *** (-3.880)		0.004 ** (2.106)	
_cons	-2.602 *** (-6.183)	1.773 *** (4.496)	-0.595 *** (-7.087)	1.320 *** (3.776)
观测值	240	240	240	240

注：*、**、*** 分别表示回归系数达到了 10%、5%、1% 的显著性水平。

总之，为了探究数字经济、产业结构升级和区域碳减排之间的影响，本书首先采用熵权法对数字经济发展水平进行了测量。其次根据理论分析，建立中介效应模型，分析数字经济对区域碳减排的影响机制，并针对其空间溢出效应，构建空间联立方程模型，验证两者之间的交互溢出影响。从分析结果上看，数字经济能够显著促进区域碳减排，产业结构升级在影响机制中发挥着显著的中介作用；从空间溢出效应上看，数字经济和区域碳减排均存在空间溢出效应。同时，周边省份数字经济的发展会引起本省碳减排水平的下降，而周边省份碳减排水平的上升会导致本省数字经济发展水平的下降。

第四节　数字经济、产业结构升级对区域碳减排的对策

数字经济能够显著影响区域碳排放，通过产业结构升级渠道间接推动区域碳减排，并通过空间溢出效应影响区域碳排放的发展。数字经济的发展推动了产业数字化和数字产业化，进而不断推动产业结构升级，而产业结构的不断优化能够有效淘汰我国落后、高能耗产业，并催生低能耗产业的出现。在空间交互影响上，数字经济和区域碳减排均存在空间溢出效应，但数字经济的发展可能会对周边地区的碳减排造成负面影响。因此，本章将在总结前文理论机制分析和实证分析的基础上，根据我国数字经济、产业结构升级以及碳减排现状，从数字经济对碳减排的影响机制，以及数字经济和碳减排的交互溢出影响等方面提出促进数字经济发展、带动区域碳减排，进而实现我国经济高质量发展的策略。

一、数字经济促进区域碳减排策略

（一）补齐数字经济发展短板

对于我国数字经济的整体发展而言，数字基础、产业数字化、数字人

才是我国数字经济和区域数字经济发展的短板。因此，无论是数字基础，还是产业数字化和数字人才，都需要提升到一个新的水平，才能充分促进数字经济的综合发展，实现以数字经济促进区域碳减排的目的。

首先，需要加大数字基础设施的建设，统筹布局，围绕数字经济发展需求，因地制宜。从实证结果上看，在我国数字经济发展中，数字基础维度存在明显不足，数字基础设施的建设决定数字经济发展的上限和潜力，较低水平的数字基础设施建设很可能会在数字经济高速发展阶段阻碍数字经济的进一步发展，导致数字经济发展水平与数字经济硬件设施不匹配，进而诱发一系列的发展失衡问题。为解决数字经济发展中的基础设施问题，应该发挥好政府引领和政府支持的作用，尤其是要发挥好政府的引领作用，完善数字经济顶层基础建设。数字基础建设是一项复杂的工程，且带有一定的公共属性，这就需要政府优先带头，发挥政府的统筹协调作用，为边远地区数字经济的发展打好基础。要发挥政府的支持作用，加快边远地区互联网基础设施、信息传输通道和信息化服务能力建设，同时要统筹城乡基本数字服务发展，对相关项目和研究进行政策倾斜。

其次，促进产业数字化转型，不断完善数字经济产业化标准，抢占规则体系制定的制高点。从数字经济发展水平的测度上看，我国在产业数字化转型上仍然存在许多不足，传统企业数字技术应用率低、工业大数据开发创新能力不足，都在阻碍着我国产业的数字化升级。一个国家想要提升数字经济发展水平，就必须先明确数字产业的划分和产业数字化的标准，明确如何从数字逻辑出发定义产业数字化，掌握数字经济发展标准的话语权。同时，也要引导产业组织创新，探索建立产业生态和数字经济产业体系。通过鼓励建立产业间合作平台，驻点扶持平台类载体产业的发展，如产业孵化器、产业加速器、产业互联网等。促进企业间数据要素的充分利用，加强合作从而有效提升产业数字化生态的建设速度。

最后，数字人才在数字经济发展中也发挥着十分重要的作用。中国四大区域，除了东部地区，东北地区、西部地区、中部地区的数字人才维度均存在较大短板，注重数字人才的培养和储备，可以缓解未来数字经济高速增长与人力资本的不匹配问题，有助于提高我国区域数字经济发展的上限，加强人才力量的后续储备，并减少从国外引入数字人才的成本。同时在数字人才培养的过程中，也要注重复合型人才的培养，数字经济不同于传统经济，它是传统经济的新形态，这一属性就决定着数字经济的发展既需要具有专业技能的专业人才，也需要懂得数字技术的数字人才。因此，需要支持地方、大企业与高校联合培养数字人才，共同加大数字技术专业人才的培育力度。同时，鉴于数字经济是新兴经济形态，对于数字人才的培养体系并不健全，这样一来，专业和课程设置、师资配备、招生规模不能满足数字人才的需求。因此，需要高校联动数字企业，制定合理的人才培养体系。

（二）加强数字经济行业的监管力度

加强对数字经济的监管，一方面，可以发挥商业经济中的政策效果，防止垄断集团的形成；另一方面，对于正在发展中的数字产业，积极的监管措施可以规范平台企业经营行为，防止产业发展畸形，可以持续释放数字经济对区域碳减排的促进作用，为数字经济发展和碳减排事业提供有效的保障。

首先，加大对垄断行为的打击力度。随着数字技术应用的不断普及，过度信息收集、侵犯个人隐私的问题日益严重，数字产业垄断所带来的过度定价、不公平竞争、阻碍科技进步等风险也在逐渐升级。因此，要采用监管的手段，从反垄断治理体系建设和事中事后监管等方面入手，避免此类问题的发生。一方面，要继续发挥反垄断的政策效果，帮助数字企业建立一个公平竞争、充满活力的市场环境，同时也要实时关注市场竞争状态，一旦发现存在多个企业集中度过高，甚至是技术封锁、限制新技术、新产品的行为，要及时制止，并辅以处罚措施；另一方面，在加强反垄断的同时，也要注重数字经济发展的客观规律，防止矫枉过正，避免出现因反垄断而打击数字创新和市场投资的积极性，要以一种温和的、常态化监管方式，持续为数字经济的发展护航。

其次，注重监管政策制定与执行的统一。在传统的监管方式下，如果没有监管政策的支持，监管的执行就会层层受阻。受限于企业自身的运行模式，目前大多数监管都只能依赖自我监管、抽查和事后追责三种方式，但这三种方式想要做到数字经济发展过程中的全过程和全范围覆盖是一个巨大的挑战。想要进一步提升监管的力度，一方面，要注重相关政策的完善，通过政策引导，用数字化赋能监管措施，转变传统的监管方式，形成多层次、立体化集成监管机制；另一方面，要注重监管的执行，注重部门层级联合，防止出现监管过程中相互推脱的情况，真正实现跨区域、跨层级、跨部门的联合监管。

最后，监管要适应数字化时代的要求。传统的经济监管主要是对相关行业的进入、资格、价格、退出等资质进行审查，但在如今数字技术高速变革的时代，传统的监管方式与日新月异的数字经济存在着不匹配的现象。数字技术作为一种便捷的手段，不仅在生产中扮演着重要的角色，也能在监管中赋能传统的监管措施，实现监管的数字化转型。一方面，传统监管可以利用数据资源，精准分析问题，洞察数字产业发展趋势。作为数字经济发展的核心资源，数据不仅是重要的生产要素，也是推动监管精准化转型的关键要素，通过数据资源的收集和应用，可以使政府的监管更具有及时性和前瞻性。另一方面，数字技术的发展不仅大大提高了数字企业的竞争力，也使其垄断和不正当竞争行为更具有隐蔽性，传统的监管方式很难发现企业的违规行为，并对其进行识别和评估。因此，政府监管也要顺应时代发展，进行科技升级，积极采用现代化的监督手段，辅以相应的惩罚措施，抑制数字产业的不正当竞争行为。

（三）推动区域数字经济合作与碳治理融合

目前我国数字经济已经进入高速发展阶段，数字经济发展所带来的各种好处也开始凸显，但在数字经济发展过程中，产业转移所带来的不确定因素也会对我国区域碳减排造成影响，在信息技术高速发展和交通方式快速变革的时代，空间距离的影响大大被弱化。因此，注重区域合作，协同发展数字经济和治理区域碳排放十分必要。

首先，加强区域数字经济合作。通过前文的理论分析和实证检验，可以发现数字经济存在空间溢出效应，其中长江三角洲的省份空间溢出效应最为明显，而空间溢出效应具有累加效应，即当数字经济发展水平不断提高时，空间溢出效应也会不断增强。当下，我国区域数字经济发展极不平衡，尤其在数字技术维度，东部地区最高，而西部地区和东北地区的数字技术水平低下，同时在四大区域的不同省份下数字经济发展水平也差异明显。因此，要利用好数字经济的空间溢出效应，带动我国数字经济的整体发展，一方面，要逐步完善数字经济的基础建设打破空间限制，建立数字产业合作区域，优化数字基础设施空间布局，提高数字基础设施的利用率，增加数字产业的服务范围；另一方面，要注重数字技术的传播和应用，加强区域间的技术合作和研发，统筹布局，发挥数字技术的溢出效应，利用东部地区的数字技术优势快速提高其余区域数字经济发展水平。

其次，我国应积极推动区域联合治理。自工业革命以来，世界二氧化碳排放进入高速增长阶段，我国工业化起步较晚，但发展速度较快。目前，我国仍处于二氧化碳排放的增长阶段，并且短时间内该增长趋势还会持续，同时，我国产业结构升级还未完成，高能耗、高污染行业在我国产业结构中仍占据较大比例。在本书中，通过实证分析，发现区域碳排放存在空间溢出效应，这意味着当一个地区的碳排放较高时，很容易产生污染扩散现象。基于这一现象，在对区域碳排放进行治理时，应在碳排放源头降低企业能源消耗，鼓励清洁能源的使用，并促进绿色技术的应用，引导区域产业绿色转型升级；在碳排放过程中，可以通过税收和政策限制等手段，倒逼企业进行绿色改革，提高企业碳排放成本；在碳吸收的过程中，鼓励植树造林、对树木砍伐进行限制、注重森林防火，研发碳收集和固化技术。同时，也要注重与周边地区的合作，防止周边地区的二氧化碳外溢，协同周边省份成立合作组，协同治理。对于高碳排放地区要适当收取经济补偿。

最后，要协调数字经济和区域碳减排。从实证结果上看，数字经济和碳排放之间存在相互抑制的作用，即数字经济的发展能抑制区域碳排放，碳排放的增加会抑制区域数字经济的发展。而在空间视角上看，数字经济的发展能够带动周边地区数字经济的发展，同时也会促进周边地区的碳排放；碳排放会带动周边地区碳排放，也会促进周边地区数字经济的发展。

可见，数字经济的发展和区域碳排放可能存在不协调的问题。因此，在数字经济的发展过程中要兼顾数字经济发展和区域碳排放的空间关系，周边地区在接受数字经济高水平地区外溢的同时，要注意产业转移现象，提高高污染、高能耗企业的进入门槛，防止工业集聚外溢所产生的负面影响。高数字经济水平地区，要注重企业绿色转型，做好企业数字化转型工作，防止落后产业外溢。针对碳排放空间溢出问题，高碳排放地区要发挥其带动数字经济发展的作用，同时要做好区域碳减排工作，做到数字经济发展和碳减排的相互协调。

数字经济作为未来的发展方向和经济增长点，应该完善数字基础建设，突破原有的地理位置限制，重视数字资源的合理分配，鼓励高数字经济水平省份向周边省份渗透合作，优化数字经济的空间布局，提高区域数字产业的服务范围。此外也要完善政府政策，加强区域间数字经济合作，统筹布局，弱化地方政府对数字经济发展的限制，赋予地方数字产业更多自主权，降低数字产业进入门槛，发挥数字经济的溢出作用，带动周边地区数字经济的发展。

二、产业结构升级促进区域碳减排策略

（一）加大政策支持和引导力度

数字经济促进产业结构升级进而提高区域碳减排效率是数字经济影响区域碳排放的重要作用机制。因此，基于数字经济影响区域碳减排的作用机制，发挥产业结构升级的中介作用，有利于充分释放数字经济促进低碳发展的潜力，在根本上促进区域碳减排事业的发展，具体方法如下。

首先，坚持发挥市场的调节作用，并兼顾政府政策引导。产业结构升级的本质是优势企业取代劣势企业，高级产业替代低级产业并不断进行主导产业变换，实现产业结构螺旋上升的过程。市场本身的调节作用，使得资本市场具有较强的逐利性，通过市场自发调节产业的运行，之前落后的、低附加值的产业会不断被市场抛弃，获得的资源也会逐渐减少。在资

源配置方面，根据经典经济增长理论，生产要素的增加和技术水平的提升是经济增长的源泉。在当前产业转型背景下，我国产业结构升级可以通过优化资源配置来实现经济增长。一方面，通过优化资源配置，促进优势产业生产要素的增加，提高其市场竞争力。另一方面，当前我国各大产业技术水平与国际前沿仍存在一定差距，通过市场的资源配置作用，可以不断加大企业在高新技术产业领域上的研发投入，进而在企业自身维度提升其竞争力。然而，市场调节也可能存在着失灵的现象，主要是因为单纯的市场调节可能存在盲目性，市场的参与者盲目追求短期利益，导致与国家的长期发展相违背。因此，在坚持市场调节的同时需要兼顾国家政策的引导，加大对未来高质量发展的基础类产业的政策支持力度，营造一种公平公正的竞争环境，防止出现因行业垄断而引发的产业结构失衡等恶性循环问题。同时也要注重中小型企业的发展，做到大中小三类企业齐头并进，共同为我国产业结构的升级提供动力。

其次，要提高产业自主创新能力，注重创新成果转化。创新能力不仅是经济发展的最大动力，也是企业提高自我核心竞争力的需要。自新中国成立至今，我国始终坚持科技是第一生产力、人才是第一资源、创新是第一动力的理念。随着我国经济的不断发展，我国企业也从劳动密集型向资本密集型和技术密集型转变。产品和技术更迭为产业结构升级提供了源源不断的动力。目前，我国产业结构正处于转型升级的关键阶段，相较改革开放之前，我国第三、第二产业在三大产业中的占比已经达到了一定高度，但产业本身仍存在技术创新低下、劳动密集型产业过多的现象。因此，为了增加企业的创新力度，加快我国由以低附加值的劳动密集型产业为主上升到以高附加值的技术密集型产业为主。政府部门应该提高创新企业的地位，支持企业研发，加大对企业创新政策的落实，鼓励金融业提高企业研发费用的贷款比例，同时也要兼顾核心技术攻关、完善创新体系，加快创新成果转化效率，注重专利保护，防止科技创新中“搭便车”行为的出现。

最后，促进低碳技术的更迭，引导企业绿色生产。当前我国产业结构正不断向高级化迈进，但在产业高级化的过程中也要注重环境污染和碳排放问题。在实证分析中发现，产业结构升级在数字经济和区域碳排放中发挥着中介作用，说明随着产业结构升级，产业结构会不断向更为绿色、低碳的方向发展进而促进碳减排，提升资源的利用效率，减少因资源浪费引起的碳排放问题，同时也能够鼓励企业推进低碳技术的研发，以降低企业的生产成本。因此，一方面，国家应该通过设置高碳企业的进入壁垒，防止高碳企业的继续扩张，促使产业结构向低碳、绿色转型升级；另一方面，需要鼓励产业绿色生产，通过碳交易等政策限制企业整体碳排放，利用政策手段倒逼企业进行绿色技术升级，这样一来，不但可以减少高碳企业的增加，也能有效削减高碳企业的碳排放总量。

（二）完善多层次的监管体系

现阶段，我国产业结构升级还处于关键阶段，但在产业结构升级的过程中，高碳企业仍占有较大比例，而实证结果表明产业结构升级是推进我国低碳事业的有效途径。因此，我国应不断完善产业结构升级的监管机制，强化碳减排效应。

首先，要注重对产业布局的监管。产业结构的升级绝不是简单的第一产业、第二产业向第三产业的迈进，更不是以速度为主。在产业结构升级的过程中，更要关注产业结构升级的质量，注重产业布局的合理性，防止一个区域的某一类产业比例过低，或者过高，不利于区域的协调发展。对于产业结构升级进度较为缓慢的地区，要监管落后产业，防止落后产业的扩散；对于产业结构升级进度较为快的地区，要防止产业结构发展失衡。注重区域之间产业结构发展的均衡性。

其次，要完善对产业创新的监管。在完善对产业结构升级监管的过程中，也要防止大型企业设置行业壁垒阻碍行业创新的垄断行为。产业结构升级既包括产业结构高级化，也包含产业自身附加值的提高，而在产业附加值提高的过程中，离不开创新驱动型产业优化升级。创新技术的应用不仅能够大大提高产业的生产效率，也能够打开产业结构升级的碳减排效应的技术窗口。所以政府要鼓励企业创新，严厉打击技术垄断行为，引导企业进行自主研发。加强对绿色技术应用的推广和监督，促进绿色技术的扩散和流转，为我国碳减排事业带来新的契机。

最后，完善对产业碳排放的监管机制。建立完备的产业碳排放监管体系，保证产业碳排放数据的准确性，同时要联合社会各主体，做到数据公开、多中心共同监管的产业碳排放。同时，要加强针对性监督，对于高碳排放企业、碳排放监测机构、低碳技术服务机构，建立完善的部门监管体系。一方面，要做好产业碳排放的数据自查工作，要求各级地方政府重点核查碳排放报告，避免出现纰漏；另一方面，要建立省级主管部门抽查制度，并推动第三方监管制度的进一步完善，建立起一套可以持续运行的产业碳排放监管制度，并推进碳交易市场的有效运转，这样才能有效保障低碳、减碳工作的进行，早日实现我国“双碳”目标。

（三）协同周边多地多维度联动发展

加强区域协调合作可以为数字经济发展、产业结构升级和区域碳减排提供良好的环境保障，因此，我国各省份应该加强合作，联手打造数字经济发展合作区、产业升级共助区、碳减排示范区。

第一，加强区域数字经济合作，防止透支区域产业结构升级潜力。这主要体现在：数字经济的发展具有溢出效应，当一个区域数字经济高速发展的时候，往往能带动其周边地区数字经济的发展，但在发展过程中很有可能产生虹吸效应，导致发展落后地区的高端产业流失，低端产业过多，透支产业结构升级潜力，阻碍低碳减排事业的进程。因此，要统筹区域数字经济发展，对于数字经济发展程度较高的地区，要主动引导技术外溢和人才共享，同时要防止数字经济外溢的负面影响，注重均衡发展；而在数字经济发展水平较低的区域，应该主动与数字经济高水平地区合作，同时监管高端产业的流出效应，防止高端产业过度流失和低端产业过度集群。

第二，加强对区域产业转移的监管。我国各区域之间应该建立一种相互协调、配合的产业监管机制。首先，对于产业结构升级水平较高的地区要不断完善制度，不仅要基于区域产业的发展现状来实时调整政策和制定新的扶持政策。其次，还要考虑到政策对周边地区的影响，防止政策的外溢效应负面影响周边地区产业结构升级的进程。一方面，产业结构升级较快的地区可以通过继续完善基础设施的建设和服务，进一步发挥产业的外溢效用，进而带动周边地区产业结构的升级。同时也要继续发展科技，提高产业的核心竞争力，挖掘区域产业升级潜力。另一方面，产业结构升级进程缓慢的地区应该加强与发达区域的合作，避免因为区域政策壁垒阻碍其发展，应该取长补短，积极寻求与发达地区的合作机会，同时针对劳动密集型低端产业的外溢问题，根据自身需求适当引进，设定进入门槛，防止该类型企业过度进入而使自身形成粗犷的发展模式。

第三，加强区域碳排放监管合作。各地政府要根据地区的碳排放情况，建立统一的碳排放测量体系，通过定量分析的方法识别全区域温室气体排放总量和大气中所含的污染物，统筹考虑区域发展状况，引导区域向低碳方向发展；以“双碳”政策为目标，根据未来要达到的碳达峰目标，合理分配碳减排任务，以达到减排效率的最大化。同时，要发挥区域市场的调节作用，利用碳交易政策的优势，建立碳排放二级市场，完善碳排放权交易制度，协调区域碳减排。此外，要区域联合建立高碳排放企业名单，防止高碳企业跨区域流动和扩张，并配套以相应的政策，鼓励低碳绿色企业落户周边地区，提高产业结构绿色化，发挥低碳产业的外溢效应。

总之，我国目前已经意识到数字经济发展在未来经济发展中的重要地位，同时出台了不少政策来推动数字经济促进区域碳减排，并已经取得初步成效。根据前文的研究成果，本书进一步从数字经济促进区域碳减排和产业结构升级促进区域碳减排两个方面，从多个角度提出了协调我国区域数字经济、产业结构升级和区域碳减排的相关建议，具体如下所示。

在数字经济促进碳减排方面：首先，提出补齐数字经济发展短板，通过实行有效的基建政策，完善我国数字经济基础设施；通过产业数字化转型，不断完善数字经济产业化标准，抢占规则体系制定的制高点；通过数字人才培养，为我国储备充足的数字经济发展人才资源。其次，提出加强数字经济行业的监管力度，通过加大对垄断行为的打击力度，防止垄断壁垒形成；通过注重监管政策制定与执行的统一，真正落实跨区域、跨层级、跨部门的联合监管；通过适应数字化时代的监管，推动监管的技术升级，弥补传统监管措施的不足。最后，提出推动区域数字经济合作与碳治理融合，积极推动区域联合治理，协调数字经济和区域碳减排。

在产业结构升级促进碳减排方面：首先，提出国家政策层面的应对策略。坚持发挥市场调节作用，并兼顾市场引导，注重创新成果转化和低碳技术的应用。其次，提出国家监管层面的应对策略。注重产业布局的监管，完善产业创新监管和碳排放监管机制。最后，提出区域协调发展层面的应对策略，加强区域数字经济合作，防止透支区域产业结构升级潜力。通过对区域产业转移的监管，避免形成粗放的发展模式。通过加强区域碳排放监管合作，提高产业结构绿色化，发挥低碳产业的外溢效应。

第六章　绿色金融、绿色技术创新对区域碳减排的影响

第一节　引　　言

一、研究背景

21世纪以来，虽然全球经济高速发展，但能源消耗却急剧增加，给生态环境和资源都带来了相当大的破坏。全球碳排放量增长迅速，2000～2019年，全球二氧化碳排放量增加了40%。据英国石油公司（BP）发布的《世界能源统计年鉴（第70版）》数据显示，2013年以来，全球碳排放量持续增长，2019年，全球碳排放量达343.6亿吨，创历史新高。2020年，在新冠疫情影响下，世界各地区碳排放量普遍减少，全球碳排放量下降至322.8亿吨，同比下降6.3%，如图6.1所示为近几年全球碳排放情况[①]。这不仅阻碍了经济的可持续发展，同时给人类健康也带来了极大的危害。联合国气候变化专门委员会（IPCC）的报告显示：自1880～2012年，全球平均气温上升了0.85摄氏度[②]。《2021年全球气候体检报告》指出，海平面在2013～2022年平均每年上升4.4毫米，速度较过

① 资料来源：2021年BP世界能源统计年鉴。

② 最新研究成果：温升2℃，世纪末气候控制目标［EB/OL］. 人民网，2014－12－03.

去增加两倍①。

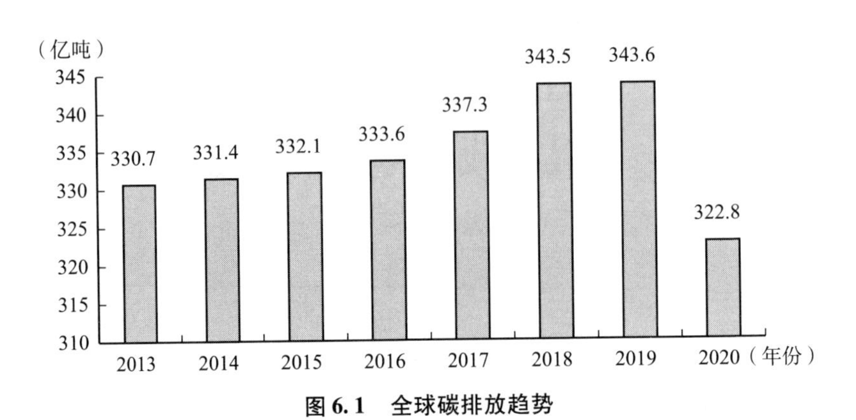

图 6.1　全球碳排放趋势

资料来源：2021 年 BP 世界能源统计年鉴。

有关数据显示，2021 年全球最具破坏性的十大极端天气事件造成的损失总计达到 1700 亿美元，而且极端天气出现的频率和强度明显高于之前。② 随着全球环境污染加重，生态问题日益严重，推进绿色发展、实施生态治理已经成为当前世界各国发展的共识。在这之前，为了控制全球变暖的速度、改善全球生态环境，在 1972 年，联合国于斯德哥尔摩通过了《联合国人类环境会议宣言》，旨在维护全球环境，造福人类后代；在 1985 年，联合国于维也纳通过了《保护臭氧层维也纳公约》，旨在呼吁保护臭氧层、控制全球变暖；在 1992 年，197 个缔约国共同签署了《联合国气候变化框架公约》，要求缔约国根据自己国家的社会经济条件和能力应对气候变化，且要尽可能展开广泛合作、积极应对；在 1997 年，197 个缔约国又于日本签署《京都协议书》，旨在将二氧化碳的排放量控制在一定水平；在 2015 年，联合国于巴黎气候大会上通过了《巴黎协定》。

中国是世界上最大的碳排放国，以 2020 年为例，中国碳排放在世界上的占比情况如图 6.2 和图 6.3 所示，面对中国国内气候治理的压力和国际

① 世界气象组织发布“2021 年全球气候状况”临时报告［N］. 中国青年报，2021－11－01.

② 今年全球 10 大气候灾难造成损失 1700 亿美元［EB/OL］. 金融界，2021－12－28.

减排的责任，控制碳排放量义不容辞。因此，我国开始逐渐追求经济的高质量发展，实施向低碳转型的经济发展战略。我国作为最大的碳排放国，在2009年就作出减排承诺，称2020年碳排放强度将较2005年下降40%～50%[①]。2020年习近平主席提出了二氧化碳排放力争在2030年前达到峰值，2060年前实现碳中和的“3060”目标[②]。党的二十大也对加快生态文明体制改革、建设美丽中国提出了总体要求。生态文明建设和生态环境保护已经提升到前所未有的高度，可以看出，实现减排目标、实现经济的转型发展是我国未来发展的重要任务和挑战。

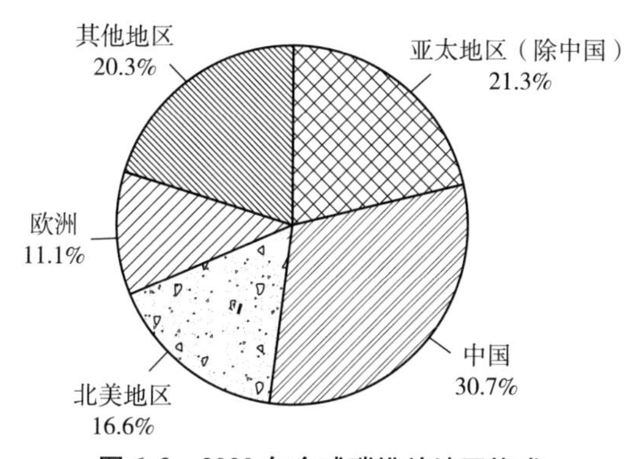

图 6.2　2020 年全球碳排放地区构成

资料来源：2021 年 BP 世界能源统计年鉴、中国研究数据服务平台（CNRDS）。

金融业是经济发展的核心，我国要减少碳排放、缓解碳减排压力，离不开金融业的支持。而绿色金融的发展是当前经济发展的核心和重点，绿色金融作为维护生态健康的金融创新工具，为解决和治理生态环境问题提供了多元化渠道，在我国不同区域和产业的绿色转型发展中具有关键意义。在经济发展和生态保护的双重目标驱使下，大力发展绿色金融是传统行业减碳的有效推手，也是产业绿色发展的关键，对我国经济绿色转型升

① 我国提前实现2020年碳排放强度比2005年下降40%～45%的承诺　温室气体排放快速增长局面基本扭转［N］. 光明日报，2019-11-28.

② 中华人民共和国国民经济和社会发展第十四个五年规划纲要［EB/OL］. 新华网，2021-03-13.

级十分重要。2016 年中国人民银行发布了全球首个比较完整的绿色金融政策体系框架文件《关于构建绿色金融体系的指导意见》。2017 年国务院常务会议颁布绿色金融改革创新实验区试点政策，我国地方绿色金融试点政策开始进入初步尝试阶段。2021 年，在绿色金融政策的支持下，我国成为世界首个将“碳中和”贴标绿色债券并且成功发行碳中和债券的国家。同年，人民银行发布相关方案为绿色金融体系制定完备的评价标准，进一步完善了绿色金融制度体系。《全球绿色金融发展报告（2022）》显示，中国是绿色金融发展指数（GGFDI）指标体系总体得分唯一排名前十的发展中国家。

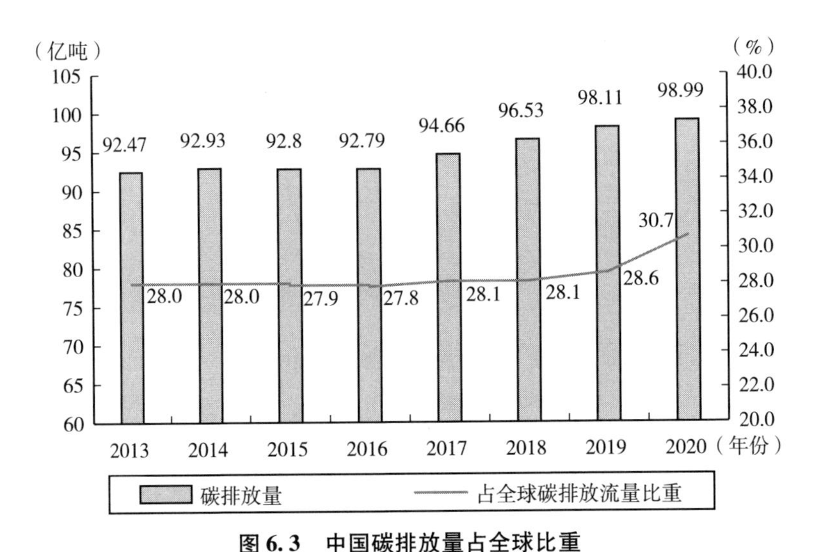

图 6.3　中国碳排放量占全球比重

资料来源：中国碳排放核算（CEADs）数据库、2021 年 BP 世界能源统计年鉴。

绿色技术创新通过改进传统技术、替代高污染技术，降低能源消耗，减少环境污染，实现绿色可持续发展，是实现经济绿色转型与发展的动力与途径。技术的进步为我国经济的快速发展和经济发展方式的转型升级作出了极大的贡献。绿色技术创新水平的提高意味着产品在生产过程中更清洁、更高效、碳排放量更少。而绿色技术创新离不开绿色金融的支持。但是由于各地区之间经济发展水平、城镇化水平、产业结构、对外开放程度和环境规制等不同，绿色金融与技术创新之间的相互作用力存在异质性，二者协同下对区域碳减排的作用效果也存在一定的差异。因此深入研究绿色金融与绿色技术创新由于地域差别导致的发展水平不同，进而对区域碳排放的影响效果以及地区间是否存在外溢效应成为当前亟须解决的问题。

综上所述，本书从绿色金融、绿色技术创新和区域碳排放的现实出发，从理论和实证两个方面进行考察，以期能够解决以下问题：一是绿色金融、绿色技术创新与碳减排之间是否存在稳定的均衡关系；二是绿色金融与绿色技术创新对碳排放的影响是否存在空间集聚性及溢出效应。并根据研究结果有针对性地提出对策建议。

二、研究目的

根据现有理论及研究发现，促进绿色发展对减少碳排放效果显著，在此基础上，促进绿色发展的重要途径是发挥好绿色金融和绿色技术创新的环境友好作用。其中，绿色金融作为一种创新型的金融工具，对资本配置、人才引流等有重要作用；绿色技术创新则是指通过提升绿色技术水平提高能源利用率、发明新能源来减少能源消耗。本书运用 2010 ~ 2020 年全国 30 个省份的面板数据对上述二者减少碳排放的作用机理和传导路径进行分析，并对发展绿色金融、提高绿色技术创新水平、减少碳排放提出对策建议。

综上所述，本书的研究目的有以下几点。

（1）探究绿色金融减少碳排放的作用机制，解析绿色技术创新对碳减排的作用机制。目前已有许多学者对绿色金融和绿色技术创新的发展特点等进行了研究。结合已有的关于绿色金融、绿色技术创新的相关文献，基于可持续发展理论、外部性理论等理论原理，分析绿色金融与绿色技术创新对环境绿色发展产生影响的途径，从理论层面探究二者对碳排放的影响方式和作用路径是本书的研究目的之一。

（2）剖析和比较绿色金融、绿色技术创新减少碳排放的作用效果。随着金融工具对绿色发展作用愈加凸显，绿色技术对企业绿色转型重要性日益提升，绿色金融和绿色技术创新成为实现碳减排战略的重要手段。选择全国30个省份为研究对象，根据各省份及银行和上市公司发布的相关数据，利用空间计量模型，从时间、空间角度进行实证分析，剖析绿色金融、绿色技术创新与碳排放在最近几年的发展情况，探究绿色金融和绿色技术创新影响碳减排的实际作用路径，分析比较绿色金融、绿色技术创新对碳减排的作用效果，从而拓宽促进碳减排的思路。

（3）提出绿色金融与绿色技术创新推进碳减排的协同政策建议。通过研究绿色金融和绿色技术创新对碳减排产生影响的路径并分析产生的作用效果如何，从产业结构升级、城镇化水平推进、经济水平发展等方面，结合绿色金融与绿色技术创新对碳减排空间影响的实证研究结果，基于政府政策、金融机构、企业信息、群众意识等层面提出发展绿色金融、提高绿色技术创新水平、减少碳排放的对策建议，以期通过提高三者的协同发展实现经济的高质量发展和环境的可持续进步。

三、研究意义

本书主要探讨了绿色金融、绿色技术创新、碳排放之间的相互关系，对充分发挥绿色金融和绿色技术创新的金融功能和创新功能、减少碳排放具有重要的理论意义和现实意义。

（一）理论意义

（1）拓展了绿色金融、绿色技术创新与碳减排相关领域的研究范畴。当前学者们关于金融发展对碳排放的影响研究已经有了一定的理论基础，但是绿色金融的研究在我国起步较晚，关于绿色金融对碳排放的影响研究也还不够深入。绿色技术创新也是近几年兴起的话题，关于该领域的研究还比较少，大多数学者是对技术创新对碳排放进行研究，而较少关注作为技术创新延伸的绿色技术创新对碳减排的效果。本书将绿色金融、绿色技术创新和碳排放纳入统一框架。虽然关于三者单方面的研究方法与理论比较丰富，但是理论与方法之间存在逻辑不一致的问题，且对三者之间作用效果的研究甚少。所以，有关绿色金融、绿色技术创新和碳减排方面研究的理论体系还有待完善，研究方法还有待清晰梳理。本书探究了绿色金融与绿色技术创新之间的内在逻辑结构和关系，整合相应的理论与方法，为抑制区域碳排放提供了科学依据。

（2）从绿色金融和绿色技术创新双重作用角度为抑制碳减排提供了理论依据。本书对绿色金融对碳减排的作用效果以及绿色技术创新对碳减排的作用效果进行了机理分析，从空间集聚和溢出的角度对三者之间的空间相关性进行检验，实证研究了空间区域内绿色金融和绿色技术创新双重作用下对碳排放的影响效果，还从城镇化水平、经济发展水平、产业结构、对外开放程度几个角度对碳排放的影响效果进行了深度分析。以为减少区域碳排放、促进绿色金融发展和提高绿色技术创新水平提供实证支撑。

（3）探究了绿色金融、绿色技术创新与碳减排协同的内在规律。绿色金融在一定程度上能够促进技术的改革创新，提高绿色技术创新水平，而绿色技术创新水平的提升又能够吸引资本和资源聚集，从而使绿色金融更快发展。绿色金融通过资源配置能够对碳减排产生影响，而绿色技术创新通过技术升级提高能源利用率，也能够减少碳排放。本书研究绿色金融与绿色技术创新的内在机制，为促进二者协同发展，以使碳减排达到更理想的效果进行了理论分析，并就研究结果提出了对策建议。

（二）现实意义

（1）有利于推动绿色金融与绿色技术创新协同发展。本书通过对全国各省份的绿色金融发展和绿色技术创新水平进行测度和深入研究，全面客观反映绿色金融与绿色技术创新的状况，使各省份充分了解各自绿色金融和绿色技术创新的发展现状与前景，在看清与其他省份差距的情况下，加强各省份之间的交流，充分利用好地理和空间优势，加快各个地区的政府和金融机构发展绿色金融、提高绿色技术创新水平，有效促进二者协同发展进步。本书的研究结论将能够更好地解决金融发展与绿色发展之间的矛盾，对加快经济的高质量发展具有一定的现实意义。

（2）有利于推动碳减排，实现“双碳”目标。碳排放量急剧增加成为当前我国经济社会可持续发展最大的阻力，生态文明建设是关乎中国长久发展的根本大计。绿色金融为碳减排提供资金保障，绿色技术创新为碳减排提供技术支持。本书研究了绿色金融与绿色技术创新之间的相互关系，探究了二者对碳排放的空间溢出效应，客观分析绿色金融和绿色技术创新减少碳排放的路径方法及作用效果，提出促进绿色金融和绿色技术创新发展、降低碳排放的方法和对策，为各省份利用空间溢出促进经济和环境友好发展提供建议，为经济和环境更好、更快地发展献策献计。

第二节　绿色金融、绿色技术创新对区域碳减排的影响机制

一、绿色金融对区域碳减排的影响机制

首先，绿色金融作为一种金融工具和环境规制工具，传导出的“绿色经济”信号会对碳排放产生一定的影响。绿色金融对碳排放的影响可以从宏观和微观两个方面分析。从宏观来说，绿色金融会对经济增长产生影响，金融结构发生变化会改变总供给和总需求结构，从而推动经济增长。绿色金融的出现和发展表征了金融结构的优化，有利于加快原始资本积累和科技进步，从而使社会总供给能力得到改善，使经济持续发展。绿色金融为政府、企业等多方提供资金支持，从而扩大总需求、带动经济的发展，而经济的发展对碳排放有着显著的影响作用。其次，资源配置是金融最基本的职能，绿色金融将人力资源、资本和技术资源通过资源再配置的功能配送到绿色产业，提高绿色产业碳减排的积极性和研发效率，从而促进区域碳减排。

从微观来说，绿色金融通过绿色信贷提高了高耗能、高污染企业的融资成本，并通过强制企业购买绿色保险和碳排放权等增加企业的经营成

本，从而限制了高污企业的发展，进而影响企业的碳排放。通过绿色贷款，绿色企业的发展得到金融机构的资金支持，促进企业绿色升级发展，减少企业碳排放。环境友好型企业具有低污染、低耗能的特点，促进该种类型企业的发展对于经济与环境协同发展非常重要。为降低企业实施绿色项目的风险、克服绿色项目实施过程难题，需要政府和绿色金融的支持。首先，绿色金融发展模式更有助于企业绿色转型，通过银行对企业绿色发展项目内容的评估并预估环境风险，企业将获得融资贷款优惠，从而实现企业可持续性发展，树立绿色经营理念，最终以低耗能取代高耗能，达到促进碳减排的目的。其次，在过往追求经济快速发展的大背景下，社会中资金与资源更多地流向了行业，绿色产业得不到足够的关注，社会资源的配置也不够合理。绿色金融从资本配置这一路径也会对碳排放产生影响。

二、绿色技术创新对区域碳减排的影响机制

首先，绿色技术创新是以提升资源利用效率、发展绿色经济为目的的技术创新。减少碳排放作为提高环境质量最有效的方式，成为发展绿色技术创新的主要方向。绿色技术创新从多个方面直接影响碳排放：一是 FDI 的技术外溢效应，即通过外国直接投资化解我国经济发展对化石能源等高碳排放能源的依赖性。目前我国对高碳排放的能源使用的频率较高，所以应通过引进和研发技术提高技术水平，优化能源挖掘的深度、广度和采选工艺，开发新能源，积极使用清洁能源，从而实现碳排放量减少，进而保护环境的目的。二是提高能源的使用效率和使用次数。能源的循环使用，能保证其得到充分利用、实现能源的高效清洁。同时研发新的生产工具，提升设备工作效率，增加生产设备使用资源的投入产出比。三是实现已排放二氧化碳的再次使用。创新技术将二氧化碳收集封存起来，用于相关生产活动，降低碳强度的同时提升了生产活动的产出。绿色技术创新发展还会从间接层面影响碳排放：一是对能源消费结构产生影响间接影响碳排放。绿色技术创新提高了对风能、太阳能等新能源的开发利用，优化和改革能源结构，使能源从高碳化向低碳化转变。二是加速产业结构调整影响

碳排放。绿色技术创新水平的提升会促使生产力发生质变，传统的高耗能、高污染产业向新型低碳产业发生转化，同时，绿色低碳技术对高污染企业起到了改造作用，能有效降低单位能耗和减少碳排放量。

其次，绿色技术创新具有的正外部性会对碳排放量产生影响。一方面，绿色技术创新在初期投入较高、带来的风险较大，后期的创新成果难以独自占有，所以企业之间会照搬技术创新成果以实现碳减排的目标。正外部性使得企业之间可以通过模仿或者购买创新成果专利以较少的资金获得较大的节能减排效果，享受技术创新的红利。另一方面，绿色技术创新水平的提升，有利于资源的充分利用，降低了污染程度，提高了生产效率和产品质量，并最终带来应由全社会共享的环境效应。绿色技术创新对碳排放的作用效果如图 6.4 所示。

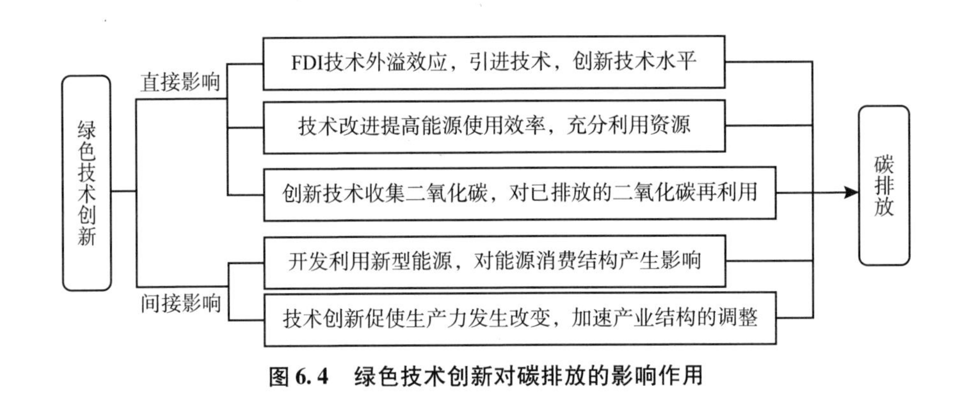

图 6.4　绿色技术创新对碳排放的影响作用

三、绿色金融、绿色技术创新对区域碳排放的传导机制

绿色金融与绿色技术创新存在较大的关联性，探究绿色金融与绿色技术创新对碳减排的影响，需要分析绿色金融与绿色技术创新之间的作用关系。绿色金融对经济市场资源的配置、风险的管控等都会对绿色技术创新产生影响，这种作用效果可能是正向也可能是负向的，而绿色技术创新的提升又会反作用于绿色金融，加快绿色金融的发展。二者的相互关系如图 6.5 所示。

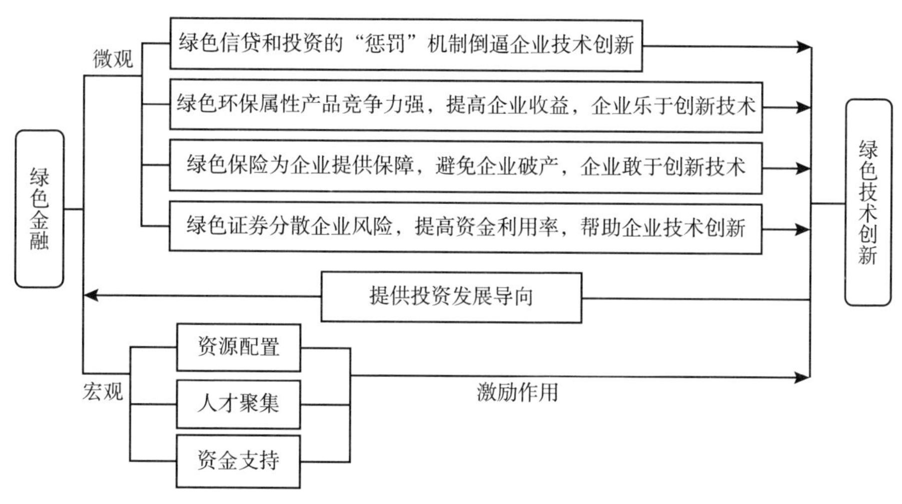

图 6.5　绿色金融与绿色技术创新的相互关系

绿色金融体系是金融机构通过绿色信贷、绿色债券、绿色保险、绿色基金和碳金融等多样化绿色金融产品，政府部门通过制定绿色标准、环境信用评级和信息披露体系、完善绿色金融法规，采用贷款贴息担保、价格补贴采购等方式实施财政激励政策共同支持经济向绿色转型的经济体系。构建完善的绿色金融体系主要目的是可以激励更多的社会资本投入绿色产业中，不仅是针对常见的一些行业进行资金支持，更多的是为过去单一金融产品难以充分支持到的边缘行业提供投融资服务，促进这类行业降碳转型。

目前来看，完善的绿色金融体系可以通过以下几种创新金融服务促进工业行业转型：一是，近年来可持续发展债券（SLB）得到了蓬勃发展，对高污染行业，在可持续发展债券市场中比在传统绿色债券和绿色信贷市场更为活跃，因为部分高污染行业难以满足传统绿色融资标准，而具有前瞻性的 SLB 更能吸引投资者，保证债券顺利发行。二是，随着我国碳交易市场的不断完善，通过碳配额、碳交易的形式，能让减排能力强的企业获得额外的收入，也有助于倒逼高排放企业更加重视技术研发，从而带动整个行业减碳增效。此外，随着绿色金融体系的完善，并不断融入传统金融市场必然会吸引更多公众投资者关注，在当下可持续发展的大背景下，社会各界绿色观念不断深入，如果行业板块难以践行环境保护责任，在社会舆论下可能会面临严峻的融资压力，从而不得不提升碳减排能力。

绿色技术创新是技术创新的一种，主要目的是在遵循生态原理和可持续发展的经济规律下，实现最小化的生态负影响。在经济可持续发展、“绿水青山就是金山银山”的时代背景下，绿色技术创新是企业实现转型升级从而带动整个行业实现减碳转型、获得可持续发展的关键一步。

众所周知，所有技术领域的创新都有高风险、高投入、长周期的特性，这对企业最直接的影响就是资金流转可能存在问题，因此，就需要比较合理的金融产品帮助企业获得所需要的金融支持。一方面，随着绿色金融体系构建相关指导意见的落地，放宽了绿色金融产品的约束条件，其中满足约束条件的企业可以通过更多样化的金融产品来获取资金，从而降低企业的流动性风险，使企业敢于将资金投入绿色技术创新领域；另一方面，对于本身条件仍难以满足绿色金融支持行业的企业，会更愿意先主动投入资金去进行绿色技术创新，通过技术进步使企业满足约束条件，有资格获得绿色金融产品的支持，以获得更多的低成本资金，再投入绿色技术创新中，形成良性循环。最终，一旦有企业在绿色技术创新领域取得突破，获得更高收益，必然会改变行业内部的市场竞争格局，带动整个细分行业的绿色技术创新，使整个细分行业的整体碳减排效果取得改善。

总之，本章分析了绿色金融发展对碳减排产生的作用机制，并从技术创新单一方面对碳减排的影响作用进行分析，最后分析了在绿色金融和绿色技术创新作用下对碳减排可能产生的效果。通过研究发现，绿色金融与绿色技术创新之间相互影响显著，利用好二者之间的关系能够促进经济社会与环境保护同时发展。绿色技术创新能够从多角度、多方面影响碳减排效果，绿色金融作为新型金融工具也基于金融市场对碳减排产生影响，而二者协同作用下对碳减排的空间效应还需要进一步的实证检验来验证。

第三节　绿色金融、绿色技术创新对区域碳减排影响效应的实证研究

一、变量选取和评价指标体系构建

（一）变量选取

通过机理分析发现绿色金融对碳排放、绿色技术创新对碳排放均会产生影响，且影响分为负向传导和正向传导两条路径。仅通过机理分析无法具体了解绿色金融和绿色技术创新对碳减排的协同影响效果，因此需要通过实证分析来确定。

“双碳”目标是我国当前为减少碳排放而追求的目标，为了客观分析绿色金融、绿色技术创新对碳排放的影响，选择碳排放量（ce）为被解释变量，绿色金融（gg）和绿色技术创新（gti）为解释变量。考虑到我国各个省份的经济发展、人口规模、产业结构等方面存在着显著的差异，在不同经济发展水平和不同人口环境下，绿色金融和绿色技术创新对碳排放产生的影响也呈现出明显不同。

为保证实证结果具有实际应用价值，基于已有文献研究（乔琴等，2021；何建奎等，2006；李国祥等，2016），选取的控制变量如下所示。

（1）城镇化水平（ur）：城镇化进程的不同阶段会对绿色金融产生不同的影响。随着城镇化的推进，人口和经济向城镇迁移，资源会在市场机制的作用下逐渐向城市集中，这有助于提升绿色发展水平、减少交易成本，并形成规模经济。然而，随着城镇化水平加深，资源消耗严重等问题成为阻碍绿色发展的重要因素。本书使用城镇人口占总人口比重来反映地区城镇化水平。

（2）经济发展水平（ld）：通常情况下，地区的绿色金融水平和绿色

技术创新水平都依赖其经济发展水平。一般来说，经济增长速度对绿色金融的发展起到推动作用，同时也支持绿色技术创新能力的提升。然而，如果一个地区过度追求经济增长而超过了环境的可承载能力，将导致环境压力加大，从而阻碍金融向绿色化方向发展。本书中使用人均 GDP 增长来反映一个地区的经济发展水平。

（3）产业结构（is）：产业结构的合理化不仅涉及产业之间的协同发展，还包括对资源的合理利用。在“双碳”目标的大背景下，推动产业结构的合理化和升级将促进社会生产的绿色化。优化和升级产业结构有利于合理发展能源、钢铁、有色金属等行业，为 2030 年碳达峰目标提供支持；同时，能够限制高耗能产业的盲目发展，转向绿色低碳产业，坚持节能优先原则，并完善政策机制，积极推动绿色金融和绿色技术升级。本书中，我们使用第三产业增加值与第二产业增加值的比值来表征产业结构情况。

（4）对外开放程度（do）：地区对外开放程度会对绿色金融和绿色技术创新带来不同程度的影响。外资企业的入驻可能会促进该地区经济的发展，为地区企业发展带来新的技术，加快绿色技术在该区域的传播，会促进绿色技术创新发展。同时对外开放程度大，对外资企业的包容性高，也会使污染化程度高的企业就地生根，给环境带来压力，不利于金融的绿色发展。本书选取外商直接投资额与 GDP 的比值衡量对外开放程度。

（二）评价指标体系构建

1. 绿色金融评价指标体系构建

绿色金融经历了从单一的绿色信贷工具发展到绿色投资、绿色保险等多元化金融工具的过程。为客观反映我国 30 个省份的绿色金融发展，结合学术界（张莉莉等，2018；吕鲲等，2022；李云燕等，2023）现有的关于绿色金融的评价体系，基于数据系统性、代表性和可获得性的原则，将绿色金融评价指标划分为绿色信贷、绿色证券、绿色投资、绿色保险、碳金融等维度，具体的评价指标体系如表 6.1 所示。

表 6.1 **绿色金融评价指标**

一级指标	二级指标	计算说明	性质
绿色信贷	高耗能产业利息支出占比	六大高耗能工业产业利息支出/工业产业利息总支出	负向
	环保企业发展水平	环保企业贷款额	正向
绿色证券	高耗能行业市值占比	六大高耗能行业总市值/A 股总市值	负向
	环保企业市值占比	环保企业总市值/A 股总市值	正向
绿色投资	节能环保财政支出占比	节能环保财政支出/财政支出总额	正向
	环境污染治理投资额占比	环境污染治理投资/GDP	正向
绿色保险	农业保险规模占比	农业保险支出/保险总支出	正向
	农业保险赔付率	农业保险支出/农业保险收入	正向
碳金融	碳排放贷款强度	贷款余额/碳排放量	负向

绿色金融是促进区域经济高质量发展的重要手段。同时作为促进环境保护的金融创新，绿色金融为解决和治理生态环境问题提供了多元化渠道，并对绿色产业转型和经济高质量发展均具有重要意义。为了客观衡量绿色金融，对以上五个一级指标进行分析。

（1）绿色信贷。

国际上，绿色金融的出现最早可以追溯到 20 世纪 70 年代联邦德国的“生态银行”，该银行是第一家为环保项目提供贷款优惠的银行，说明绿色金融最早是以绿色信贷的形式出现。2017 年中国银监会发布的《关于防范和控制高能耗高污染行业贷款风险》，是我国第一次提出要限制高污染高耗能企业的贷款、控制信贷渠道。而后，在我国高质量经济发展政策的影响下，金融机构对生态问题持续关注，各大商业银行相继推出绿色信贷项目，通过调整信贷结构，使市场资本由高污染行业流向绿色低耗能产业，使产业结构更加合理化，从而影响金融市场走向。绿色信贷近几年快速发展，所服务的领域也逐渐扩大，并且越来越规范化。目前，绿色信贷已经发展成为我国银行、金融机构的关键业务。现对中国银行业 2015 ~ 2021 年绿色信贷余额进行统计，并分析绿色信贷发展水平，如图 6.6 所示。

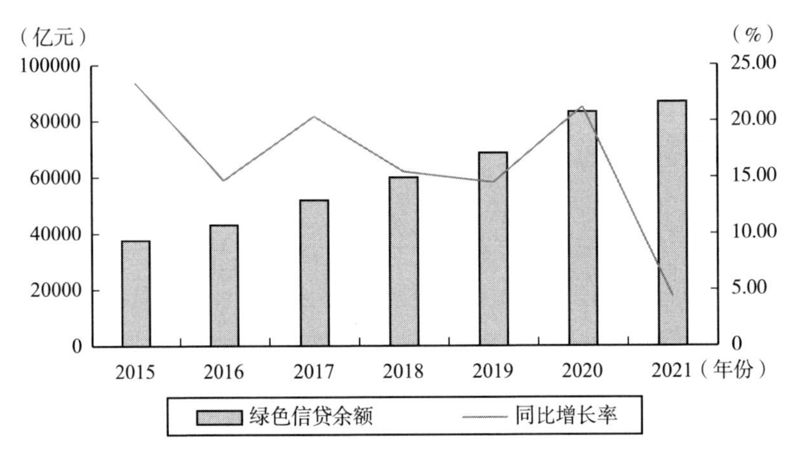

图 6.6　绿色信贷发展水平

资料来源：国泰安数据库。

从图 6.6 中可以看出，我国绿色信贷水平逐年升高，绿色信贷余额呈现稳步增长的趋势，2021 年绿色信贷余额达 8.68 万亿元，相较 2015 年的 3.76 万亿元增长了 4.92 万亿元，且除 2021 年外同比增长幅度均在 15% ~ 25% 浮动，呈现出良好的环境经济效益。这体现出我国绿色信贷政策实施的有效性，也说明绿色低碳产业和环境友好型企业越加受到重视。

（2）绿色保险。

绿色保险或称环保保险，是环境污染、天气风险保障等绿色保险产品，指将绿色可持续的发展理念融入保险行业中，实现环境的风险管控，为绿色环保企业提供风险保障服务，为绿色能源、绿色建筑、绿色交通、绿色技术等领域提供风险保障的产品。与其他金融业不同，绿色保险能够对冲气候风险，减缓气候变化的物理和转型冲击。相较于其他险种，绿色保险专业性更强，风险识别和衡量的难度更大，不同行业、地区之间的差异性也较大，因此在风险评估、污染损害责任认定、赔偿等方面的认定标准也更高。绿色保险产品多种多样，其中最具代表性的产品是环境污染责任险，其减轻了企业出现污染事故后的资金压力，降低了企业的经营风险，同时也降低了污染发生时第三方受到损害的程度，此外也在一定程度上减少了政府的监督成本。

保险业协会发布的数据显示，2018～2020年，保险业累计提供绿色保险保额45.03万亿元，支付赔款533.77亿元。其中，2020年绿色保险保额达18.3万亿元，同比增长24.9%。截至2020年至少为1.9万余家企业提供400亿元以上的风险保障，平均增速维持在15%。但从全国范围看，保险费率仍高于一般责任险的平均保险费率，投保规模有待提高，产品性价比有待进一步优化。根据数据的可得性，通常选用农业保险赔付率代表绿色保险变化情况，如图6.7为2015～2020年我国农业保险保费、农业保险赔付支出和赔付率的变化趋势。2020年我国农业保险保费收入814.9亿元，占保险收入比重的1.8%；农业保险赔付金额为592.5亿元，赔付率为72.7%。从图6.7中可以看出随着我国农业保险保费收入的增加，赔付支出逐年上升，赔付率总体上也有缓慢提升趋势，说明绿色保险处于发展新阶段。

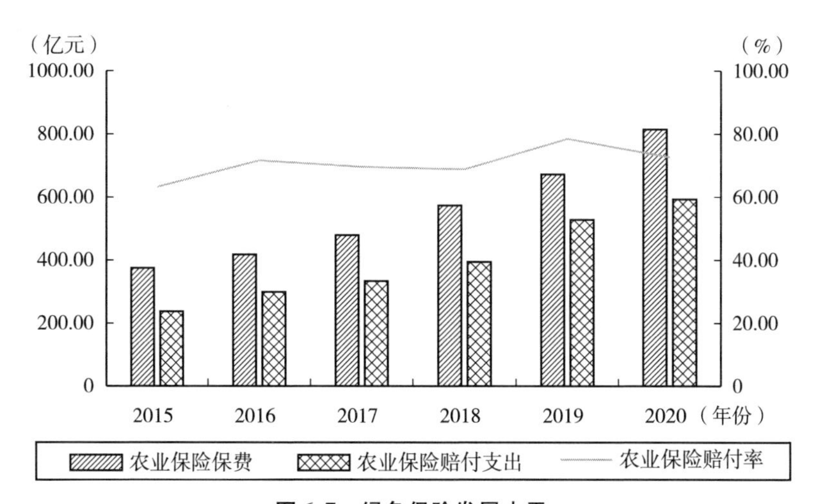

图6.7 绿色保险发展水平

资料来源：中国保险年鉴。

（3）绿色证券。

绿色证券是我国重要的绿色金融工具之一，早在2014年我国就发行了第一只绿色证券。2015年我国颁布《绿色债券发行指引》首次将绿色债券定义为：企业为建设绿色循环低碳发展项目而发行的用于募集资金的债券。同年12月央行发布《绿色债券支出项目目录》标志着我国绿色债券市场正式成立。虽然我国绿色债券市场发展起步较晚，落后于发达国家，但是发行规模在不断扩大，政策也逐渐得到完善。截至2022年5月，我国存量绿色债券余额为1512亿美元，位居全球第三，发展速度迅猛。对我国2016～2021年绿色债券发行数量和发行额进行统计，结果如图6.8所示。从图6.8中可以看出，绿色债券发行量总体上呈现出持续增长的态势，2021年发行数量增长幅度最大，达到了779只，较2016年增长了14倍，发行额有8108亿元。说明绿色债券在我国发展走势良好，绿色环保企业利用绿色债券形式筹集资金能够更大程度满足资金需求，也说明绿色债券作为绿色金融工具在我国有较大的发展潜力。

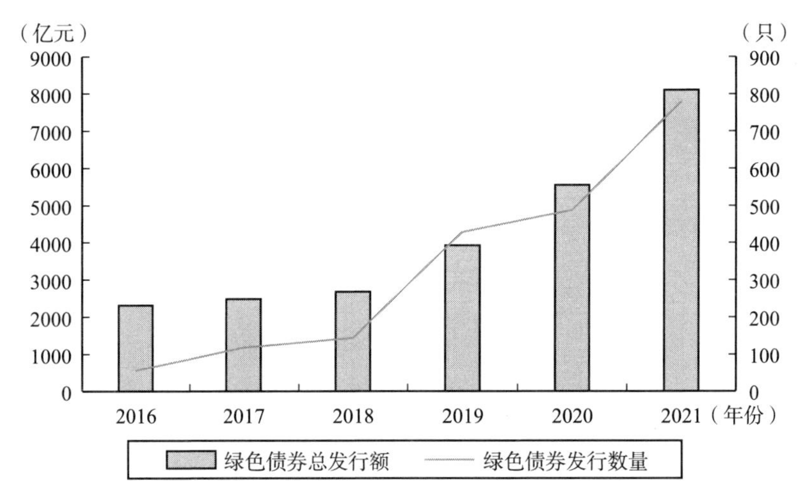

图6.8　绿色债券发展水平

资料来源：Wind，中国债券网，中国货币网。

（4）绿色投资。

绿色投资是一种基于环境准则、社会准则、环境回报准则的投资模式，是建立在可持续发展上的投资，以环境保护为首要原则，将投资开发与环境保护结合发展。绿色投资主要包括环境污染治理投资、节能环保财政支出。近年来，由于工业的迅速发展，环境问题突出，环境污染治理投资成为政府治理污染的重要方式，同时也是考虑环境保护和经济协调发展的结果。而节能环保支出则是政府将社会资本注入生态保护工作中的一种方式，是政府财政支出的一部分。通常选择将环保污染治理投资占 GDP 的比值作为衡量绿色投资发展水平的指标。如图 6.9 为 2015～2020 年我国绿色投资的发展趋势变化。从图 6.9 中可以看出，我国环保污染治理投资额呈波动状态，2015～2019 年环保污染治理投资占 GDP 的比值逐年下降，但 2020 年又开始逐渐上升，但比值总体在 1% 左右变动，表明我国绿色投资额增长幅度要远远小于我国国民经济增长幅度。

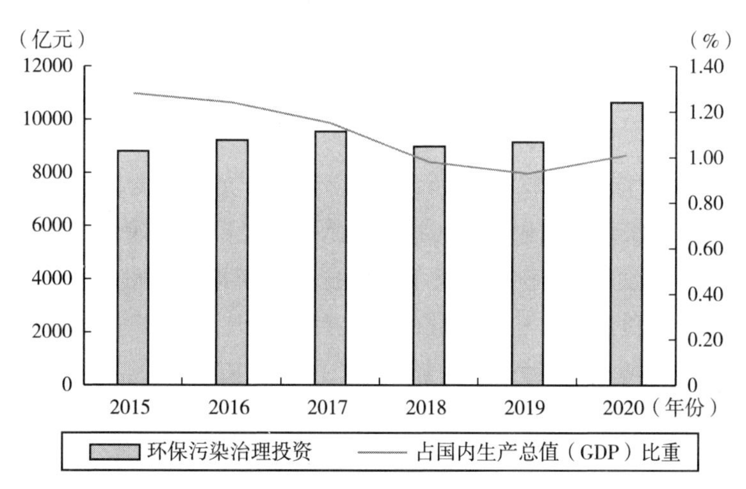

图 6.9　绿色投资发展水平

资料来源：国家统计局。

（5）碳金融。

为了综合分析绿色金融的发展状态，这里将碳金融也作为分析指标之一。当前我国重点关注碳减排，为发展低碳经济、实现“双碳”目标作出了许多努力。碳金融是国家限制碳排放、实施碳权交易等项目投融资的一种金融方式，也是当前促进碳减排必不可少的活动。自 2011 年我国正式启动碳交易试点工作，以市场调节碳排放、追求低碳环保发展以来，碳交易市场逐渐规范化，碳金融也得以发展，并以本外币贷款余额与碳排放量的比值来进行衡量，如图 6. 10 所示。从图 6. 10 中可以看出，碳金融在近几年逐渐活跃，呈上升趋势。

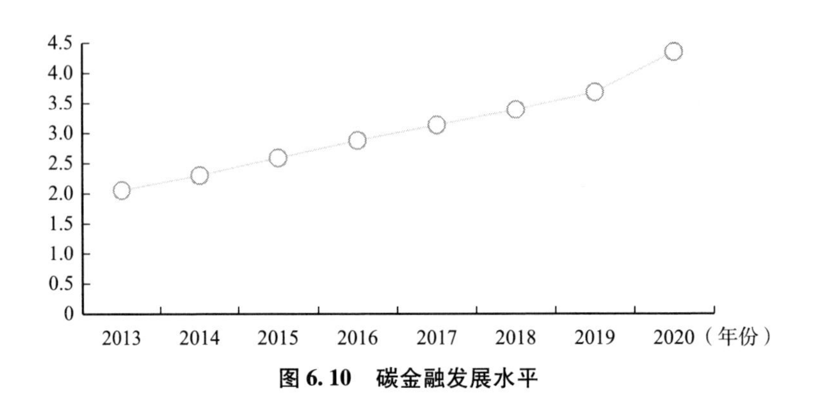

图 6. 10　碳金融发展水平

2. 绿色技术创新评价指标体系构建

绿色技术创新发展成为解决经济建设和生态文明建设之间矛盾的有效方式。2022 年发布的《中国绿色技术创新指数报告》用绿色专利申请量和授权量表征绿色技术创新，研发了绿色技术创新指数。图 6. 11 为 2015 ~ 2021 年我国专利受理数和授权数的统计数据。从图 6. 11 中可以看出，专利受理量从 2015 年 46559 件增加到 2021 年的 81879 件，年均增长率为 10%；专利授权量从 2015 年的 30104 件增加到 2021 年的 55387 件，年均增长率为 11%。我国专利受理量和授权量均呈现出持续增长的状态，且专利质量也有所提高。

但从绿色技术创新的产出角度考虑，绿色专利数能够更直观反映绿色技术创新的实效成果，该指标是评价创新能力的最直接且最重要的指标之一。专利申请到授权存在滞后性问题，一项专利从申请到授权通常需要 1 ~2 年，因此选用已授权的绿色专利数，能够更直接地表示地区的绿色技术创新水平。同时考虑到绿色专利数据的右偏分布，因此本书选取地区绿色专利的对数作为区域绿色技术创新的衡量指标，且该值越大，地区绿色技术创新水平越高。

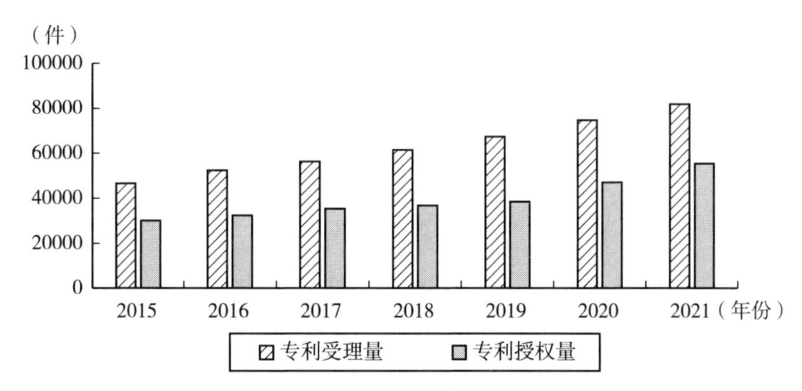

图 6.11　2015～2021 年我国专利受理数和授权数

资料来源：国家统计局。

二、模型构建

（一）熵权模型

尽管我国关于绿色金融方面的研究时间较短，但通过研读相关文献发现，学者们多采用熵权法建立评价指标体系对绿色金融进行测度，具体步骤如下所示。

1. 数据标准化

由于绿色金融各指标性质、单位的不同，在进行熵权法测度之前需要对数据进行标准化处理：

正向指标：
$$Z'_{ij} = \frac{Z_{ij} - Z_{min}}{Z_{max} - Z_{min}} \tag{6-1}$$

负向指标：
$$Z'_{ij} = \frac{Z_{min} - Z_{ij}}{Z_{max} - Z_{min}} \tag{6-2}$$

其中，Z_{ij}表示 i 省份 j 项指标的原始数据，Z_{min}和 Z_{max}分别表示指标 j 的最小和最大观测值，Z'_{ij}表示标准化后的数值。

2. 计算指标比重

$$P_{ij} = \frac{Z'_{ij}}{\sum_{i=1}^{n} Z'_{ij}} \tag{6-3}$$

3. 计算指标熵值

$$E_j = -\frac{1}{\ln n}\sum_{i=1}^{n} P_{ij}\ln P_{ij} \tag{6-4}$$

4. 计算指标权重

$$W_j = \frac{1 - E_j}{\sum_{j=1}^{m}(1 - E_j)} \tag{6-5}$$

5. 线性加权计算省份绿色金融水平

$$Q_i = \sum_{j=1}^{m}(W_j Z'_{ij}) \tag{6-6}$$

其中，n 为观测对象的个数，m 为指标个数。

（二）IPCC 测算

本书通过计算出二氧化碳排放量来作为碳排放衡量指标。二氧化碳主要来源于对化石能源的燃烧，中国以煤炭为主的化石能源的燃烧占能源消耗的 90%，因此本书选择各省份的化石能源的消耗量作为基数来计算我国各省份的碳排放。首先根据 IPCC 公布的能源转换系数估算方法得出各省份的能源总消耗量，其次根据能源转换系数计算出二氧化碳排放量，具体的系数指标如表 6.2 所示。在计算碳排放量时所需要考虑到的能源包括煤炭、焦炭、原油、煤油、汽油、柴油、燃料油、天然气、电力。

表 6.2　　　　能源标准煤折算系数和能源碳排放系数

能源	标准煤折算系数（千克标准煤）	碳排放系数（吨碳/吨标准煤）
煤炭（千克）	0.7143	0.7476
焦炭（千克）	0.9714	0.1128
原油（千克）	1.4286	0.5854
汽油（千克）	1.4714	0.5532
柴油（千克）	1.4571	0.5913
煤油（千克）	1.4714	0.5714

续表

能源	标准煤折算系数（千克标准煤）	碳排放系数（吨碳/吨标准煤）
燃料油（千克）	1.4286	0.6176
天然气（立方米）	1.3300	0.4479
电力（千瓦·时）	0.1229	2.2132

注：碳排放系数的计量单位是：吨碳/吨标准煤。标准煤折算系数中天然气的计量单位是：千克标准煤/立方米，电力计量单位是：千克标准煤/千瓦·时，其余能源计量单位是：千克标准煤/千克。数据来源于《2006 年 IPCC 国家温室气体清单指南》。

计算公式为：

$$CO_{2it} = \sum_{j=1}^{9} CO_{2itj} = \sum_{j=1}^{9} M_{itj} K_j q_j \frac{44}{12} \tag{6-7}$$

其中，i 表示省份，t 表示年份，j 表示能源；CO_{2it}表示 i 省 t 年 CO_2 排放总量；CO_{2itj}表示 i 省 t 年第 j 种能源的 CO_2 排放总量；M_{itj}表示 i 省 t 年第 j 种能源的实物消耗量；K_j 表示第 j 种能源碳元素质量的折算系数；q_j 表示第 j 种能源的碳排放系数。

（三）空间计量模型构建

1. 空间计量模型分析理论

基于地理位置维度的不同研究时间维度内各省份之间发展的相互关系，并对空间关联性问题进行研究时，通常采用空间计量模型。本书通过构建空间计量模型分析我国省际层面绿色金融、绿色技术创新对碳排放的影响机制。常见的空间计量模型主要为三种：空间滞后模型（SAR）、空间误差模型（SEM）、空间杜宾模型（SDM）。参考埃洛斯特（Elhorst，2014）将所有空间计量模型通写为：

$$y_{it} = \rho \sum_{j=1}^{n} w_{ij} y_{it} + \varphi + X_{it}\beta + \sum_{j=1}^{n} w_{ij} X_{ijt}\gamma + \mu_i + \eta_t + \phi_{it} \tag{6-8}$$

$$\phi_{it} = \lambda \sum_{j=1}^{n} w_{ij} \phi_{it} + \varepsilon_{it} \tag{6-9}$$

其中，y_{it}表示第 i 个省份在 t 时刻的因变量，w_{ij}为 n×n 的空间权重矩阵，

$\sum_{j=1}^{n} w_{ij} y_{it}$ 表示邻近区域的因变量对本区域的影响，ρ 表示因变量的空间自回归系数，X_{it} 为解释变量，β 为参数估计系数向量，$\sum_{j=1}^{n} w_{ij} X_{ijt} \gamma$ 为邻近区域的自变量对本区域自变量的影响，γ 为空间自相关系数矩阵，μ_i 为空间效应项；ϕ_{it} 为误差项，λ 为误差项的空间自相关系数，ε_{it} 为独立同分布误差性。

常用的三种空间计量模型均可以由上面公式得到。本书在空间计量模型的基础上，研究绿色金融、绿色技术创新和碳排放之间的空间关系，并构建三种空间计量模型进行分析。

空间滞后模型（SAR）：（$\lambda = \gamma = 0$）

$$ce_{it} = \rho W ce_{it} + \beta X + \varphi_{it} \tag{6-10}$$

$$X = gg_{it} + lngti_{it} + ur_{it} + ld_{it} + is_{it} + do_{it} \tag{6-11}$$

空间误差模型（SEM）：（$\rho = \gamma = 0$）

$$ce_{it} = \beta X + \phi_{it},\ \phi_{it} = \lambda \sum_{j=1}^{n} w_{ij} \phi_{it} + \varepsilon_{it} \tag{6-12}$$

$$X = gg_{it} + lngti_{it} + ur_{it} + ld_{it} + is_{it} + do_{it} \tag{6-13}$$

空间杜宾模型（SDM）：（$\lambda = 0$）

$$ce_{it} = \rho W ce_{it} + \beta X + WX\gamma + \varepsilon_{it} \tag{6-14}$$

$$X = gg_{it} + lngti_{it} + ur_{it} + ld_{it} + is_{it} + do_{it} \tag{6-15}$$

各模型中 ce 代表碳排放水平，gg 代表绿色金融，lngti 代表绿色技术创新的对数形式，ur 代表经济发展水平，is 代表产业结构，do 代表经济开放程度。

2. 空间权重矩阵

在空间计量模型中，空间权重矩阵具有外生性。在进行莫兰指数检验之前，需要构建空间权重矩阵，通过空间权重矩阵能够准确观测不同位置省份之间的相近关系。本书综合考虑地理和经济的双重影响，采用四种空间权重矩阵。分别为空间邻接权重矩阵（W_1）、地理反距离权重矩阵（W_2）、地理反距离平方权重矩阵（W_3）、经济距离权重矩阵（W_4）。其中空间权重矩阵 W 阶数为 $n \times n$。具体形式如下所示。

（1）空间邻接权重矩阵（W_1）。当 i 省份与 j 省份相邻时，W_{ij} 为 1；

两省份不相邻时，W_{ij}为0。计算方法为：

$$W_{ij}=\begin{cases}0, & i=j \text{ 或 } i、j \text{ 不相邻}\\ 1, & i\neq j \text{ 且 } i、j \text{ 相邻}\end{cases} \tag{6-16}$$

（2）地理反距离权重矩阵（W_2）。用 i 省份和 j 省份的省会之间地表中心距离代表省市空间距离构建空间权重矩阵。用 d_{ij}表示省会之间的距离，计算方法为：

$$W_{ij}=\begin{cases}0, & i=j\\ \dfrac{1}{d_{ij}}, & i\neq j\end{cases} \tag{6-17}$$

（3）地理反距离平方权重矩阵（W_3）。考虑到空间效应随着反距离而缩减的情况，利用 i 省份和 j 省份之间距离倒数的平方构建权重矩阵，计算方法为：

$$W_{ij}=\begin{cases}0, & i=j\\ \dfrac{1}{d_{ij}^2}, & i\neq j\end{cases} \tag{6-18}$$

（4）经济距离权重矩阵（W_4）。除考虑地理因素外，为提高结果的可靠性，需要从经济角度设置空间权重矩阵。利用 i 省份和 j 省份之间人均 GDP 均值的差值 p_{ij}构建经济权重矩阵。计算方法为：

$$W_{ij}=\begin{cases}0, & i=j\\ \dfrac{1}{|p_{ij}|}, & i\neq j\end{cases} \tag{6-19}$$

三、数据处理与相关性检验

（一）数据来源与数据预处理

1. 数据来源

基于数据的可获得性，本书选取 2010～2020 年我国 30 个省份（由于西藏和中国港澳台地区统计数据部分缺失，故将其剔除）的相关数据作为研究样本，使用该样本形成的面板数据进行研究分析。主要数据来源于

Wind 数据库、国泰安 CSMAR 数据库、《中国统计年鉴》《中国金融年鉴》《中国科技统计年鉴》《中国能源统计年鉴》、国家统计局等。对于个别年份出现缺失值的情况采用插值法补充。

2. 数据预处理

（1）绿色金融测度结果分析。

根据熵值法计算公式，测算出各省份的绿色金融水平。需要说明的是，指数值是一个相对数，不能反映地区绿色金融发展的绝对水平，但可以横向比较同一时期不同地区的绿色金融发展水平，也可以纵向比较同一地区不同时期的绿色金融发展水平。表 6.3 为主要年份各省份的区位熵指数。

表 6.3　　主要年份各省份绿色金融水平

省份	2010 年	2013 年	2017 年	2020 年	省份	2010 年	2013 年	2017 年	2020 年
北京	0.2675	0.3454	0.4795	0.4938	河南	0.1676	0.1382	0.2174	0.1923
天津	0.1215	0.1237	0.1424	0.1357	湖北	0.1767	0.1796	0.1946	0.1824
河北	0.1274	0.1484	0.1629	0.1561	湖南	0.3289	0.2872	0.2489	0.2453
山西	0.1875	0.1646	0.1736	0.2047	广东	0.2101	0.1601	0.2300	0.3001
内蒙古	0.3027	0.3526	0.4026	0.2471	广西	0.1223	0.0982	0.1113	0.1459
辽宁	0.1406	0.1127	0.1462	0.1454	海南	0.1204	0.0984	0.1483	0.1715
吉林	0.1848	0.1562	0.1624	0.1692	重庆	0.2297	0.2048	0.1644	0.1867
黑龙江	0.2729	0.4228	0.3310	0.3311	四川	0.1269	0.1313	0.1423	0.1515
上海	0.1137	0.1340	0.1213	0.2274	贵州	0.1487	0.1008	0.1316	0.1165
江苏	0.1891	0.2423	0.2565	0.3618	云南	0.1664	0.1558	0.1438	0.1446
浙江	0.1607	0.1573	0.1794	0.2077	陕西	0.2225	0.1470	0.1556	0.1781
安徽	0.1893	0.1865	0.1668	0.1854	甘肃	0.1271	0.1876	0.1870	0.1685
福建	0.1038	0.1119	0.1080	0.1182	青海	0.1470	0.2015	0.2280	0.2132
江西	0.1391	0.1376	0.1601	0.1839	宁夏	0.1509	0.1861	0.2512	0.1641
山东	0.1769	0.2561	0.3344	0.3747	新疆	0.2314	0.2881	0.2587	0.2741

整体来看，全国范围内绿色金融发展水平普遍还不是很高，大部分省

份的绿色金融综合指数在0.1～0.2，少数区域的区位熵指数大于0.2。横向来看，北京、内蒙古、黑龙江的绿色金融综合指数更大，这可能是由于北京作为我国重要的政治中心和金融中心城市，金融产业高度发达，更加注重绿色可持续发展，而黑龙江、内蒙古等作为碳排量相对较多的省份，国家绿色政策更加偏向此类省份，以此激励区域绿色发展；上海、江苏、浙江等的区位熵指数表明这些地区的绿色金融发展水平处于全国平均水平之上，这是由于这些地区的金融业较发达，作为绿色金融发展的支撑，金融产业发达有利于绿色金融的发展；贵州、云南等地区绿色金融水平较低，但具有较大的发展潜力。纵向比较来看，我国各省区市的绿色金融水平呈持续变动态势，整体上处于上升态势，经济水平较高的地区和重工业发达需要重点关注的地区的绿色金融发展水平相对较高，这是经济支持和政策加持的作用，由此可以看出我国对绿色金融的发展愈加重视，绿色金融在我国未来也具有很大的发展潜力。

（2）绿色技术创新的测度结果分析。

将绿色专利授权量作为代理指标，以此来反映绿色技术创新能力，各省份主要年份的绿色技术创新结果如表6.4所示。横向比较同时期不同省份的绿色技术创新情况，发现各省份的绿色技术创新水平均处于持续上升的状态。江苏、浙江、广东等地区处于领先地位，表明这些地方充分利用绿色物质资本、人力资本，提升资源利用效率，促使绿色技术创新处于高水平状态，且由于这些地区经济实力雄厚，更加重视技术创新，所以区域水平较高。

表6.4　　主要年份各省份绿色技术创新水平

省份	2010年	2013年	2017年	2020年	省份	2010年	2013年	2017年	2020年
北京	3771	8842	14165	22275	河南	1296	2475	4800	12585
天津	903	2255	5048	8474	湖北	1292	2523	4829	12065
河北	801	1806	3686	9737	湖南	1110	2367	3856	8167
山西	437	857	1343	3464	广东	4658	9437	21713	50315
内蒙古	154	328	783	2545	广西	237	675	1484	3068

续表

省份	2010年	2013年	2017年	2020年	省份	2010年	2013年	2017年	2020年
辽宁	1507	2057	2945	6573	海南	47	188	261	1148
吉林	418	557	1026	2349	重庆	747	1698	2967	5333
黑龙江	676	1298	1765	2845	四川	1454	3363	5711	11479
上海	2850	4458	7128	15190	贵州	224	562	1091	2850
江苏	4286	11954	19519	52808	云南	320	728	1693	3728
浙江	4081	9526	13732	29447	陕西	799	2235	2995	7287
安徽	855	3112	5306	12270	甘肃	171	436	898	2225
福建	1060	2335	5097	12836	青海	22	59	197	635
江西	315	737	2188	5981	宁夏	45	152	485	1060
山东	2996	5754	10508	25491	新疆	209	406	870	1708

不同地区绿色技术创新水平存在差异的原因并不相同。京津冀地区实施协同发展战略以来，资本投入规模增大，成本的增加使区域绿色技术创新水平未处于领先地位，但这些地区经济实力较强，所以区域绿色技术创新也处于中高水平。东北地区以钢铁、煤矿等重工业为主，高新技术创新能力较弱，创新资源配置不合理导致区域绿色技术创新水平不高。纵向比较来看，区域创新水平都在稳步提升，且部分地区提升幅度较大。

3. 碳排放水平的测度结果分析

根据IPCC公布的二氧化碳估算方法得出各省份二氧化碳排放量，以此反映碳排放水平。各省份主要年份的碳排放水平计算结果如图6.12所示。我国粗放式的经济发展模式导致我国二氧化碳排放处于全球前列，但对碳减排的重视使我国碳排放经历了从快速增长转为缓慢增长的过程。从图中可以看出，我国碳排放量由东向西总体上呈现出递减的趋势，尤其东部地区的碳排放量几乎占全国碳排放总量的一半，这是因为东部地区工业发展遥遥领先于其他地区，传统工业发展离不开煤、石油等化石燃料，而传统化石燃料的过度使用正是碳排放增长的主要来源，可见未来节能减排的关键在于东部地区。北京、海南、青海的碳排放量处于最低水平，而山东、内蒙古、山西三个地区的碳排放水平较高，说明这些地区的工业结构和能源结构不合理。值得注意的是，东部省份的能源碳排放强度高于中部省份，可能是因为东部地区经济活跃，作为产业人口密集地区，势必要消耗大量的能源，与此同时能源结构调整尚未紧跟经济增长的步伐，因而出现碳排放强度较高的情况。

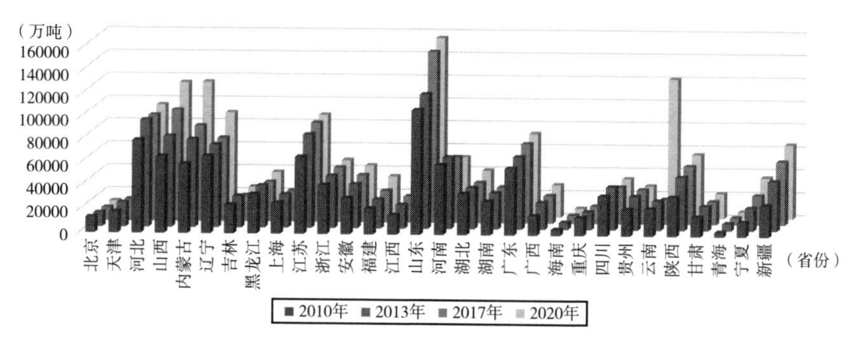

图 6.12　主要年份各省份碳排放量

（二）描述性统计分析

1. 变量描述性统计分析

对参与实证分析的变量进行描述性统计分析，确定变量的特征。相应的统计结果如表 6.5 所示。可以看出碳排放量最小值为 4128 万吨，最大值为 155812 万吨，这说明不同区域之间碳排放量存在着较大的差距，这与地区间注重的产业形式有关。在北方地区主要以重工业为主，工业产业相对密集，能源消耗较多，从而产生更多的二氧化碳，而南方沿海地区多以轻工业为主，能源消耗量小，从而碳排放量相对更少。绿色金融综合指数最小值为 0.09，最大值为 0.5，说明区域之间的绿色金融水平也存在较大差距，这是因为绿色金融作为金融部门的一部分，在一定程度上，其发展需要传统金融部门的支持，某些经济水平发展快的省份，金融产业更加发达，对绿色金融的发展更加重视，导致不同地区之间的绿色金融发展水平悬殊较大。同样地，绿色专利授权量最小值 22 个与最大值 52808 个差距也比较悬殊，说明绿色技术创新需要引起重视，在各地区的发展潜力也很大。因此研究绿色金融与绿色技术创新对碳排放的空间影响效果，能够有效帮助各省份之间建立起友好的互助关系、协同发展，从而在全国范围更大程度上减少碳排放，实现“双碳”目标。

表 6.5　　变量描述性统计

变量	样本数	最小值	最大值	平均值	标准差
ce	330	4128	155812	42975	30569
gg	330	0.0900	0.500	0.190	0.0800
gti	330	22	52808	4456	6680
ur	330	33.81	89.60	58.36	12.53
ld	330	13119	164889	54341	27305
is	330	0.500	5.300	1.190	0.690
do	330	0.011	0.120	0.0200	0.0200

2. 线性相关性分析

本书涉及的变量包括 1 个被解释变量、2 个解释变量和 4 个控制变量。本书在变量回归前对各变量之间的相关关系进行检验，检验结果如表 6.6 所示。

表 6.6　　变量相关性检验

变量	ce	gg	gti	ur	ld	is	do
ce	1						
gg	0.192***	1					
gti	0.294***	0.357***	1				
ur	0.0220	0.287***	0.463***	1			
ld	0.0830	0.344***	0.632***	0.887***	1		
is	-0.235***	0.454***	0.289***	0.571***	0.567***	1	
do	-0.0670	-0.0570	-0.0380	0.269***	0.178***	0.0340	1

注：*** 表示在 1% 的水平上显著。

从相关性分析结果来判断各变量之间的相互关系是否显著。一般来说，相关系数的取值范围为 -1 ~ 1，当相关系数为负数时，代表两者之间呈现负相关关系，反之，当相关系数为正数时，代表两者之间呈现正向的影响关系。相关系数的绝对值表明相关系数越接近 1，相关性越强，越接近零，相关性越弱。变量的相关分析结果如表 6.6 所示。

从表 6.6 中可以得出各研究变量的相关分析结果。样本中碳排放量与绿色金融之间的相关系数为 0.192，且通过了 1% 的显著性水平检验，可见二者之间呈现正向的相关关系。碳排放量与绿色技术创新之间的相关系数为 0.294，且通过相关性检验，可见碳排放量与绿色金融之间呈现正向的相关关系。城镇化水平、经济发展水平、产业结构和对外开放程度均在显著性水平下与绿色金融和绿色技术创新之间存在相关关系，可见各个控制变量会对解释变量产生影响，从而对碳排放量产生影响。

（三）空间相关性检验

对绿色金融、绿色技术创新和碳排放进行分析发现，绿色金融与绿色技术创新均存在流动性和扩散性。考虑到各因素之间可能存在空间相关性，在进行空间计量模型分析之前，需要对变量进行空间自相关检验。空间相关性检验反映了变量在空间上是否相关或者相关度，空间相关性检验包括空间全局自相关检验和空间局部自相关检验。

1. 空间全局自相关检验

世间万物并不是独立存在的，在空间上总是呈现出集聚、随机或者规则分布状态，当同一事物在不同地理空间上呈现出规律分布时，可以认为其在一定的地理范围内呈现出空间相关性。全局空间自相关检验是研究空间范围内要素的整体分布情况，本书基于前文建立的空间权重矩阵选用 Moran's I 指数检验变量的空间相关性。

全局 Moran's I 指数的相关公式如下：

$$\text{Moran's I} = \frac{\sum_{i=1}^{n}\sum_{j=1}^{n} W_{ij}(Y_i - \bar{Y})(Y_j - \bar{Y})}{S^2 \sum_{i=1}^{n}\sum_{j=1}^{n} W_{ij}} \tag{6-20}$$

其中，$\bar{Y} = \frac{1}{n}\sum_{i=1}^{n} Y_i$，$S^2 = \frac{1}{n}\sum_{i=1}^{n}(Y_i - \bar{Y})^2$，n为所研究省份数量，$W_{ij}$为空间权重矩阵，$Y_i$和$Y_j$表示地区i和地区j的观测值。Moran's I指数的取值范围为［-1，1］，当莫兰指数显著大于0时，表示变量之间存在空间正相关；当莫兰指数显著小于0时，表示变量之间存在空间负相关；当莫兰指数等于0时，表示变量之间不存在空间自相关，即空间服从随机分布。莫兰指数绝对值的大小表示空间相关性强弱，绝对值越接近于1，空间集聚就越明显。

根据各省份2010～2020年碳排放等数据，基于空间邻接距离矩阵、地理反距离权重矩阵、地理反距离平方权重矩阵，借助Stata软件，进行空间相关性检验，得到碳排放的全局Moran's I指数，如表6.7所示。从表中可以看出，在三个空间权重矩阵下，30个省份地区碳排放指标全局Moran's I指数均大于0，且大部分年份通过了5%的显著性水平检验，表明中国各省份之间碳排放存在明显的空间正相关性，区域间存在空间溢出现象，且空间邻接距离权重矩阵的莫兰指数大于地理反距离权重矩阵和地理反距离平方权重矩阵，表明各地区之间的空间相关性比二者之间地理距离相关度更高，即区域碳排放会对区域周边地区碳排放产生影响。因此，传统回归模型研究碳排放可能会存在误差，需要考虑构建空间计量模型对其进行研究。

表6.7　　2010～2020年碳排放量全局莫兰指数

年份	空间邻接距离矩阵		地理反距离权重矩阵		地理反距离平方权重矩阵	
	Moran's I	P值	Moran's I	P值	Moran's I	P值
2010	0.241**	0.011	0.053***	0.009	0.183**	0.011
2011	0.246**	0.010	0.052**	0.011	0.183**	0.012
2012	0.235**	0.013	0.049**	0.013	0.178**	0.013
2013	0.224**	0.016	0.051**	0.012	0.186**	0.011
2014	0.214**	0.019	0.047**	0.014	0.178**	0.013
2015	0.224**	0.014	0.053***	0.009	0.191***	0.008

续表

年份	空间邻接距离矩阵		地理反距离权重矩阵		地理反距离平方权重矩阵	
	Moran's I	P 值	Moran's I	P 值	Moran's I	P 值
2016	0.210 **	0.018	0.046 **	0.014	0.176 **	0.012
2017	0.196 **	0.025	0.043 **	0.016	0.172 **	0.013
2018	0.199 **	0.025	0.045 **	0.015	0.177 **	0.013
2019	0.187 **	0.032	0.041 **	0.021	0.166 **	0.017
2020	0.079	0.174	0.003	0.156	0.101 *	0.081

注：*、** 和 *** 分别表示在 10%、5% 和 1% 的水平上显著。

2. 空间局部自相关检验

全局 Moran's I 指数能够反映全国层面碳排放的空间相关性，为研究全国省份局部范围内碳排放是否相关，本书采用 Moran's I 指数散点图来进行测度。图 6.13、图 6.14、图 6.15 分别列举了 2010 年、2015 年、2019 年各省份碳排放基于空间邻接距离矩阵的局部 Moran's I 指数散点图。

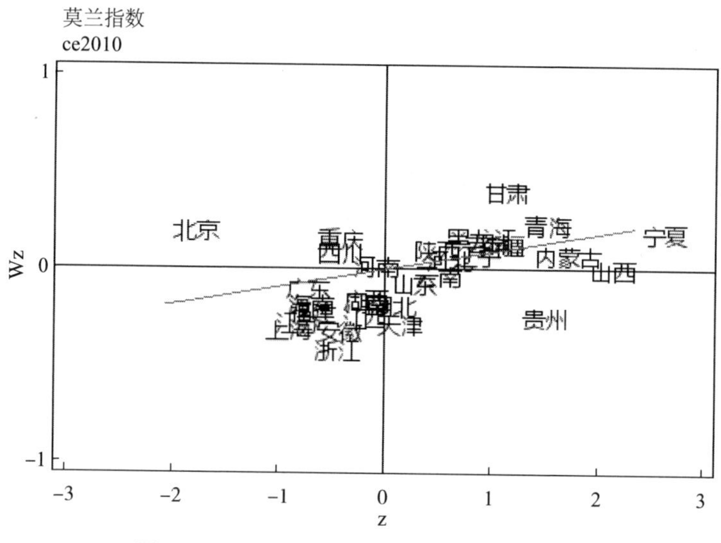

图 6.13　2010 年局部 Moran's I 指数散点图

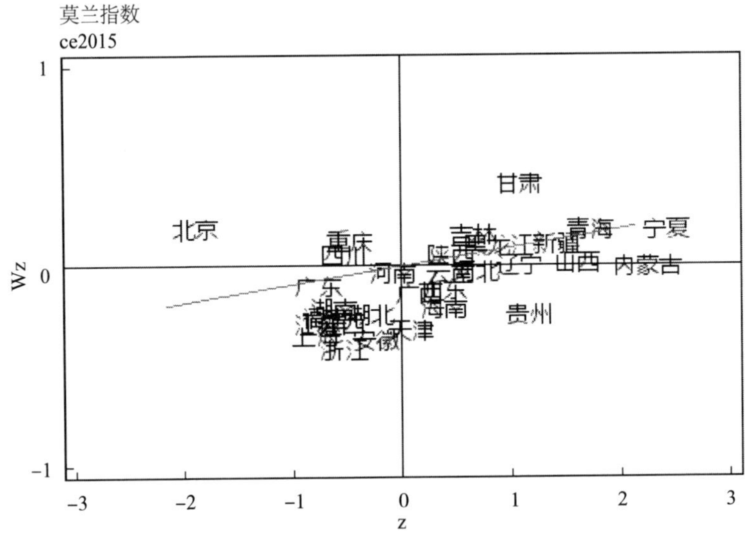

图 6.14　2015 年局部 Moran's I 指数散点图

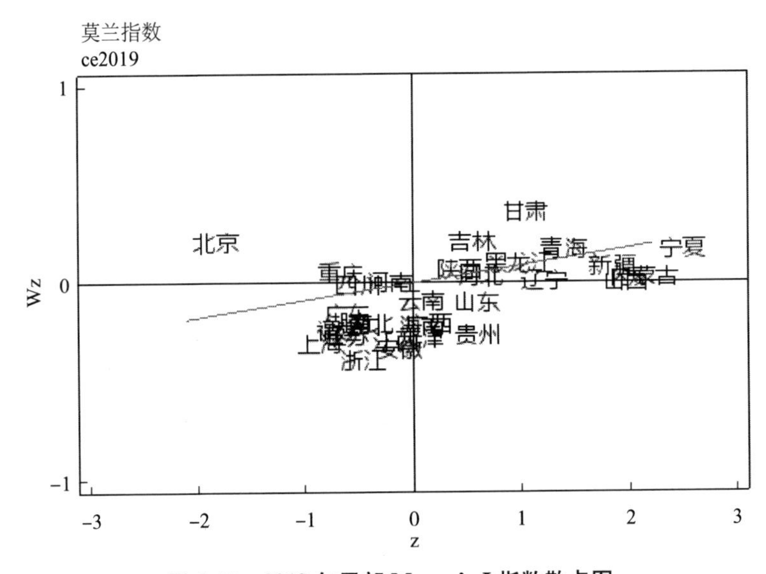

图 6.15　2019 年局部 Moran's I 指数散点图

生成的莫兰指数散点图存在四个象限，且散点图横坐标代表标准化的指标大小，纵坐标代表空间权重矩阵与标准化值的乘积。四个象限分别代

表一个地区与周边地区的关系。第一象限（HH）表现为“高—高”，即该单元自身观测值以及相邻单元观测值都比较高，属于“高高相邻地区”；第二象限（LH）表现为“低—高”，即该单元自身观测值较低，周围相邻单元观测值较高，属于“低高相邻”地区；第三象限（LL）表现为“低—低”，即该单元自身观测值与周围相邻观测值均比较低，属于“低低相邻”地区；第四象限（HL）表现为“高—低”，即该单元自身观测值较高但周围相邻单元观测值较低，属于“高低相邻”地区。

观察图6.14至图6.15可知，我国区域碳排放在空间上并不是随机分布，大部分地区分布在第一象限和第三象限，表明全国省级间的碳排放情况会呈现出空间集聚的分布特征，空间之间存在空间自相关性，此结果与全局空间自相关分析的结果一致。

（四）空间计量分析

从空间自相关结果来看，碳排放存在空间自相关性。为选择适合本书变量研究的空间计量模型，参考埃洛斯特（Elhorst，2014）的研究进行一系列空间计量模型检验。第一步，通过LM检验和Robust LM检验确定空间误差（SEM）模型、空间滞后（SAR）模型是否比无空间效应模型更适合本书研究，即检验是否存在空间效应；第二步，利用Hausman模型检验效应类型，即检验是固定效应还是随机效应；第三步，选取空间杜宾模型，利用LR进行稳健性检验确定空间杜宾模型是否会退化成空间滞后模型或者空间误差模型；第四步，若检验结果选取固定效应的类型，比较检验是时间固定、个体固定还是双固定模型最为合适；第五步，对模型进行回归结果分析。

利用LM检验，判定SAR模型和SEM模型是否存在空间相关性，根据表6.8的检验结果，SEM模型所有统计量在显著性水平下拒绝“无空间自相关”原假设，SAR所有统计量在显著性水平下拒绝原假设。结果表明，SAR模型和SEM模型均通过LM和Robust LM检验，拒绝不存在空间自相关的假设，应进行空间计量分析。

表 6.8　　　　LM 和 Robust LM 检验结果

矩阵	LM - Error	Robust LM - Error	LM - Lag	Robust LM - Lag
W1	289.811***	13.710***	28.565***	12.464***
W2	683.740***	181.125***	515.988***	13.373***
W3	337.888***	26.194***	320.820***	9.126***

注：*** 表示在 1% 的水平上显著。

在面板数据中，利用 Hausman 检验确定模型选择随机效应还是固定效应。对模型的效应类型进行检验，检验结果均为：Prob > chi2 = 0.0000，显示豪斯曼检验拒绝原假设，固定效应模型优于随机效应模型，所以应当选择固定效应模型。

本书预选取空间杜宾模型（SDM），检验 SDM 模型能否简化为 SAR 模型或者 SEM 模型需要通过 LR 检验。表 6.9 说明，无论是空间滞后模型（SAR）还是空间误差模型（SEM）与空间杜宾模型（SDM）相比，LR 检验结果均在 1% 显著水平下拒绝"SDM 模型能够退化为 SAR 模型"的原假设和"SDM 模型能够退化为 SEM 模型"的原假设，即 SDM 模型明显优于 SAR 模型和 SEM 模型。

表 6.9　　　　LR 检验结果

变量	LR 检验	
	SDM&SAR	SDM&SEM
W1	29.58***	29.64***
W2	10.27**	11.28**
W3	9.55**	10.31**

注：** 和 *** 分别表示在 5% 和 1% 的水平上显著。

检验模型的固定效应类型为个体固定（ind）、时间固定（time）还是双固定（both），基于不同矩阵，使用 Stata 对个体固定与双固定以及时间固定与双固定进行比较，检验结果如表 6.10 所示。通过比较三种固

定效应的 R^2，得出双固定模型具有更高的拟合效果，因此选择双固定效应模型。

表 6.10 固定效应回归

变量		W1	W2	W3
R^2	Time	0.1763	0.2920	0.2355
	Ind	0.1650	0.2442	0.1471
	Both	0.8188	0.5926	0.3155

为保证结果的可靠性，以地理权重矩阵 W1 为例，基于双固定效应对 SAR、SEM、SDM 进行回归，回归结果显示 SDM 模型的 R^2 和 Log – L 均为最大，即 SDM 模型的拟合效果最佳，所以实证研究采用双固定效应的空间杜宾模型进行。

四、回归与溢出效应分析

（一）回归结果分析

为保证回归结果的可靠性和稳健性，基于空间邻接权重矩阵、地理反距离权重矩阵、经济距离权重矩阵，对各变量进行空间杜宾模型的回归分析，模型回归结果如表 6.11 所示。根据所有矩阵的空间自回归系数 rho 的显著性检验说明，在空间交互作用下，碳排放具有一定的空间依赖性。

表 6.11 空间回归结果

变量	空间邻接权重矩阵	地理反距离权重矩阵	经济距离权重矩阵
gg	–1.8217*** (0.5089)	–1.7320*** (0.5181)	–1.2544*** (0.5246)
lngti	–0.3617*** (0.0283)	–0.3511*** (0.0287)	–0.4057*** (0.0270)

续表

变量	空间邻接权重矩阵	地理反距离权重矩阵	经济距离权重矩阵
ur	-0.0164 ** (0.0069)	-0.0138 ** (0.0069)	-0.0252 ** (0.0066)
ld	0.2882 (0.1952)	0.2335 (0.1985)	0.5638 *** (0.1784)
is	-0.4846 *** (0.0578)	-0.4927 *** (0.0587)	-0.4508 *** (0.0571)
do	-0.0418 ** (0.0164)	-0.0408 ** (0.0166)	-0.0238 (0.0154)
rho	0.2374 *** (0.0601)	0.4498 *** (0.1379)	0.4439 *** (0.0672)
sigma2_e	0.2450 *** (0.0198)	0.2527 *** (0.0208)	0.1840 *** (0.0152)
R^2	0.4477	0.4384	0.5419
N	330	330	330

注：** 和 *** 分别代表在5%和1%的水平上显著，括号内的数为标准误差。

以空间邻接权重矩阵为例，可以看出，核心解释变量绿色金融的回归系数为 -1.8217，且通过了1%的显著性水平检验，这说明在整体上绿色金融对碳排放的减少具有正向影响作用，且作用强度显著，这是由绿色金融发展的特点所导致的。绿色金融利用金融工具为绿色环保企业的发展保驾护航，利用信贷业务对高耗能、高污染行业起到惩戒和警醒作用，确保了经济的高质量发展，同时加快绿色发展的进程，对碳排放起到显著的抑制作用。核心解释变量绿色技术创新的回归系数为 -0.3617，且通过了1%的显著性水平检验，这说明绿色技术创新对碳排放减少具有显著的正向作用。这主要是因为区域内科技水平的提升和创新能力的提高均会带动区域内减排技术的发展以及改善企业技术水平，提高能源利用率，从而降低碳排放量。同时，绿色金融和绿色技术创新与各个空间权重矩阵的空间交互项均显著，说明区域绿色技术创新水平的提升和绿色金融水平的提升也会在一定程度上对空间关联省域的碳排放产生显著影响。

在控制变量方面，城镇化水平的回归系数为 -0.0164，且通过了显著性检验，根据回归结果认为城镇化水平的提升会对碳减排产生促进作用，随着人口和经济向城镇流动，资源在市场调节作用下利用率提升，产生规模经济效应，绿色发展效率提升，从而有利于减少碳排放。但是经济发展水平的回归系数为0.2882，说明经济发展水平的提升还是会在一定程度上增加碳排放，但是这种影响效果并不十分显著，这是由经济发展的特征所导致的，经济的发展使能源使用量增加，部分企业的环保观念不强，过度追求经济利益而忽视了环境保护，说明粗放式的经济发展模式依旧存在，但是在环境规制政策的引领下，经济与环境之间的矛盾已得到有效缓解，但依旧需要加大政府引导力度和环境规制以使经济实现高质量发展。此外，产业结构的回归系数为 -0.4846，且通过了1%的显著性水平检验，产业结构升级使产业朝绿色化方向转变，从以第一、第二产业为核心逐渐转向以第三产业为核心的绿色结构形式，体现了企业的低碳转型，从而对碳减排起到促进作用。对外开放程度的回归系数为 -0.0418，且通过了5%的显著性水平检验，说明对外开放程度提升对碳减排具有促进作用，通过引进先进技术和人才，加强创新交流和企业转型升级，促进技术创新进而减少碳排放。

（二）空间溢出效应分解回归分析

由于空间计量模型回归中，同时包含空间权重矩阵与被解释变量和解释变量两者的交互项，因此勒萨热（Lesage，2008）和佩斯（Pace，2009）将空间效应分为直接效应和间接效应，这样可避免空间回归模型估计结果的偏离。其中，直接效应为本区域内的解释变量对本区域的被解释变量的影响；间接效应由两部分组成：一部分是邻域的解释变量对本区域被解释变量的影响，另一部分是邻域的解释变量对其自身的被解释变量产生影响，再通过循环反馈系统对本域的被解释变量产生影响。总效应表现为解释变量对被解释变量的总体空间影响，为直接效应与间接效应的总和。

对变量变化的偏微分进行计算，进而从直接效应、间接效应层面对各个变量进行分析，空间回归分解结果如表 6. 12 所示。从空间回归结果可以看出，绿色金融和绿色技术创新对碳排放的直接效应和空间溢出效应显著为负，表明绿色技术创新和绿色金融对碳排放不仅具有明显的直接促进作用，其所致的空间溢出效应对邻近地区的碳排放的降低也具有显著的推动作用。

表 6. 12　空间效应分解结果

变量	空间邻接权重矩阵			地理反距离权重矩阵		
	直接效应	间接效应	总效应	直接效应	间接效应	总效应
gg	-0. 1689 ** (0. 0808)	-0. 0862 * (0. 0493)	-0. 2551 ** (0. 1248)	-0. 1670 ** (0. 0819)	-0. 1672 * (0. 1205)	-0. 3282 ** (0. 1857)
lngti	-0. 1210 *** (0. 0231)	-0. 0617 *** (0. 0210)	-0. 1827 *** (0. 0378)	-0. 1228 *** (0. 0233)	-0. 1298 ** (0. 0686)	-0. 2527 *** (0. 0788)
ur	0. 0047 (0. 0034)	0. 0024 (0. 0019)	0. 0071 (0. 0051)	0. 0058 * (0. 0034)	0. 0062 (0. 0053)	0. 0121 (0. 0081)
ld	-0. 1129 ** (0. 0490)	-0. 0585 * (0. 0332)	-0. 1714 ** (0. 0785)	-0. 1595 ** (0. 0526)	-0. 1773 (0. 1278)	-0. 3367 ** (0. 1676)
is	-0. 1330 *** (0. 0255)	-0. 0685 *** (0. 0248)	-0. 2015 *** (0. 0444)	-0. 1357 *** (0. 0258)	-0. 1456 * (0. 0806)	-0. 2813 *** (0. 0943)
do	0. 0025 (0. 0049)	0. 0013 (0. 0027)	0. 0038 (0. 0074)	0. 0044 (0. 0049)	0. 0050 (0. 0069)	0. 0094 (0. 0113)

注：*、** 和 *** 分别代表在 10%、5% 和 1% 的水平上显著，括号内的数为标准误差。

根据表 6. 12 的回归结果，在空间邻接权重矩阵和地理反距离权重矩阵中，绿色金融的直接效应和间接效应均为负。基于空间邻接权重矩阵对分解回归的结果进行分析，绿色金融对本区域的碳排放的影响系数为 -0. 1689，且通过了 5% 的显著性水平检验，说明绿色金融的发展能够有效抑制本地区的碳排放量。绿色金融的资金整合、资源配置、发展导向和风险控制作用，使市场中的资金和资源流向绿色产业，引导产业转型、企业绿色发展，进而减少本区域内能源消耗，减少碳排放。绿色金融对邻近区域碳排放的影响系数为 -0.0862，且通过了 10% 的显著性水平检验，这说明本地区绿色金融的发展对邻近区域的碳排放也产生了抑制作用，存在空间溢出效应。究其原因在于，绿色金融发展水平较高的地方，资金和资源充足，在自身发展饱和的同时，带来了资源的溢出和知识的溢出，本地市场的资金、人才等资源流向邻近区域，为邻近区域的绿色发展提供了条件，促进邻近区域的绿色发展，进而对减少碳排放产生有利影响。总体来看，绿色金融的发展是当前经济增长和环境保护的重要手段，绿色金融的相关政策也对企业的绿色生产行为起到了导向作用。

绿色技术创新对本地区碳排放的影响系数为 -0.1210，且通过了 1% 的显著性水平检验，说明绿色技术创新水平提升促进了本地区的碳减排。绿色技术的提升提高了企业的生产效率，新能源的出现提高了能源利用率、减少了能耗，二者均有利于减少碳排放。绿色技术创新对邻近区域碳减排的影响系数为 -0.0617，且通过了显著性水平检验，说明绿色技术创新具有较强的外部性，在减少本区域碳排放的同时对关联地区有显著空间关联性，能够显著降低关联地区的碳排放强度，减少碳排放量。这说明在我国高速发展的背景下，互联网以及交通的发展加强了区域间的绿色技术创新交流，绿色技术创新能力的提升会带动其他省域绿色技术创新能力的提升，而创新能力提升会带动企业技术升级，加快新型绿色产业的诞生以及带动绿色经济的发展，从而促使新能源的产生并使资源得到充分的利用，减少二氧化碳的排放，降低碳排放量。总体来看，绿色金融加大了对企业技术提升的资金帮助，积极发挥着导向作用，绿色技术创新总体水平提升的同时能够有效抑制碳排放。

从控制变量来看，经济发展水平和产业结构对碳排放的影响也具有一定的空间作用效应，这是由于本区域经济的发展会带动邻近区域经济的发展，有利于区域之间资金的流动和技术交流，而产业结构升级也给邻近区域企业发出绿色信号，带动邻近地区生产转型，从而对碳排放产生影响。而城镇化水平和对外开放程度对碳排放空间作用效果并不显著。

五、稳健性检验和异质性分析

（一）稳健性检验

为保证回归结果的稳健性，本书通过更换空间权重矩阵的方式进行稳健性检验。前文利用空间邻接权重矩阵和地理反距离权重矩阵研究绿色金融和绿色技术创新对碳排放的空间溢出效应，这里替换矩阵为经济距离权重矩阵（W_4）和碳排放经济权重矩阵（W_5），具体的空间溢出效应分解回归结果如表 6.13 所示。

表 6.13　　更换矩阵——空间效应分解结果

变量	经济距离权重矩阵			地理反距离权重矩阵		
	直接效应	间接效应	总效应	直接效应	间接效应	总效应
gg	-0.1820** (0.0820)	-0.0672* (0.0334)	-0.2492** (0.1049)	-0.1433* (0.0817)	-0.1873* (0.1464)	-0.3306* (0.2115)
lngti	-0.1225*** (0.0236)	-0.0321*** (0.0178)	-0.1546*** (0.0319)	-0.1207*** (0.0232)	-0.1624* (0.0890)	-0.2831*** (0.0988)
ur	0.0043 (0.0034)	0.0011 (0.0011)	0.0054 (0.0043)	0.0063* (0.0034)	0.0086 (0.0072)	0.0149 (0.0098)
ld	-0.0994** (0.0497)	-0.0272* (0.0224)	-0.1266** (0.0670)	-0.1644*** (0.0521)	-0.2320 (0.1705)	-0.3964* (0.2084)
is	-0.1260*** (0.0257)	-0.0335*** (0.0193)	-0.1595*** (0.0364)	-0.1425*** (0.0259)	-0.1953* (0.1132)	-0.3377*** (0.1269)
do	0.0039 (0.0049)	0.0011 (0.0017)	0.0050 (0.0064)	0.0071 (0.0050)	0.0104 (0.0109)	0.0175 (0.0151)

注：*、** 和 *** 分别代表在 10%、5% 和 1% 的水平上显著，括号内的数为标准误差。

通过对表 6.13 空间效应分解结果与表 6.12 结果的对比，各个变量和空间计量模型的符号方向和显著性基本保持一致，证明结论可靠，实证结果通过显著性检验。

（二）异质性分析

由于我国各省份之间的发展具有较大的差异，不同地区在生态资源拥有量、经济发展水平、国家政策目标、地理地貌环境等方面均存在差异性，因此为使研究结果更有参考意义，以便对地区发展提供有效建议，将前文所研究的30个省份划分东部、中部、西部三大区域进行区域异质性分析，研究绿色金融、绿色技术创新对碳排放的空间影响效应。按照“七五”计划中发布的对东部、中部、西部的划分原则，划分结果如表6.14所示。

表6.14　　东部、中部、西部区域划分

区域	省份
东部	北京、天津、河北、辽宁、上海、江苏、浙江、福建、山东、广东、海南
中部	山西、吉林、黑龙江、安徽、江西、河南、湖北、湖南
西部	四川、重庆、贵州、云南、陕西、甘肃、青海、宁夏、新疆、广西、内蒙古

首先，对中国东部区域的绿色金融和绿色技术创新对碳排放的空间溢出分解效应作出分析，空间计量回归结果如表6.15所示。根据结果可以看出。东部地区绿色金融和绿色技术创新对碳排放具有明显的抑制作用且空间溢出效应明显。值得注意的是，东部地区的绿色金融的间接效应大于直接效应，说明东部地区发展绿色金融对关联区域碳排放的抑制作用大于对本区域的抑制作用，这是因为东部区域各省份是我国经济较发达区域，经济发展水平较高，资金、技术等资源丰富，该区域金融的发展会带动邻近区域金融发展，且其金融的绿色发展方向是关联区域发展的导向标，同样，绿色技术的空间溢出也为关联区域技术的发展提供了交流的机会。同时，东部区域经济发展水平和产业结构的空间溢出效应也呈现出显著状态，所以作为中国的重要经济板块，东部区域应在各方面起到带头示范作用，在本区域

绿色发展的同时带动关联区域绿色发展，进而对全国碳减排起到推动作用。

表 6.15　　　　东部区域空间效应分解结果

变量	中国东部区域		
	直接效应	间接效应	总效应
gg	-2.7092***	-7.7057***	-10.4148***
lngti	-0.5079***	-0.3452**	-0.8531**
ur	0.0021	-0.0179	-0.0159
ld	-1.2649***	-0.0936	-1.3585*
is	-0.6529***	-0.6538**	-1.3067***
do	-0.0116	-0.0054	-0.0169

注：*、** 和 *** 分别代表在 10%、5% 和 1% 的水平上显著。

其次，对中国中部区域的绿色金融和绿色技术创新对碳排放的空间溢出分解效应作出分析，空间计量回归结果如表 6.16 所示。根据回归结果可以看出，中部区域的绿色金融和绿色技术创新水平对碳减排的空间溢出效应显著，但是对关联区域的作用效果不如东部地区明显，这是因为中国中部区域经济整体上处于全国中等水平，该区域的金融发展和技术提升的潜力较大，受到东部区域空间影响较大，东中部地区发挥协同作用对中部地区绿色发展具有很大帮助。值得注意的是，经济发展水平对本区域碳减排作用效果不大，而对邻近区域碳减排抑制作用明显，这是因为中部区域处于金融发展的上升阶段，为追求利益可能会将高污染企业外移，导致关联区域碳排放有增无减，因而加强绿色金融导向和惩治作用至关重要。

表 6.16　　　　中部区域空间效应分解结果

变量	中国中部区域		
	直接效应	间接效应	总效应
gg	-0.5624**	-0.6762*	-0.7387*
lngti	-0.5901***	-0.9397**	-1.5298***

续表

变量	中国中部区域		
	直接效应	间接效应	总效应
ur	-0.0358***	-0.0834***	-0.1191***
ld	0.0040	3.3057***	3.3097***
is	0.8264**	1.4885**	2.3149**
do	-0.6177***	-0.9052***	-1.5229***

注：*、** 和 *** 分别代表在10%、5% 和1% 的水平上显著。

最后，对中国西部区域绿色金融和绿色技术创新对碳排放的空间溢出分解效应作出分析，空间计量回归结果如表6.17所示。根据空间溢出分解结果可以看出，中国西部绿色金融和绿色技术创新对本区域碳减排作用效果明显，但是对关联区域的间接效应并不显著。西部区域的绿色金融潜力较大，发展绿色金融对本区域碳减排的效果要明显高于中部地区，鼓励该区域绿色金融发展和绿色技术提升产生的效益也会较大。该区域矿产丰富，能源消耗量大，多数产业依旧处于传统粗放型发展模式，并承接了东中部高污染企业的转移，因此碳排放量较大，环境承载力较低，更需要政府绿色政策的倾斜以及金融机构和金融服务的激励。

表6.17　　西部区域空间效应分解结果

变量	中国西部区域		
	直接效应	间接效应	总效应
gg	-2.6117***	0.3743	-2.2374***
lngti	-0.2522***	-0.0352	-0.2874***
ur	-0.0859***	0.0114	-0.0746**
ld	3.0534***	-0.4203	2.6331***
is	-1.3581***	-0.1965	-1.5546***
do	0.0236	-0.0057	0.0179

注：** 和 *** 分别代表在5% 和1% 的水平上显著。

总之，本章以中国30个省份为研究对象，选取2010~2020年的研究数据，探究绿色金融和绿色技术创新对碳减排的影响和空间溢出效应。选取合适的变量数据，对绿色金融和绿色技术创新构建评价体系进行测度，并对二者的趋势变化进行分析。对变量数据进行描述性统计及变量之间线性相关性检验，并对绿色金融、绿色技术创新和碳排放进行空间相关性检验，检验结果表明中国各省份之间碳排放存在明显的空间正相关性，区域间存在空间溢出现象。利用Stata软件选择适合于本书研究数据的空间计量模型，最终确定构建空间杜宾模型进行实证分析。

对数据的实证回归过程包括以下三个方面：首先，基于多种权重矩阵，对各变量进行空间杜宾模型的回归分析，结果表明绿色金融和绿色技术创新与各个空间权重矩阵的空间交互项均显著，说明区域绿色技术创新水平的提升和绿色金融水平的提升会在一定程度上对空间关联省域的碳排放产生显著影响。其次，从直接效应、间接效应的层面对各个变量进行分析，探究绿色金融、绿色技术创新对区域碳减排的影响和对关联区域碳减排的空间溢出分解效应。最后，为使实证结果更具有参考价值，将我国30个省份划分为东部、中部和西部三大区域基于空间杜宾模型进行异质性分析。

第四节　绿色金融、绿色技术创新促进碳减排的对策

一、绿色金融推进区域碳减排的对策

（一）加强绿色金融政策建设和政策落实

为实现绿色金融在我国的快速发展，应当制定合理的政策法规，并构建配套体系。政府可以通过财政减税政策，对绿色金融给予倾斜，包括提

供税收优惠或补贴，以此支持绿色金融的发展。充分发挥市场导向作用，鼓励投资绿色项目、购买绿色产品等，以公共资金引导社会资金向绿色金融市场聚集。同时，政府可以通过对绿色基础设施直接投资带动绿色经济的发展，也可以优先采购绿色技术和环保产品，来推动市场对绿色产业的需求增长，从而带动碳减排。

1. 支持绿色产业发展，推进节能减排

支持绿色产业是提高区域环境绩效的有效措施，这是由于绿色环保企业在生产过程中将环境保护作为第一要义，生产产品多为资源节约型产品，且该类企业具有较大的发展潜力，能够持续为减少碳排放作出贡献。但是，相较于传统产业，绿色产业的投资风险大、产出收益小且生产周期相对较长，因此，绿色产业要实现蓬勃发展，将面对较大的阻碍。要推动绿色产业的发展，首当其冲需要解决的就是融资难的问题，这就要求政府要利用政策加强对相关企业的推进，而充分利用好绿色金融就成为政策引导的重要途径。为了落实绿色金融政策，金融机构可以通过绿色信贷业务，将绿色企业与高污染、高耗能企业区别开来，对不同企业带来的环境风险等级进行划分，按照等级提供绿色贷款，对节能减污企业给予贷款优惠，为绿色产业提供资金支持。这种做法不仅确保了绿色产业能够得到充分的资金支持，而且可以推进高耗能产业的绿色转型，从而从源头减少碳排放。

2. 推进绿色金融产品发展

由于绿色金融在我国的起步较晚，许多金融产品处于发展初期阶段，发展步伐赶不上社会经济的发展，因此加快绿色金融产品的发展进度是重中之重。在绿色保险方面，应积极推动环境责任险、船舶污染责任险、绿色农业险、气象指数险等保险产品的发展。由于区域之间存在地理位置和经济发展等方面的差异，绿色金融在不同地区的发展侧重点也就不同，因此应当基于地区实际推进适合本地区的绿色保险项目，待各区域绿色保险发育成熟，再通过区域之间的交流合作，扩展保险领域，使绿色保险全方位发展。在绿色证券方面，应当完善评估体系，制定绿色债券发行的规范性文件，确定统一的绿色债券界定标准及市场准则，规范发行交易流程，解决发行管理成本高的问题，降低发行门槛，支持绿色企业上市融资，充分发挥市场机制作用，完善绿色债券认证和信息披露机制。在绿色投资方面，通过优化金融结构，将生态保护、环境保护以及相关产业作为专门投资领域，培育绿色投资群体，鼓励投资者在投资时考虑资源、能源与生态环境等自然物质条件，利用政策支持吸引更多民营资本和机构投资者，以促使更多主体参与绿色投融资活动。在碳金融方面，构建统一监管机制，降低碳金融市场风险，制定统一的衡量和认定标准，以确定碳减排项目是否具备成为碳商品的资格，构建碳金融市场，搭建碳金融交易平台，提高我国碳交易市场在国际市场中的竞争力，扩大碳排放交易的参与主体范围，利用碳金融为低碳发展提供服务。

（二）加强环境信息披露，增强公众环保意识

1. 企业积极披露环境信息

绿色金融政策在实施时面临的关键问题是金融机构风险识别难度大、准确性低。而企业的环境信息对于金融机构是否为企业提供资金支持具有重要的参考价值。如果金融机构无法获取准确有效的企业环境信息，就无法准确判断企业经营项目是否符合环保要求。因此，金融机构为获取真实的信息需要投入大量资金和人力进行环境风险评估。此外，如果企业提供虚假的环境信息，也会对绿色信贷等绿色金融服务的实施产生消极影响。为了避免出现此类问题，应当搭建信息披露平台，企业主动在平台披露与企业相关的环境信息以支持金融机构落实绿色金融政策。企业的披露行为应当是全面、准确的，避免出现虚假信息，并且应当主动向金融机构、政府部门和社会公众展现其对环境作出的贡献。此外，企业在环境信息披露的过程中也能够更加了解企业自身可能存在的环境污染问题，明确经营过程污染物排放量，这种主动的信息披露行为会给予企业一定的节能减排压力，有助于促使其主动改善流程，提升自身的环境绩效，增强社会责任感。

2. 倡导公众绿色消费

绿色化、低碳化的消费模式是推动经济实现高质量发展的重要环节，

因此，倡导群众绿色消费、践行绿色低碳的生活方式和生产模式对减碳减污非常重要。绿色消费区别于传统消费，绿色消费更加注重生态环境的保护，消费结构是健康、环保、可持续的，以实现人与自然的和谐相处。

实现绿色消费，一方面，要扩大内需。利用绿色金融的导向作用，提高绿色行业的影响力，拓展绿色消费市场，扩大绿色产品的市场供应。首先，绿色消费方式存在多样性，要利用绿色金融为绿色行业的发展提供资金支持和风险保障。绿色消费行业主要包括绿色食品生产业、绿色交通运输业和绿色产品销售业等。食品作为公众生活中主要的消耗品，更要注重食品的绿色生产，应当立足地区的资源优势、加大政策扶持、发挥金融机构资金保障，促进绿色食品生产规模化、产业化，加大绿色产业技术创新和升级。其次，农业保险等政策制度要为农业食品发展筑牢安全底线，保证绿色农业产品的供给。交通保障公众出行，要加大财政补贴，利用绿色信贷为公共交通建设提供助力，推行构建低碳、高效的公共交通系统，通过绿色金融工具降低新能源汽车行业的创新风险。最后，还要建设绿色市场，推动网络平台、实体店铺等企业设立绿色低碳产品专区，利用绿色金融支持绿色商场建设。

另一方面，要完善相关制度，提高自觉意识，加快绿色消费转型。首先，聚焦绿色消费重点发展领域和现存问题，进一步完善相关的法律法规和制度体系，优化财税、金融、监管等政策措施，促进绿色转型升级。其次，加大绿色消费宣传力度，在全社会营造绿色健康的消费氛围，培育群众绿色消费的理念。提倡垃圾分类和日常资源节约，鼓励群众从小事做起，养成绿色的生活方式，直接有效地起到保护环境的效果。

（三）促进省域间合作与交流

我国各个省域实行绿色金融发展政策的时间并不相同，且发展水平存在较大的差异，发展中心也不尽相同。区域之间有必要进行相互的学习，借鉴对方经验，吸取失败教训。各个区域之间的发展侧重点不同，通过相互交流合作也能够更好地取长补短，进行有效的实践经验交流，才能够使绿色金融在中国大面积普及发展，促进区域之间协同进步。省域只有加强合作，建立起绿色金融政策的发展框架，推动绿色金融的信息披露和定义的统一，才能应对碳排放量逐年增加的挑战。

例如，在绿色金融发展的基础之上，我国绿色金融的试点区域为五个省份八个实验区，区域之间存在较大的差异，省域发展侧重点存在不同。浙江省通过传统产业的转型升级实现经济的绿色发展；广东省则是对市场进行开发，加快绿色金融市场建设；新疆相对农业更加发达，重视现代农业的发展以及清洁能源的使用，绿色保险的发展程度更高。因此由于区域经济发展的水平和程度、重点发展产业以及产业结构等方面的差异，绿色金融的发展侧重点也会存在不同，区域之间需要加强不同领域的交流与合作，才能实现绿色金融共同发展。

由于中国绿色金融开展得较晚，落后于国外绿色金融水平，因此应积极借鉴国外绿色金融推进碳排放经验，加强国际合作，促进发展，从而从绿色金融角度实现碳减排。

绿色发展和绿色经济都是具有时间和空间外部性的，单靠一个地区自身的发展和政府无法解决碳排放问题，金融机构之间应当加强合作与包容，共同携手建立统一的有效机制，保有求同存异的理念，才能从绿色金融发展角度实现碳减排，助力实现“双碳”目标。

二、绿色技术创新驱动区域碳减排的对策

（一）提高绿色技术创新水平，构建绿色技术创新体系

绿色技术创新对碳减排影响效果显著，提高绿色技术的高质量发展需要从政策上鼓励绿色技术创新的实践应用，提高减排技术的研发和投产率，进一步提升绿色技术创新的经济创造力，发挥其市场活力，充分发挥其绿色技术创新溢出效应。

1. 构建全链条的绿色技术创新体系

基于绿色创新需求、绿色技术应用等环节，明确创新主体、技术转化、技术评价与创新引领等政策举措，构建市场导向性的绿色技术创新体

系。一是明确不同地区、不同行业的技术需求和技术提升难点，基于实际统筹安排绿色技术创新重点项目的发展方向，以提升技术对当前市场发展需求的满足。二是以政策鼓励和金融援助壮大技术创新主体，培育绿色创新重点企业，刺激市场，引导企业践行绿色低碳创新行为，促进跨行业、多企业之间的绿色技术创新协同发展，为碳减排提供助力。三是推进绿色技术交易市场的构建，健全交易机制、交易标准和采购制度，科学评价绿色技术，注重绿色技术知识产权的保护，为交易提供保障。四是加大金融支持和科技成果转化，政府通过降低税收、给予财政支持等方式为绿色技术创新保驾护航。通过政策引导提升各区域绿色技术创新水平，减少碳排放，促进绿色可持续发展。

2. 强化绿色技术创新市场作用

利用市场化手段，发挥市场在绿色技术创新中的导向作用，发挥市场资源配置作用，利用资源配置加大创新要素向绿色发展领域的集聚。一是市场引导强化创新主体。通过市场交换，加快绿色技术创新成果转化为实际收益，为企业创新技术提供发展方向，通过市场资源配置，为企业绿色转型提供人才和资本支持，从而引导企业创新主体创造出节能减排、绿色健康的产品和服务。二是促进绿色技术创新协同，利用市场导向作用引导绿色技术创新主体与金融机构、科研院校等交流合作，为技术创新研究提供资金和人才保障，同时加强不同领域企业之间的协同联动。三是架起绿色技术创新市场与碳交易市场的联动桥梁，发挥市场之间的作用，减少碳排放量。

（二）加大创新研发，攻关低碳技术

为了实现碳减排目标，主要的策略包括两点：一是从源头上减少二氧化碳的排放，为此需要调整能源的消耗结构，使用清洁能源，提升化石能源的使用效率；二是使用绿色生产技术，加快生产环节产生的二氧化碳更新和二次利用，减少生产过程二氧化碳的释放。为支持以上战略的实施，国家应当支持创新研发，企业应当树立技术创新意识，增加绿色技术创新产出，从而充分发挥绿色技术的生态效益和经济效益。

1. 确保绿色技术研发的资金支持

加强金融发展对于技术研发的保障作用，利用金融机构的资金分配激发企业等创新主体的创新意识。建立健全风险投资机制，保障绿色技术创新市场的正常运行，扩大技术创新专业领域，鼓励投资者积极参与。绿色信贷为技术创新研发提供资金支持，绿色保险为创新活动缓解风险压力，利用绿色金融产品创新为提升绿色技术创新水平保驾护航，以金融引领技术创新实现绿色低碳发展。

2. 构建科研创新平台

政府要充分发挥引领作用，带头构建科研创新平台，利用政策的引导和规制作用，推动企业、高校、科技研究院的科研合作，发挥团队优势，利用平台将技术研发成果转化，提高企业与社会组织对绿色低碳技术研发的积极性。布局实施重大科技创新项目，利用平台加强重大项目参与主体之间的交流与合作，研发创新产品，形成产业链，扎实推进新旧动能的转换，推动绿色高质量发展。

总之，根据前文实证研究的结果，从绿色金融发展和绿色技术创新水平提升两个层面对碳减排提出了对策和建议。具体如下：在绿色金融发展层面：加强对绿色金融的政策建设与落实，制定和完善绿色金融相关政策体系，加大政府政策规制力度，支持绿色金融的发展；金融机构应积极落实绿色金融政策，发挥金融优势，从资金角度推动碳减排；推进绿色金融产品发展，充分利用好绿色信贷、绿色保险、绿色证券、绿色投资和碳金融等金融工具，发挥绿色金融对环保产业发展的导向作用和对高污染、高耗能产业的“惩戒”作用。督促企业环境信息披露，打造环境保护信息共享平台，帮助金融机构获取企业完整的环境信息、识别环境风险，从而减少企业碳排放。促进全国不同省市区域之间的交流合作，绿色金融发展水平高的地区带动水平较低的地区，区域之间相互学习、交流经验，实现绿色金融共同发展，促进碳减排。

在提升绿色技术创新水平层面：从政策上鼓励绿色技术创新水平的提升，在发挥绿色技术水平经济活力的同时发挥碳减排作用；健全绿色科技创新风险投资机制，降低企业绿色技术创新风险，利用绿色金融等金融工具为绿色技术创新水平的提升提供资金支持。建设全链条的绿色技术创新市场，加大绿色技术的研发和应用，政府利用减税政策、奖励补贴政策等提高企业研发绿色技术的积极性，并加强对企业绿色专利的保护，为企业研发绿色技术提供保障，从而实现绿色技术创新发展带动碳减排。

第七章　结　　语

第一节　研究结论

一、碳排放权交易对工业企业绿色创新效率的影响研究

碳排放权交易能够利用市场机制促进企业开展绿色创新活动，是迎合国际低碳倡议和响应我国绿色发展的重要制度安排。本书以2009～2021年为研究区间，采用双重差分模型实证分析了碳排放权交易对我国工业企业绿色创新效率的影响，探究了媒体压力和命令控制型环境规制在该影响过程中所发挥的调节作用，并开展了基于企业性质和企业规模的异质性分析。由此，本书得出以下重要结论。

（1）碳排放权交易能有效提升企业绿色创新效率。在基准回归结果分析中，不论是否加入控制变量，碳排放权交易均对企业绿色创新效率起到促进作用，对于控制变量而言，我国的资产负债率、总资产周转率以及现金流比率均有助于提升企业绿色创新效率，而公司成立年限和企业的社会财富创造力与企业绿色创新效率之间呈现的是负相关关系。为了检验这一结论的可靠性，本书进行了三种稳健性检验：其一为平行趋势假设检验，用来判断处理组企业与对照组企业在试点前是否具有共同趋势；其二为PSM－DID检验，保证两组企业样本的可比性，避免内生性问题；其三为安慰剂检验，即虚构处理组进行估计。这三种稳健性检验的结果均显著，

因此，此结论成立。

（2）在碳排放权交易影响企业绿色创新效率的过程中，媒体压力会起到负向调节作用。根据媒体压力的调节效应分析结果，无论是否加入控制变量，碳排放权试点变量的回归系数为正且显著，碳排放权交易与媒体压力交互项的回归系数显著为负，这表明媒体压力会负向调节碳排放权交易影响企业绿色创新效率的过程，因此，调节作用分析结果进一步肯定了媒体压力的“市场压力假说”，即媒体压力的增加会弱化碳排放权交易政策对企业绿色创新效率的激励作用，当媒体报道倾向于正面报道，媒体压力较小时，企业更会提高其绿色创新效率，反之，当媒体报道倾向于负面报道，媒体压力较大时，企业绿色创新效率会相应变弱。

（3）在碳排放权交易影响企业绿色创新效率的过程中，命令控制型环境规制会起到正向调节作用。本书将命令控制型环境规制划分为环境立法和环境执法变量，通过构建调节效应模型，分别探究了两者在碳排放权交易影响企业绿色创新效率的过程中所发挥的作用。在碳排放权交易、环境立法和企业绿色创新效率的模型体系中，碳排放权交易试点变量的回归系数显著为正，环境立法和企业绿色创新效率交互项的回归系数也显著为正，这表明环境立法能正向调节碳排放权交易影响企业绿色创新效率的过程。同理，在碳排放权交易、环境执法和企业绿色创新效率的模型体系中，碳排放权交易试点变量以及环境执法和企业绿色创新效率交互项的回归系数均显著为正，这表明环境执法也能在碳排放权交易影响企业绿色创新效率的过程中发挥调节作用。

（4）相较于民营企业，碳排放权交易更能促进国有企业绿色创新效率的改善。由于国有企业和民营企业在市场竞争、政治地位以及创新激励等方面存在显著差异，因此，本书基于企业性质开展了异质性分析。根据分析结果，碳排放权交易对国有企业绿色创新效率的回归系数为1.272，且通过了1%的显著性检验，碳排放权交易对民营企业绿色创新效率的回归系数为0.240且显著，因此，碳排放权能促进国有企业和民营企业绿色创新效率的改善。通过对比回归系数可知，相较于民营企业，碳排放权交易对国有企业绿色创新效率的促进作用更强，这是因为国有企业是国家碳排放权交易政策的坚决执行者，其创新活动更容易受到政府的持续资金支持，也能承担绿色创新的高风险。

（5）相较于小规模企业，碳排放权交易更能促进大规模企业绿色创新效率的改善。一般而言，企业规模是影响企业绿色创新效率的重要因素，因此本书基于企业规模开展了异质性分析。根据分析结果，碳排放权交易对小规模企业绿色创新效率的回归系数为 0.047，但未通过显著性检验，而碳排放权交易对大规模企业绿色创新效率的回归系数为 1.021，且通过了1%的显著性检验，因此，相较于小规模企业，碳排放权交易对大规模企业绿色创新效率的促进作用更强。这是因为大规模企业的边际减排成本较低，更有资本和精力进行绿色技术创新，与此同时，大规模企业的资源和地位能保证绿色创新研发投入的持续性，并使得企业具有较强的绿色创新风险抵御能力。

二、数字普惠金融对区域经济绿色发展的影响研究

近些年来数字普惠金融的迅速发展取得了显著的成效，不仅缩小了贫富差距、助力中小企业发展，也对经济的绿色发展具有重要意义。基于相关的背景和文献资料。对数字普惠金融和区域经济绿色发展含义、发展趋势及其影响机制进行分析，为了加强理论分析的可靠性，选取 2011 ~ 2020 年中国 30 个省份的面板数据，采取空间计量模型和门槛模型对数字普惠金融影响区域经济绿色发展进行实证分析，根据理论分析和实证结果提出相应的意见建议。本书通过研究，得出以下结论。

（1）2011 ~ 2020 年我国数字普惠金融发展迅速，但是近些年增长速度有所减缓，不同省份之间数字普惠金融水平差距较大，当然随着时间推移，这种差距在不断减小，这也表明我国数字普惠金融在朝着均衡性、稳健性的方向发展；数字普惠金融发展水平较高的省份多为经济较发达的省份，增长速度较快的省份多为欠发达的省份；数字普惠金融的数字化程度一直远高于总指数，覆盖广度和使用深度略低于总指数且与总指数的增长趋势几乎一致。

（2）2011 ~2020 年我国区域经济绿色发展水平整体并不是很高且增长速度较慢，其间一直呈现稳定增长的态势，不同省份之间差距也较大，且随着时间变化，这种差距并没有缩小的趋势。此外区域经济绿色发展水平较高和发展速度较快的省份均为经济较发达的省份；东部地区的区域经济绿色发展水平远高于其他三个地区，环境保护维度远高于总指数，经济发展维度低于总指数且与总指数发展趋势一致，而资源节约维度呈下降趋势，整体上呈现“东高西低”的局面。

（3）通过时间固定效应下的空间杜宾模型对数字普惠金融对区域经济绿色发展的影响进行空间效应分析，可知数字普惠金融及其三个子指标均可显著促进区域经济绿色发展，但是数字普惠金融和覆盖广度的促进效果较强，使用深度和数字化程度的促进效果相比而言较弱。对其空间效应分解结果进行分析可知，数字普惠金融的空间溢出效应显著为负，直接效应显著为正，总效应显著为正，说明本省份的数字普惠金融发展会抑制相邻省份的区域经济绿色发展，但是数字普惠金融会促进整体区域经济绿色发展。

（4）通过异质性检验可知，数字普惠金融可以显著促进三个地区的区域经济绿色发展，但是其促进效果由大到小分别为东部、中部和西部，东部地区空间溢出效应为负向显著；中部地区的空间溢出效果不显著为正，而西部地区的空间溢出效果显著为正；空间效应解析中的总效应则为东部地区不显著为正，中部地区和西部地区显著为正，无论是直接影响还是空间溢出效应都说明我国的数字普惠金融影响区域经济绿色发展存在区域异质性。

（5）本书采用中介模型对数字普惠金融影响区域经济绿色发展的机制进行检验，通过检验可知，数字普惠金融可以通过提高绿色技术创新水平来促进区域经济绿色发展，其中中介效应占比为 29. 3%；数字普惠金融可以通过缓解资金错配和劳动力错配来促进区域经济绿色发展，其中中介效应占比分别为 21. 7% 和 19. 7% 。

（6）以政府财政支持作为门槛变量。通过分析可知，政府财政支持在数字普惠金融促进区域经济绿色发展的过程中存在双重门槛，根据门槛将政府财政支持程度分为三个区间，前两个区间其效果均显著为正，但是系数有所减小，第三个区间其效果为负向不显著；同时分析其区域性，选取2020年数据进行分析可知，政府财政支持发挥显著促进作用的省份主要集中在东部沿海省份和中部省份，同时分析所有年份样本，发现政府财政支持还是可以在大多数省份的数字普惠金融促进区域经济绿色发展的过程中起到促进作用的。

三、产业结构升级、绿色技术创新对能源消耗的影响研究

随着全球气温加速上升，气候治理逐步进入一个“新危机”时代，而气候安全与能源消耗息息相关。为将21世纪末气温上升控制在1.5摄氏度以内，我国不断在重大指导方针、政府工作报告中强调推进能源消费革命。“革命”本身包含摧毁旧事物，建立新的、进步的事物这一含义。这也体现出我国现有经济发展模式存在经济增长、环境保护以及能源节约三者相互矛盾的弊病，亟须对原有的发展模式进行改革与重塑。此外，“革命”一词还表明了该项行动力度之大，因此这也彰显了我国解决能源这类现实问题的决心。随着1.5摄氏度目标行动的窗口期不断临近，我国也面临着较大的节能压力。因此本书探讨了我国及各区域能源消耗的现状与特征，并依托于产业结构升级、绿色技术创新两条路径，全面探讨其对我国能源消耗强度的影响效果，最后依据主要研究结论提出了降低能耗强度、推动经济低碳转型的策略，在一定程度上为破除能源安全困境、构建高效清洁的能源体系提供借鉴和理论支撑。本书通过理论研究与实证分析，得出以下研究结论。

（1）从全国整体以及东部、中部、西部三大区域能源消耗的现状与特征来看，能源消耗强度均呈现出逐年下降的趋势，但各区域内的能源消耗强度表现出较大差异。具体地，东部地区的平均能源消耗强度最低，其中北京是该地区节能强度最高的省份，广东次之，而河北、辽宁则是用能强度排名前两位的省份；中部地区的平均能源消耗强度次之，其中江西与安徽两省在节能方面表现最优，而山西与内蒙古作为能源大省也是能耗最大

的省份；西部地区平均能源消耗强度最大，其中重庆的节能降耗贡献率位居首位，陕西虽然节能强度次之，但还有较大的节能空间，而宁夏、青海不仅为西部地区平均能耗强度最大的省份，也是全国平均能耗强度最大的省份。这在一定程度上体现出节能实力与地区经济实力相关的分布特征。

（2）产业结构升级具有显著的节能效果，这一结论通过了一系列稳健性检验且不存在内生性问题，但这种节能效应具有明显的分布异质性和区位异质性。具体地，分布异质性结果表明，较之低分位点，产业结构升级对较高分位点的能源消耗强度的抑制作用更大；区位异质性结果表明，沿海经济区产业结构升级的节能作用要优于内陆经济区，即北部沿海、东部沿海与南部沿海三个经济区内产业结构升级能够显著抑制能源消耗强度的上升，而在东北、黄河中游、大西北三个经济区内对经济结构进行升级调整反而会加剧能耗，长江中游、大西南经济区内产业结构升级对能源消耗强度的作用效果不显著。

（3）绿色技术创新是产业结构升级降低能源消耗强度的传导途径。产业结构升级能够显著为当地绿色技术创新能力赋能，而绿色技术创新可以对生产系统的输入端与过程端进行绿色化改造从而降低对传统化石能源的依赖，进而达到节能的目的，因此绿色技术创新在二者的关系中承担部分中介效应。逐步回归法显示绿色技术创新的中介效应占总效应的份额为28.55%，Sobel 检验法报告出该中介效应所占的比例为28.4%，因此两种方法得到的比重基本相同。此外，绿色技术创新的中介效应均在1%的显著水平下通过了 Sobel 检验、Goodman 检验1与 Goodman 检验2，并且 Bootstrap 检验法显示此中介效应的95%置信区间明显不包含0，因此有效证明了绿色技术创新中介效应的稳健性。

（4）产业结构升级与能源消耗间存在产业结构升级自身的单门槛效应以及绿色技术创新的单门槛效应。关于产业结构升级与能源消耗强度是否存在非线性关系，本书得到了与之前学者相同的研究结论——产业结构升级对能源消耗强度的确具有非线性影响。但对于不同区间内产业结构升级对能源消耗强度的作用方向，本书得出的结论与其他学者存在差异——其他学者认为在某些区间内存在产业结构升级加剧能耗或者对能耗作用不明显的现象，而本书却发现，无论位于哪个区间，产业结构升级对能源消耗强度均表现出抑制作用，只是不同区间内抑制效果存在差异。此外，在绿色技术创新的约束下，产业结构升级与能源消耗强度呈现“弱抑制（不显著）—强抑制”的非线性特征。具体地，处于低绿色技术创新能力区间时，产业结构升级并不能抑制能耗强度的上升；而当绿色技术创新能力提升至高水平区间时，产业结构升级能够有效制约能源消耗强度的上升。

（5）控制变量对能源消耗强度的影响各有不同，且也存在分布异质性与区位异质性特征。从整体来看，城镇化水平、基础设施建设水平的提高均能够显著抑制能源消耗强度的上升，其中城镇化水平的抑制作用最强；而金融市场的发展则会加剧能源消耗；外商直接投资对能源消耗强度的作用效果不显著。从分布异质性来看，城镇化水平对低分位点能源消耗强度的制约作用更强；外商直接投资在 0.1 分位点处边际效应显著为正，而在 0.9 分位点时边际效应则显著为负；基础设施在各分位点均表现出负向影响，但存在“分位数交叉”问题；金融市场发展的边际促进作用随着分位点的提高而增强。从区位异质性来看，除北部沿海综合经济区外，其余经济区内城镇化率的提高均能显著节约能源；东北、黄河中游综合经济区内外资企业的入驻能促使能耗强度下降，而在东部、南部以及长江中游综合经济区内则会出现外商投资的“污染天堂”效应；除南部沿海、黄河中游、长江中游综合经济区外，其余经济区内加强基础设施建设均能减少能源耗损；对于金融市场发展，北部沿海与东部沿海经济区内该变量均显著导致了能耗强度的上升。

四、数字经济、产业结构升级对区域碳减排的影响研究

自进入 21 世纪以来，科学技术突飞猛进，促进产业的不断更迭，产业生产效率也得到了显著的提高，但在经济高速发展的过程中，不乏出现一些环境污染、高碳排放问题，这些问题能否得到切实有效的解决，不仅关系我国未来经济的发展方向，也关系我国经济能否保持高质量健康发展的状态。因此，本书在前人研究的基础上，对数字经济、产业结构升级进行

了定义，并对数字经济影响区域碳减排的渠道和机制进行相应的理论分析和实证研究。基于此，提出促进我国数字经济发展、抑制区域碳排放的治理策略，本书的研究结论主要有以下几点。

（1）数字经济发展水平虽然呈现逐年递增的趋势，但从区域上看我国数字经济发展极不平衡。通过分析我国四大区域2013～2020年数字经济发展趋势，可以发现数字经济水平呈现由沿海向西部逐级递减的特征，其中东部地区的数字经济发展水平最高，西部地区的数字经济发展水平最低。从数字经济发展的六大维度上看，东部地区和中部地区数字金融、经济贡献和数字技术领域的优势明显，但在基础建设、数字人才和产业数字化方面仍需加强；西部地区和东北地区在数字基础、数字金融、经济贡献领域表现良好，但在数字技术、产业数字化和数字人才领域表现欠佳。

（2）从数字经济对区域碳减排的作用机制上看，数字经济的发展能够显著促进区域碳减排，同时产业结构升级这一中介因素的存在也进行了证明，表明数字经济和产业结构升级可以对区域碳减排形成推动合力。数字经济发展水平的不断提高，从整体上看不仅有利于我国产业结构的健康发展，更有利于“双碳”目标的早日实现。本书通过研究数字经济对区域碳减排的影响机制，无论是数字经济发展对区域碳减排的直接影响效应，还是通过产业结构升级对区域碳减排的间接影响效应都会在一定程度上促进区域碳减排。因此，对于一个国家的经济高质量发展而言，数字经济是未来经济发展的重要动力，也是环境友好型经济的重要突破点，通过加强数字经济发展，引导数字经济和产业结构升级的进一步融合，提高数字产业化和产业数字化程度，从而为我国碳减排事业提供新的契机。

（3）通过空间联立方程模型从地区数字经济—数字经济、碳减排—碳减排、数字经济—碳减排、碳减排—数字经济等方面，分析了区域数字经济和碳减排之间的交互影响效应。在空间视角下，周边省份数字经济的发展能够带动本省数字经济的发展，同时会抑制本省的碳减排；周边省份碳减排水平的不断增加会导致本省碳减排水平的上升，同时会抑制本省数字经济的发展。主要原因来自数字经济和碳减排之间存在空间溢出效应，能够产生技术扩散和污染扩散，导致周边地区数字经济和碳减排水平的提高，同时数字经济发展会导致落后产业的迁移，引起周边地区高能耗产业的增加，碳排放的增加也意味着城市基础设施的完善，以及产能处于较高水平，可以为周边地区数字经济提供软件和硬件支持，进而有利于周边地区数字经济的发展。

（4）我国数字经济对区域碳减排的推动力量并未得到完全释放，需要结合我国数字经济、产业结构升级对区域碳减排的影响机制，充分发挥数字经济对碳减排的促进作用。一方面，在数字经济层面，补齐数字短板，推动数字经济全面发展，并加强对数字经济行业的监管力度，促进区域数字经济和碳治理融合，充分释放数字经济对区域碳减排的推动力量；另一方面，在产业结构升级层面，加强国家的政策支持和引导，完善产业布局、产业创新和产业碳排放监管机制。同时，也要规避数字经济发展带来的落后产业外溢问题，加强对区域产业转移的监管，充分发挥数字经济协同产业结构升级，推动区域碳减排事业的发展。

五、绿色金融与绿色技术创新对区域碳减排的空间影响效应研究

本书以中国 30 个省份（剔除西藏、中国香港地区、澳门地区、台湾地区）为研究对象，利用 2010 ~ 2020 年的相关面板数据，构建空间计量模型研究绿色金融、绿色技术创新对碳减排的空间影响效应。首先，对绿色金融综合指数、绿色技术创新发展水平和碳排放构建评价指标体系进行测算，并根据测算结果分析三者的时间发展趋势和空间分布特征；其次，进行绿色金融、绿色技术创新和碳排放的空间相关性检验，包括全局相关性检验和局部相关性检验，相关性检验结果均为显著，说明变量之间存在显著的空间关联性，为后续研究变量之间的空间溢出效应奠定了基础；再次，利用多种检验方式选择合适的空间计量模型，结果最终选定双固定效应的空间杜宾模型对绿色金融、绿色技术创新与碳减排之间的空间影响关系进行实证回归操作，基于不同权重矩阵对数据进行模型回归和空间效应分解回归，并根据回归结果分析绿色金融、绿色技术创新对碳减排的区域

内和区域间影响，对结果进行稳健性检验以确保结果的稳定性，划分东部、中部、西部三个不同区域，研究不同地区绿色金融、绿色技术创新对碳减排空间影响作用的差异；最后，根据实证研究的结果提出相关对策建议。

本书通过理论研究和实证分析，得出的主要研究结论有以下几点。

（1）在绿色金融发展水平方面，通过测度结果显示中国当前绿色金融的发展水平普遍还不是太高，但发展趋势整体上处于上升状态。样本期内各省份地区之间绿色金融发展水平差异较大，东部较发达地区的绿色金融发展较快，而西部欠发达地区的绿色金融发展水平相对滞后，这与地区经济发展和环保的重视程度有较大的关系。就目前中国绿色金融的发展状况来说，绿色金融在我国未来具有很大的发展潜力。

（2）在绿色技术创新水平方面，根据测度结果表明中国绿色技术创新水平处于持续上升的状态，且地区之间差异性较大，呈现出自东向西递减的状态。经济水平较高的地区更加重视绿色技术水平的提升，而部分省份绿色技术创新水平较低的重要原因是创新资源分配不均，技术创新投入的成本较高等，因此要提高绿色技术创新水平必须加大金融支持，利用好绿色金融工具。

（3）绿色金融、绿色技术创新与碳排放之间存在着明显的空间相关性。在不同的空间权重矩阵下，绿色金融、绿色技术创新与碳排放之间的莫兰指数均显著，说明三者存在空间上的交互作用；且在相同年份空间权重矩阵下各省份三者之间的关系存在明显的空间正相关性，在莫兰散点图上主要集中于高—高聚集区域和低—低聚集区域。因此，三者之间存在显著的空间相互关系。

（4）绿色金融和绿色技术创新对碳排放具有显著的空间溢出效应。根据空间回归结果，绿色金融和绿色技术创新水平的提升均会对碳减排产生积极促进作用，说明二者与碳减排存在着正向的空间溢出效应。在空间邻接权重矩阵和地理反距离权重矩阵下，对数据的空间分解回归结果发现，绿色金融和绿色技术创新不仅对本区域碳排放具有抑制效果，还会对空间关联区域产生影响，有利于促进碳减排。

（5）绿色金融与绿色技术创新对碳排放的空间作用效果具有异质性。虽然整体来看绿色金融和绿色技术创新对关联区域碳排放的辐射作用显著，但东部、中部、西部不同地区之间的空间溢出效应存在显著的差异。东部地区经济发展水平较高，资源丰富、资金充足，其绿色发展会对关联区域产生重要的导向标作用，因此该区域绿色金融和绿色技术创新水平提升对相邻区域碳减排的促进作用会高于对本区域内的影响，利用好东部地区的导向作用，对加快碳减排具有事半功倍的效果。中部地区处于经济发展欠发达状态，绿色金融和绿色技术创新对碳排放的空间溢出效应也较显著，三者之间存在良好的空间互动关系。西部地区绿色金融与绿色技术创新发展会对本地区的碳排放产生影响，但是空间溢出效应并不显著。加快地区之间的协同发展，充分利用好空间溢出效应，是发展绿色金融、提高绿色技术水平、减少碳排放的重要手段。

第二节 研究展望

一、碳排放权交易对工业企业绿色创新效率的影响研究

本书系统分析了碳排放权交易对企业绿色创新效率的影响机制，借助双重差分模型探究了碳排放权交易对企业绿色创新效率的直接影响，借助调节效应模型探究了媒体压力和命令控制型环境规制在碳排放权交易影响企业绿色创新效率过程中所发挥的间接作用。根据实证分析结果，本书从政府和企业两个角度提出了进一步驱动企业提高绿色创新效率的有效对策，为今后学者的相关研究提供了理论基础和实践指导，但由于数据限制等问题，本书的研究仍存在一定的不足，在今后的工作中，针对本书的不足之处将做更深入的研究，具体包括以下内容。

（1）研究样本存在一定的局限性。本书的研究对象主要针对上市的工业企业，但有些未上市的企业也参与了碳排放权交易，其绿色创新效率也

会受到一定的影响，但是这些未上市的企业数据披露不全，而且获取也比较困难，因此本书的研究样本较为狭窄，无法呈现碳排放权交易政策的整体效果。因此，之后的学者可以进一步扩展研究样本，通过实地调研、大数据挖掘等方法获取非上市企业的数据信息，补充和完善碳排放权交易与企业绿色创新的关系研究。

（2）碳排放权交易对企业绿色创新效率的作用机制可进一步挖掘。由于本书仅将媒体压力和命令控制型环境规制以及主要变量纳入模型体系，根据实证结果，媒体压力和命令控制型环境规制均会在碳排放权交易影响企业绿色创新效率的过程中发挥调节作用，那么碳排放权交易还会通过哪些机制作用于碳减排呢？这些机制变量的作用比例是如何分布的呢？本书对这些问题尚未做出进一步的研究。研究这些问题将有助于深入理解碳排放权交易对企业绿色创新效率的影响途径，为我国的碳减排进程提供理论借鉴和实践指导。

二、数字普惠金融对区域经济绿色发展的影响研究

本书对数字普惠金融影响区域经济绿色发展的相关理论进行了分析，同时对数字普惠金融及区域经济绿色发展的现状进行了分析，并在此基础上进行了实证检验，最后根据实证结果提出数字普惠金融促进区域经济绿色发展的意见建议，但也存在一定的不足。在今后的工作中，针对不足之处将做更深入的研究，具体包括以下内容。

（1）目前很多文献都有关于区域经济绿色发展的测度，方法指标也不统一，因此关于区域经济绿色发展水平的测度有待进一步完善。

（2）在验证数字普惠金融影响区域经济绿色发展的控制变量上可以有更多的参考，选取更为合适的控制变量，提高结论的可靠度，同时实证方法也可以进行更多的探索和尝试。

在以后的研究中，对于变量的选取和测度尽可能做到全面的考虑，以期得到更为精确的实证结果，增强结论的可靠性，为数字普惠金融的发展及其促进经济绿色发展提出合理的意见建议。

三、产业结构升级、绿色技术创新对能源消耗的影响研究

本书从理论、实证两个层面对产业结构升级、绿色技术创新以及能源消耗三者的内在逻辑关系进行了研究，并以产业结构升级为内驱力、以绿色技术创新为抓手提出了降低我国能源消耗、实现我国绿色发展的对策，丰富了产业经济与绿色创新的相关理论，对各地区减少能源消耗具有一定的实际指导意义，但也存在一定的不足，具体如下所示。

（1）鉴于地级市相关的微观数据缺失严重，本书应用省级面板数据基于宏观层面进行实证研究。由于缺乏对微观层面因素的考虑，可能导致本书对产业结构升级、绿色技术创新与能源消耗的内在联系的分析不够深入。

（2）影响能源消耗的因素众多，本书依据相关文献仅选择了城镇化、外商直接投资、基础设施建设以及金融市场发展作为本书的控制变量，可能会存在能源消耗影响因素选择上的遗漏。

今后，笔者将针对存在的不足之处进行更深层次的研究。具体包括：在未来地级市微观数据库更为完善的条件下，对本书的实证结果进行更细致的分析并进行进一步的验证；在对能源消耗控制变量的选择上，可以尝试引入更多的相关因素，从而更全面地阐释能源消耗强度变化的背后原因。

四、数字经济、产业结构升级对区域碳减排的影响研究

本书对数字经济对我国区域碳减排的影响进行了实证研究，丰富了数字经济与碳减排领域的相关理论，并对数字经济的发展和合理促进区域碳减排提供了相应的理论基础和实践指导，但本书仍存在以下几点不足。

（1）受限于数据的可得性，对于各省份数字经济发展指标的构建可能存在考虑不够全面的情况，这可能会导致本书对区域数字经济发展水平现状的分析不够深入。

（2）在空间联立方程的构建中，本书选择了经济距离矩阵和地理位置矩阵探究数字经济和碳减排的空间交互影响，但可能会忽略区域经济和地理位置的交互作用。

因此，在今后的工作中，针对上述存在的不足之处将做进一步的研究和探讨。具体有：随着数字经济相关测量体系的不断完善，对我国数字经济发展水平进行更为科学客观的测度；在空间矩阵的选取上，试图引入经济地理矩阵，以期对空间交互溢出效应进行更深入的探讨。

五、绿色金融与绿色技术创新对区域碳减排的空间效应影响研究

本书关于绿色金融、绿色技术创新对碳减排的空间效应影响从理论分析、发展现状和实证研究方面出发，取得了一定的研究成果，并对发展绿色金融、提升绿色技术创新和促进碳减排提供了实践指导，但仍然存在以下几点不足。

（1）衡量指标较单一。对于绿色技术创新的测度仅从绿色专利的授权量入手，未从多层面、多角度构建相关指数对绿色技术创新进行考量。

（2）未就典型地区进行实地调研和案例分析。仅从整体层面上研究绿色金融、绿色技术创新对碳排放的影响效果，未对具体行业、相关典型企业进行深度的了解和探讨，使得对绿色金融和绿色技术创新的影响作用的实证研究不够深入。

在今后的工作中，将针对以上不足做出进一步研究。具体包括：参考和学习最新的研究方法和衡量指标，收集数据构建评价体系，更加全面地对变量进行考量测度；实地调研、深入研究典型案例，从不同方面和角度对变量之间的影响关系进行更深一步的研究分析。

参考文献

[1] 爱德华·肖. 经济发展中的金融深化 [M]. 北京: 中国社会科学出版社, 1989: 112-136.

[2] 安徽省发展和改革委员会. 安徽双控目标评价考核连续五年被国家通报表扬 [EB/OL]. 安徽省发展和改革委员会, 2021-08-30.

[3] 白俊红, 刘宇英. 对外直接投资能否改善中国的资源错配 [J]. 中国工业经济, 2018, 358 (1): 60-78.

[4] 曹鸿英, 余敬德. 区域金融集聚性对绿色经济溢出效应的统计检验 [J]. 统计与决策, 2018, 34 (20): 152-155.

[5] 陈菡彬, 柴宏蕊, 辛灵. 产业结构高级化对能源消耗的非线性影响 [J]. 统计与决策, 2019, 35 (13): 144-146.

[6] 陈劲. 国家绿色技术创新系统的构建与分析 [J]. 科学学研究, 1999 (3): 37-41.

[7] 陈强. 高级计量经济学及 Stata 应用 [M]. 北京: 高等教育出版社, 2010.

[8] 大卫·皮尔斯, 何晓军. 绿色经济的蓝图 [M]. 北京: 北京师范大学出版社, 1996.

[9] 范和生, 刘凯强. 从黑色文明到绿色发展: 生态环境模式的演进与实践生成 [J]. 青海社会科学, 2016 (2): 46-54.

[10] 封思贤, 宋秋韵. 数字金融发展对我国居民生活质量的影响研究 [J]. 经济与管理评论, 2021 (1): 101-113.

[11] 冯烽. 内生视角下能源价格、技术进步对能源效率的变动效应研究: 基于 PVAR 模型 [J]. 管理评论, 2015, 27 (4): 38-47.

［12］冯烽，叶阿忠．技术溢出视角下技术进步对能源消费的回弹效应研究：基于空间面板数据模型［J］．财经研究，2012，38（9）：123－133.

［13］冯向前，叶银萍，李金生．基于模糊 EDAS 的中小企业绿色创新障碍分析［J］．科技管理研究，2020，40（11）：200－205.

［14］冯珍，程赛楠，简思．中国产业结构调整对经济高质量发展的影响研究［J］．南京财经大学学报，2021（4）：1－12.

［15］付子昊，景普秋．地方政府治理能力、产业结构转型与能源消耗［J］．统计与决策，2022，38（10）：162－166.

［16］干春晖，余典范，余红心．市场调节、结构失衡与产业结构升级［J］．当代经济科学，2020，42（1）：98－107.

［17］干春晖，郑若谷，余典范．中国产业结构变迁对经济增长和波动的影响［J］．经济研究，2011，46（5）：4－16，31.

［18］高娅．地区金融集聚与低碳发展［J］．生态经济，2021，37（7）：28－34.

［19］郭峰，王靖一，王芳，等．测度中国数字普惠金融发展：指数编制与空间特征［J］．经济学（季刊），2020，19（4）：1401－1418.

［20］郭显光．熵值法及其在综合评价中的应用［J］．财贸研究，1994（6）：56－60.

［21］韩文辉，曹利军，李晓明．可持续发展的生态伦理与生态理性［J］．科学技术与辩证法，2002（3）：8－11.

［22］何建奎，江通，王稳利．“绿色金融”与经济的可持续发展［J］．生态经济，2006（7）：78－81.

［23］贺茂斌，杨晓维．数字普惠金融、碳排放与全要素生产率［J］．金融论坛，2021，26（2）：18－25.

［24］贺子欣，惠宁．要素市场扭曲抑制了绿色创新效率提升吗：高技术产业集聚的调节效应［J］．科技进步与对策，2022，39（21）：75－84.

［25］洪勇，周业付．市场分割、技术创新与能源效率［J］．哈尔滨商

业大学学报（社会科学版），2022，185（4）：93－104，118.

［26］侯贵生，侯莹．环境规制、技术创新与能源消耗关系的实证分析［J］．科技管理研究，2021，41（20）：216－223.

［27］季书涵，朱英明，张鑫．产业集聚对资源错配的改善效果研究［J］．中国工业经济，2016，339（6）：73－90.

［28］江艇．因果推断经验研究中的中介效应与调节效应［J］．中国工业经济，2022，410（5）：100－120.

［29］焦文庆，薛晴．数字普惠金融对中小企业融资约束影响综述［J］．中国市场，2022，1128（29）：59－62.

［30］金相郁．中国区域全要素生产率与决定因素：1996—2003［J］．经济评论，2007，147（5）：107－112.

［31］李国祥，张伟，王亚君．对外直接投资、环境规制与国内绿色技术创新［J］．科技管理研究，2016，36（13）：227－231，236.

［32］李建军，彭俞超，马思超．普惠金融与中国经济发展：多维度内涵与实证分析［J］．经济研究，2020（4）：37－52.

［33］李健，江金鸥，陈传明．包容性视角下数字普惠金融与企业创新的关系：基于中国A股上市企业的证据［J］．管理科学，2020，33（6）：16－29.

［34］李健，周慧．中国碳排放强度与产业结构的关联分析［J］．中国人口·资源与环境，2012，22（1）：7－14.

［35］李平，方健．环境规制、数字经济与企业绿色创新［J］．统计与决策，2023，39（5）：158－163.

［36］李巧华，唐明凤，潘明清．企业绿色创新因素影响效应研究：以生产型企业为例［J］．科技进步与对策，2015，32（2）：110－114.

［37］李婉红，毕克新，曹霞．环境规制工具对制造企业绿色技术创新的影响：以造纸及纸制品企业为例［J］．系统工程，2013，31（10）：112－122.

［38］李欣，杨朝远，曹建华．网络舆论有助于缓解雾霾污染吗：兼论雾霾污染的空间溢出效应［J］．经济学动态，2017（6）：45－57.

[39] 李艺铭，安晖．数字经济：新时代再起航 [M]．北京：人民邮电出版社，2017.

[40] 李月娥，赵童心，吴雨，等．环境规制、土地资源错配与环境污染 [J]．统计与决策，2022，38 (3)：71－76.

[41] 李云燕，张硕，张玉泽．绿色金融视角下中国省域碳排放的时空演变及减排研究 [J]．软科学，2023，37 (12)：39－48.

[42] 刘畅，潘慧峰，李珮，等．数字化转型对制造业企业绿色创新效率的影响和机制研究 [J]．中国软科学，2023，388 (4)：121－129.

[43] 刘传明，孙喆，张瑾．中国碳排放权交易试点的碳减排政策效应研究 [J]．中国人口·资源与环境，2019，29 (11)：49－58.

[44] 刘广亮，冉启英，赵蓉，等．异质性地方政府竞争、绿色技术创新与产业结构升级 [J]．科技管理研究，2023，43 (1)：215－222.

[45] 刘佳，李煜轩．产业结构调整、绿色创新与旅游业碳减排研究 [J]．中国海洋大学学报（社会科学版），2023，193 (2)：51－60.

[46] 刘立涛，沈镭．中国区域能源效率时空演进格局及其影响因素分析 [J]．自然资源学报，2010，25 (12)：2142－2153.

[47] 刘伟，张辉，黄泽华．中国产业结构高度与工业化进程和地区差异的考察 [J]．经济学动态，2008 (11)：4－8.

[48] 刘艳．数字普惠金融对农业全要素生产率的影响 [J]．统计与决策，2021，37 (21)：123－126.

[49] 刘赢时，田银华．我国产业结构调整对能源效率影响的研究：基于收敛性假说的检验 [J]．湖南社会科学，2019，194 (4)：100－107.

[50] 刘章生，赖彬彬，刘桂海，等．地区竞争、推广数字普惠金融与绿色经济效率 [J]．管理评论，2023，35 (1)：39－51.

[51] 卢丁全．绿色金融普惠金融融合发展的着力点 [J]．甘肃金融，2022，536 (11)：1.

[52] 鲁玉秀．数字经济对城市经济高质量发展影响研究 [D]．成都：西南财经大学，2022.

[53] 吕鲲，潘均柏，周伊莉，等．政府干预、绿色金融和区域创新能

力：来自30个省份面板数据的证据［J］. 中国科技论坛，2022（10）：116－126.

［54］吕燕，王伟强，许庆瑞. 绿色技术创新：21世纪企业发展的机遇与挑战［J］. 科学管理研究，1994（6）：5.

［55］罗纳德·麦金农. 经济发展中的货币与资本［M］. 上海：三联出版社，1997：12－16.

［56］罗炜琳，刘松涛，胥烨，等. 普惠金融发展水平影响绿色经济效率吗？［J］. 环境经济研究，2018，3（3）：32－55.

［57］逄健，刘佳. 摩尔定律发展述评［J］. 科技管理研究，2015，35（15）：46－50.

［58］钱娟，李金叶. 技术进步是否有效促进了节能降耗与CO_2减排？［J］. 科学学研究，2018，36（1）：49－59.

［59］乔琴，樊杰，孙勇，等. “一带一路”沿线省域绿色金融测度及影响因素研究［J］. 工业技术经济，2021，40（7）：120－126.

［60］任辉. 环境保护与可持续金融体系构建［J］. 财经问题研究，2008（7）：66－70.

［61］史丹，张金隆. 产业结构变动对能源消费的影响［J］. 经济理论与经济管理，2003（8）：30－32.

［62］司秋利，张涛. 金融结构是否能够影响科技创新效率：基于随机前沿模型的实证分析［J］. 科技管理研究，2022，42（3）：30－40.

［63］宋清华，林永康. 加快建设制造强国背景下金融集聚与制造业企业绿色技术创新［J］. 金融经济学研究，2023，38（1）：84－99.

［64］苏媛，李广培. 绿色技术创新能力、产品差异化与企业竞争力：基于节能环保产业上市公司的分析［J］. 中国管理科学，2021，29（4）：46－56.

［65］孙传旺，刘希颖，林静. 碳强度约束下中国全要素生产率测算与收敛性研究［J］. 金融研究，2010（6）：17－33.

［66］孙攀，吴玉鸣，鲍曙明. 产业结构变迁对碳减排的影响研究：空间计量经济模型实证［J］. 经济经纬，2018，35（2）：93－98.

［67］谭飞燕，张雯．中国产业结构变动的碳排放效应分析：基于省际数据的实证研究［J］．经济问题，2011（9）：32－35.

［68］田美玉，叶云鹏．生态城镇化与绿色金融耦合协调发展关系的实证检验［J］．统计与决策，2023，39（2）：157－161.

［69］万志宏，曾刚．国际绿色债券市场：现状、经验与启示［J］．金融论坛．2016，21（2）：39－45.

［70］汪发元，何智励．环境规制、绿色创新与产业结构升级［J］．统计与决策，2022，38（1）：73－76.

［71］汪建成，杨梅，李晓晔．外部压力促进了企业绿色创新吗：政府监管与媒体监督的双元影响［J］．产经评论，2021，12（4）：66－81.

［72］汪明月，李颖明，毛逸晖，等．市场导向的绿色技术创新机理与对策研究［J］．中国环境管理，2019，11（3）：82－86.

［73］汪雯羽，贝多广．数字普惠金融、政府干预与县域经济增长：基于门限面板回归的实证分析［J］．经济理论与经济管理，2022，42（2）：41－53.

［74］王班班，赵程．中国的绿色技术创新—专利统计和影响因素［J］．工业技术经济，2019，38（7）：53－66.

［75］王锋，李紧想，张芳，等．金融集聚能否促进绿色经济发展：基于中国30个省份的实证分析［J］．金融论坛，2017，22（9）：39－47.

［76］王锋正，刘向龙，张蕾，等．数字化促进了资源型企业绿色技术创新吗？［J］．科学学研究，2022，40（2）：332－344.

［77］王奉安．低碳城市和数字生态城［J］．环境保护与循环经济，2010，30（1）：27－28.

［78］王娟茹，张渝．环境规制、绿色技术创新意愿与绿色技术创新行为［J］．科学学研究，2018，36（2）：352－360.

［79］王巧，尹晓波．技术创新、产业结构升级对能源消费的影响研究：以长三角地区为例［J］．工业技术经济，2022，41（2）：107－112.

［80］王淑英，卫朝蓉，寇晶晶．产业结构调整与碳生产率的空间溢出效应：基于金融发展的调节作用研究［J］．工业技术经济，2021，40

(2)：138－145.

[81] 王文举，向其凤．中国产业结构调整及其节能减排潜力评估[J]．中国工业经济，2014 (1)：44－56.

[82] 王霞，田霞．外商直接投资、数字普惠金融与绿色经济发展[J]．商业经济研究，2022，842 (7)：168－171.

[83] 王效华，王正宽，冯祯民．中国小康农村家庭能源消费基本特征及其评价指标体系研究 [J]．农业工程学报，2000 (2)：97－100.

[84] 王艳．数字普惠金融服务绿色经济的影响因素与策略 [J]．商业经济研究，2021，825 (14)：166－169.

[85] 王莹莹，何兴邦，卢青．数字普惠金融对我国绿色发展的影响研究：来自省级面板数据的证据 [J]．科技创业月刊，2023，36 (2)：120－125.

[86] 王玉潜．能源消耗强度变动的因素分析方法及其应用 [J]．数量经济技术经济研究，2003 (8)：151－154.

[87] 王玉．中国数字经济对产业结构升级影响研究：基于空间计量模型 [J]．技术经济与管理研究，2021 (8)：14－18.

[88] 温忠麟，叶宝娟．中介效应分析：方法和模型发展 [J]．心理科学进展，2014，22 (5)：731－745.

[89] 温忠麟．张雷，侯杰泰，等．中介效应检验程序及其应用 [J]．心理学报，2004 (5)：614－620.

[90] 邬彩霞，高媛．数字经济驱动低碳产业发展的机制与效应研究[J]．贵州社会科学，2020 (11)：155－161.

[91] 吴琦，武春友．我国能源效率关键影响因素的实证研究 [J]．科研管理，2010，31 (5)：164－171.

[92] 吴淑丽．绿色经济测度：定义与指标选择：《构建共同的绿色增长指标方法》简介 [J]．中国统计，2013，381 (9)：22－23.

[93] 吴玉鸣．空间计量经济模型在省域研发与创新中的应用研究[J]．数量经济技术经济研究，2006 (5)：74－85，130.

[94] 肖翠仙．金融创新促进绿色发展 [J]．人民论坛，2013，407

(18): 94 – 95.

[95] 肖振红，谭睿，史建帮，等．环境规制对区域绿色创新效率的影响研究：基于“碳排放权”试点的准自然实验［J］．工程管理科技前沿，2022，41（2）：63 – 69.

[96] 谢里，陈宇．节能技术创新有助于降低能源消费吗：“杰文斯悖论”的再检验［J］．管理科学学报，2021，24（12）：77 – 91.

[97] 谢云飞．数字经济对区域碳排放强度的影响效应及作用机制［J］．当代经济管理，2022，44（2）：68 – 78.

[98] 徐嘉钰，刘茜．数字普惠金融与经济增长质量研究：基于绿色全要素生产率的省级面板数据分析［J］．统计理论与实践，2022，519（7）：19 – 26.

[99] 徐建华，亢琦，李盛楠．数字信息服务的环境可持续发展：思考与期待［J］．高校图书馆工作，2019，39（6）：5 – 12.

[100] 徐建中，王曼曼．绿色技术创新、环境规制与能源强度：基于中国制造业的实证分析［J］．科学学研究，2018，36（4）：744 – 753.

[101] 徐开军，原毅军．环境规制与产业结构调整的实证研究：基于不同污染物治理视角下的系统 GMM 估计［J］．工业技术经济，2014，33（12）：101 – 109.

[102] 徐清源，单志广，马潮江．国内外数字经济测度指标体系研究综述［J］．调研世界，2018（11）：52 – 58.

[103] 徐盈之，张瑞婕，孙文远．绿色技术创新、要素市场扭曲与产业结构升级［J］．研究与发展管理，2021，33（6）：75 – 86.

[104] 许光清，张文丹，陈晓玉．考虑技术进步和结构变化的宏观能源回弹效应估算［J］．经济理论与经济管理，2022，42（11）：26 – 41.

[105] 许广月．构建与普及理性低碳生活方式：人类文明社会演进的应然逻辑［J］．西部论坛，2017，27（5）：20 – 26.

[106] 颜青，殷宝庆，刘洋．绿色技术创新、节能减排与制造业高质量发展［J］．科技管理研究，2022，42（18）：190 – 198.

[107] 杨博，王征兵．绿色技术创新对生鲜农产品绿色物流效率的影

响：基于产业集聚的调节效应［J］. 中国流通经济，2023，37（1）：60－70.

［108］杨道广，陈汉文，刘启亮. 媒体压力与企业创新［J］. 经济研究，2017，52（8）：125－139.

［109］杨菲，沈能，胡傲. 低碳试点政策的绿色技术创新效应研究：基于微观准自然实验的证据［J］. 软科学，2022，36（12）：35－41.

［110］杨国忠，席雨婷. 企业绿色技术创新活动的融资约束实证研究［J］. 工业技术经济，2019，38（11）：70－76.

［111］杨伟国，吴邦正. 平台经济对就业结构的影响［J］. 中国人口科学，2022（4）：2－16，126.

［112］杨秀汪，李江龙，郭小叶. 中国碳交易试点政策的碳减排效应如何：基于合成控制法的实证研究［J］. 西安交通大学学报（社会科学版），2021，41（3）：93－104，122.

［113］姚凤阁，王天航，谈丽萍. 数字普惠金融对碳排放效率的影响：空间视角下的实证分析［J］. 金融经济学研究，2021，36（6）：142－158.

［114］易行健，周利. 数字普惠金融发展是否显著影响了居民消费：来自中国家庭的微观证据［J］. 金融研究，2018，461（11）：47－67.

［115］尹迎港，常向东. 科技创新、产业结构升级与区域碳排放强度：基于空间计量模型的实证分析［J］. 金融与经济，2021，533（12）：40－51.

［116］于斌斌. 产业结构调整如何提高地区能源效率：基于幅度与质量双维度的实证考察［J］. 财经研究，2017，43（1）：86－97.

［117］余红心，赵袁军，李思远. 居民消费结构升级对产业结构升级的影响研究：基于供需失衡的调节效应［J］. 江汉学术，2020，39（2）：29－37.

［118］原毅军，谢荣辉. 环境规制的产业结构调整效应研究：基于中国省际面板数据的实证检验［J］. 中国工业经济，2014，317（8）：57－69.

[119] 曾贤刚，庞含霜. 我国各省区 CO_2 排放状况、趋势及其减排对策 [J]. 中国软科学，2009 (S1)：64－70.

[120] 张翠菊，张宗益. 消费结构对产业结构与经济增长的空间效应——基于空间面板模型的研究 [J]. 统计与信息论坛，2016，31 (8)：46－52.

[121] 张建光. 国际电信联盟《衡量信息社会报告2014》解读及建议 [J]. 中国信息界，2014 (12)：55－56.

[122] 张建鹏，陈诗一. 金融发展、环境规制与经济绿色转型 [J]. 财经研究，2021，47 (11)：78－93.

[123] 张军，吴桂英，张吉鹏. 中国省际物质资本存量估算：1952—2000 [J]. 经济研究，2004 (10)：35－44.

[124] 张奎. 普惠金融与绿色金融融合发展的浙江实践 [J]. 中国金融，2022，987 (21)：54－55.

[125] 张莉莉，肖黎明，高军峰. 中国绿色金融发展水平与效率的测度及比较：基于1040家公众公司的微观数据 [J]. 中国科技论坛，2018 (9)：100－112，120.

[126] 张平淡，张惠琳. 环境规制改进企业全要素生产率的路径研究：基于碳排放权交易试点的准自然实验 [J]. 江淮论坛，2021 (4)：44－51.

[127] 张薇. 我国绿色经济评价指标体系的构建与实证 [J]. 统计与决策，2021，37 (16)：126－129.

[128] 张于喆. 数字经济驱动产业结构向中高端迈进的发展思路与主要任务 [J]. 经济纵横，2018 (9)：85－91.

[129] 张志强，刘金平. 产业结构高级化与能源强度倒"U"型关系分析 [J]. 煤炭工程，2021，53 (1)：189－192.

[130] 赵涛，张智，梁上坤. 数字经济、创业活跃度与高质量发展：来自中国城市的经验证据 [J]. 管理世界，2020，36 (10)：65－76.

[131] 赵玉焕，钱之凌，徐鑫. 碳达峰和碳中和背景下中国产业结构升级对碳排放的影响研究 [J]. 经济问题探索，2022 (3)：87－105.

[132] 郑长德，刘帅. 产业结构与碳排放：基于中国省际面板数据的实证分析 [J]. 开发研究，2011 (2)：26－33.

[133] 郑宏运，李谷成. 数字普惠金融发展对县域农业全要素生产率增长的影响：基于异质性视角 [J]. 当代经济管理，2022，44 (7)：81－87.

[134] 郑金辉，徐维祥，刘程军. 数字金融、企业家精神与长三角民营实体经济高质量发展 [J]. 财经论丛，2023，298 (5)：47－56.

[135] 植草益. 信息通讯业的产业融合 [J]. 中国工业经济，2001 (2)：24－27.

[136] 中华人民共和国国家统计局. 中国统计年鉴 [M]. 北京：中国统计出版社，2021.

[137] 钟晓青，吴浩梅，纪秀江，等. 广州市能源消费与GDP及能源结构关系的实证研究 [J]. 中国人口·资源与环境，2007 (1)：135－138.

[138] 周海华，王双龙. 正式与非正式的环境规制对企业绿色创新的影响机制研究 [J]. 软科学，2016，30 (8)：47－51.

[139] 周慧玲，蒋亚军. 旅游吸引力与交通可达性的相互影响及空间溢出 [J]. 东华理工大学学报 (社会科学版)，2021，40 (6)：559－565.

[140] 周善将，周天松. 环境规制、人力资源管理强度与企业绿色创新 [J]. 财会通讯，2022，893 (9)：66－71.

[141] 周雪峰，韩露. 数字普惠金融、风险承担与企业绿色创新 [J]. 统计与决策，2022，38 (15)：159－164.

[142] 朱东波，任力，刘玉. 中国金融包容性发展、经济增长与碳排放 [J]. 中国人口·资源与环境，2018，28 (2)：66－76.

[143] 朱芳阳，赖靓荣. 产业结构升级、技术创新与绿色物流：基于PVAR模型的实证研究 [J]. 现代管理科学，2022 (3)：40－50.

[144] 朱海玲. 绿色经济评价指标体系的构建 [J]. 统计与决策，2017，473 (5)：27－30.

[145] 朱俏俏，孙久文. "一带一路"倡议与中国企业绿色创新 [J]. 南京社会科学，2020，397 (11)：33－40.

［146］邹璇，王盼．产业结构调整与能源消费结构优化［J］．软科学，2019，33（5）：11－16.

［147］Abdul S O. Decomposing the persistent and transitory effect of information and communication technology on environmental impacts assessment in Africa：evidence from mundlak specification［J］. Sustainability，2021，13（9）：156－167.

［148］Ahmed V，Zeshan M. Decomposing change in energy consumption of the agricultural sector in Pakistan［J］. Agrarian South：Journal of Political Economy，2014，3（3）：369－402.

［149］Akx，Ayw，Ajx，et al. Value co-creation between firms and customers：The role of big data-based cooperative assets－ScienceDirect［J］. Information & Management，2016，53（8）：1034－1048.

［150］Anderson C. The long tail［J］. Wired Magazine，2004，12（10）：170－177.

［151］Asongu Simplice A，Odhiambo Nicholas M. The green economy and inequality in Sub－Saharan Africa：Avoidable thresholds and thresholds for complementary policies［J］. Energy Exploration & Exploitation，2021，39（3）：838－852.

［152］Brookes G L. Energy efficiency and economic fallacies：A reply［J］. Energy Policy，1992，20（5）：390－392.

［153］Chebbi H E. Long and short-run linkages between economic growth，energy consumption and CO_2 emissions in Tunisia［J］. Middle East Development Journal，2010，2（1）：139－158.

［154］Chen M，Sinha A，Hu K，Shah M L. Impact of technological innovation on energy efficiency in industry 4.0 era：Moderation of shadow economy in sustainable development［J］. Technological Forecasting and Social Change，2021（164）：120521.

［155］Chen Z，Zhang X，Chen F. Do carbon emission trading schemes stimulate green innovation in enterprises? Evidence from China［J］. Technological Forecasting and Social Change, 2021 (168): 120744.

[156] Clarkson P M, Li Y, Richardson G D, et al. Revisiting the relation between environmental performance and environmental disclosure: An empirical analysis. [J]. Accounting, Organizations and Society, 2008, 33 (4-5): 303-327.

[157] Croes R R, Tesone D V. Small firms embracing technology and tourism development: Evidence from two nations in Central America [J]. International Journal of Hospitality Management, 2004, 23 (5): 557-564.

[158] Cui H, Wang R, Wang H. An evolutionary analysis of green finance sustainability based on multi-agent game [J]. Journal of Cleaner Production, 2020, 269 (1): 121799.

[159] Deng H, Zhang W, Liu D. Does carbon emission trading system induce enterprises' green innovation? [J]. Journal of Asian Economics, 2023 (86): 101597.

[160] Donella D M, Jorgen R. The limits to growth [J]. Economic Affairs, 1992, 12 (5): 35-45.

[161] Elhorst J P. Matlab software for spatial panels [J]. International Regional Science Review, 2014, 37 (3): 389-405.

[162] Fan Y, Liu L, Wu G, Tsai H, Wei Y. Changes in carbon intensity in China: Empirical findings from 1980-2003 [J]. Ecological Economics, 2006, 62 (3): 683-691.

[163] Fehske A, Fettweis G, Malmodin J, et al. The global footprint of mobile communications: The ecological and economic perspective [J]. Communications Magazine IEEE, 2011, 49 (8): 55-62.

[164] Fisher-Vanden K, Jefferson G H, Jingkui M, et al. Technology development and energy productivity in China [J]. Energy Economics, 2006, 28 (5-6): 690-705.

[165] Fisher-vanden K, Jefferson H G, Ma J, Xu J. Technology development and energy productivity in China [J]. Energy Economics, 2006, 28

(5): 690 - 705.

[166] Greenwood J, Sanchez J M, Wang C. Financing Development: The role of information costs [J]. American Economic Review, 2010, 100 (4): 1875 - 1891.

[167] Guangqin L, Xubing F, Maotao L. Will digital inclusive finance make economic development greener? Evidence from China [J]. Frontiers in Environmental Science, 2021, 12 (7): 108 - 117.

[168] Guan Y, Li M. Analysis on the degree of the industrial structure's impact on the energy consumption: Based on empirical study of Guangdong province [J]. Energy Procedia, 2011, 5 (C): 1488 - 1496.

[169] Hansen B E. Threshold effects in non-dynamic panels: Estimation, testing, and inference [J]. Journal of Econometrics, 1999, 93 (2): 345 - 368.

[170] Haseeb A, Xia E, Saud S, et al. Does information and communication technologies improve environmental quality in the era of globalization? An empirical analysis [J]. Environmental Science and Pollution Research, 2019, 26 (9): 8594 - 8608.

[171] Hendler J, Golbeck J. Metcalfe's law, Web 2.0, and the Semantic Web [J]. Journal of Web Semantics, 2008, 6 (1): 14 - 20.

[172] Hottenrott H, Peters B. Innovative capability and financing constraints for innovation: More money, more innovation? [J]. Review of Economics and Statistics, 2012, 94 (4): 1126 - 1142.

[173] Irfan M, Razzaq A, Sharif A, et al. Influence mechanism between green finance and green innovation: Exploring regional policy intervention effects in China [J]. Technological Forecasting and Social Change, 2022 (182): 121882.

[174] Jaluza Maria Lima Silva Borsatto, Lara Bartocci Liboni Amui. Green innovation: Unfolding the relation with environmental regulations and competitiveness [J]. Resources, Conservation and Recycling, 2019 (149): 445 - 454.

[175] Jeong K, Kim S. LMDI decomposition analysis of greenhouse gas emissions in the Korean manufacturing sector [J]. Energy Policy, 2013 (62): 1245 - 1253.

[176] Kjaer L L, Pigosso D C A, McAloone T C, et al. Guidelines for evaluating the environmental performance of Product/Service - Systems through life cycle assessment [J]. Journal of Cleaner Production, 2018 (190): 666 - 678.

[177] Koenker R, Bassett G. Regression quantiles [J]. Econometrica, 1978, 46 (1): 33 - 50.

[178] Laeven L, Levine R, Michalopoulos S. Financial innovation and endogenous growth [J]. Journal of Financial Inter mediation, 2015, 24 (1): 1 - 24.

[179] Lesage JP, Pace R K. Introduction to spatial econometrics [M]. CRC Press Taylor & Francis Group, 2009.

[180] Lesage JP, Pace R K. Spatial econometric modeling of origin-destination flows [J]. Journal of Reginal Science, 2008, 48 (5): 941 - 967.

[181] Leyshon A, Thrift N. The restructuring of the UK financial services industry in the 1990s: A reversal of fortune? [J]. Journal of Rural Studies, 1993, 9 (3): 223 - 241.

[182] Li J, Dong K, Taghizadeh - Hesary F, et al. 3G in China: How green economic growth and green finance promote green energy? [J]. Renewable Energy, 2022 (200): 1327 - 1337.

[183] Lin B, Liu X. Dilemma between economic development and energy conservation: Energy rebound effect in China [J]. Energy, 2012, 45 (1): 867 - 873.

[184] Liu Zhen, Vu, et al. Financial inclusion and green economic performance for energy efficiency finance [J]. Economic Change and Restructuring, 2022: 1 - 31.

[185] Li Z, Huang Z, Su Y. New media environment, environmental regu-

lation and corporate green technology innovation: Evidence from China [J]. Energy Economics, 2023: 119.

[186] Luan B, Zou H, Chen S, Huang J. The effect of industrial structure adjustment on China's energy intensity: Evidence from linear and nonlinear analysis. Energy, 2020: 119517.

[187] Matthess M, Kunkel S, Dachrodt F M, Beier G. The impact of digitalization on energy intensity in manufacturing sectors: A panel data analysis for Europe [J]. Journal of Cleaner Production, 2023 (397): 136598.

[188] Morshadul M H, Lu Y, Shajib K. Promoting China's Inclusive Finance Through Digital Financial Services [J]. Global Business Review, 2020, 23 (4): 534 - 541.

[189] Muhammad S, Pan Y, Agha M H, et al. Industrial structure, energy intensity and environmental efficiency across developed and developing economies: The intermediary role of primary, secondary and tertiary industry [J]. Energy, 2022 (247): 123576.

[190] Narayanan K, Sahu K S. Energy consumption response to climate change: Policy options for India [J]. IIM Kozhikode Society & Management Review, 2014, 3 (2): 123 - 133.

[191] Panayotou T. Economic growth and the environment [J]. The environment in Anthropology, 2016 (24): 140 - 148.

[192] Per G. Fredriksson, Jim R. Wollscheid. Environmental decentralization and political centralization [J]. Ecological Economics, 2014 (107): 402 - 410.

[193] Pickavet M, Vereecken W, Demeter S, et al. Worldwide energy needs for ICT: The rise of power-aware networking [C]// International Symposium on Advanced Networks & Telecommunication Systems. IEEE, 2009.

[194] Rauf A, Zhang J, Li J, et al. Structural changes, energy consumption and carbon emissions in China: Empirical evidence from ARDL bound testing model [J]. Structural Change and Economic Dynamics, 2018 (47):

194 - 206.

[195] Razzaq A, Wang Y, Chupradit S, et al. Asymmetric inter-linkages between green technology innovation and consumption-based carbon emissions in BRICS countries using quantile-on-quantile framework [J]. Technology in Society, 2021 (66): 101656.

[196] Richard Kneller, Edward Manderson. Environmental regulations and innovation activity in UK manufacturing industries [J]. Resource and Energy Economics, 2012, 34 (2): 211 - 235.

[197] Rosenblatt M. Remarks on some nonparametric estimates of a density function [J]. Annals of mathematical statistics, 1956, 27 (3): 832 - 837.

[198] Salahuddin M, Alam K. Internet usage, electricity consumption and economic growth in Australia: A time series evidence [J]. Telematics and Informatics, 2015, 32 (4): 862 - 878.

[199] Sharma P, Tuli R. Financial inclusion plans: Growing Roots in the light of good governance' of RBI [J]. International Journal of Management, IT and Engineering, 2012, 2 (8): 597 - 604.

[200] Simone Borghesi, Giulio Cainelli, Massimiliano Mazzanti. Linking emission trading to environmental innovation: Evidence from the Italian manufacturing industry [J]. Research Policy, 2015, 44 (3): 669 - 683.

[201] Sinton J E, Levine M D. Changing energy intensity in Chinese industry: The relatively importance of structural shift and intensity change [J]. Energy Policy, 1994, 22 (3): 239 - 255.

[202] Soundarrajan P, Vivek N. Green finance for sustainable green economic growth in India [J]. Agricultural Economics, 2016, 62 (1): 35 - 44.

[203] Thompson P, Cowton C. Bringing the environment into bank lending: Implications for environment reporting [J]. British Accounting Review, 2004, 36 (2): 197 - 218.

[204] Tone K. A slacks-based measure of efficiency in data envelopment analysis [J]. European Journal of Operational Research, 2001 (130): 498 - 509.

[205] Tone K. A slacks-based measure of super-efficiency in data envelopment analysis [J]. European Journal of Operational Research, 2002 (143): 32 -41.

[206] Tripathi R, Gupta S. Financial inclusion: A correlational study of factors in rural uttarakhand [J]. MUDRA: Journal of Finance and Accounting, 2017, 4 (1): 122 -143.

[207] Usman A, Ozturk I, Hassan A, et al. The effect of ICT on energy consumption and economic growth in South Asian economies: An empirical analysis [J]. Telematics and Informatics, 2021 (58): 101537.

[208] Wang E. , Liu X. , Wu J, et al. Green credit, debt maturity, and corporate investment-evidence from China [J]. Sustainability, 2019 (3): 583 -602.

[209] Wang F. Research on marketing mode based on the internet economy [J]. Financial Engineering and Risk Management, 2021, 4 (1): 69 -72.

[210] Wang J. Inclusion or expulsion: Digital technologies and the new power relations in China's "Internet finance" [J]. Communication and the Public, 2018, 3 (1): 34 -35.

[211] Watanabe C. Systems option for sustainable development: Effect and limit of the ministry of international trade and industry's efforts to substitute technology for energy [J]. Research Policy, 1999, 28 (7): 719 -749.

[212] Wumi O, Henry O. Finance for growth and policy options for emerging and developing economies: The case of nigeria [J]. Asian Development Policy Review, 2014, 2 (2): 20 -38.

[213] Yin X, Chen D, Ji J. How does environmental regulation influence green technological innovation? Moderating effect of green finance [J]. Journal of Environmental Management, 2023 (342): 118112.

[214] Zhang B, Yang Y, Bi J. Tracking the implementation of green credit policy in China: Top-down perspective and bottom-up reform [J]. Journal of environmental management, 2011, 92 (4): 1321 -1327.

[215] Zhang S, Wu Z, Wang Y, et al. Fostering green development with green finance: An empirical study on the environmental effect of green credit policy in China [J]. Journal of Environmental Management, 2021, 296 (15): 113159.

[216] Zhang X, Wang Y. Green resources, environmental technology innovation and the green firm-specific advantage of high – carbon enterprises [J]. Advanced Materials Research, 2013 (2482): 1829 – 1832.

[217] Zhou G, Liu W, Wang T, et al. Be regulated before be innovative? How environmental regulation makes enterprises technological innovation do better for public health [J]. Journal of Cleaner Production, 2021 (303): 126965.

[218] Zhu X. Have carbon emissions been reduced due to the upgrading of industrial structure? Analysis of the mediating effect based on technological innovation [J]. Environmental Science and Pollution Research, 2022: 1 – 12.

致　谢

2020 年 9 月，中国国家主席习近平在第 75 届联大会议上明确指出，应对气候变化的《巴黎协定》代表着全球向绿色、低碳过渡的总方向，是维护地球环境所必需的最起码的措施，所有国家都要坚定地向前迈进一步。同年 12 月，中国国家主席习近平在召开的全球气候变化大会上特别提出，到 2030 年，中国每单位 GDP 的二氧化碳排放量要比 2005 年减少 65%，一次能源消耗要比 2005 年减少 25%，森林储量要比 2005 年多 60 亿立方米，风能和太阳能发电装机要超过 12 亿千瓦。中国的郑重承诺在世界范围内产生了强烈的回响，在国际上获得了普遍好评。自那以后，在许多重要的国际会议上，习近平主席不断地提到中国“双碳”，并强调要坚定地贯彻执行。习近平主席还指出，中国一向信守承诺，将坚持以新发展理念为先导，在推进高质量发展的同时，推进经济和社会发展的全面绿色转型，坚定不移地实现以上各项目标，为应对气候变化作出更大的贡献。

目前，“双碳”目标是中国政府一项重要的发展战略，不仅是中国政府的战略规划，也是中国社会经济发展的一项重要目标，中国大多数企业也正努力践行这一战略目标和规则，许多学者也参与“双碳”领域的研究，并且取得了丰硕的研究成果。在此背景下，本团队也加入“双碳”领域的研究中，并在理论和实践应用中取得了不少的成果，获得了国家社科基金项目“绿色技术能力、产业结构调整对区域碳排放的空间统计效应研究（项目编号：22BTJ071）”的资金支持，经过一年多的努力和工作，本书终于完成，并将其作为国家社科基金项目“绿色技术能力、产业结构调整对区域碳排放的空间统计效应研究（项目编号：22BTJ071）”成果之一予以出版。在此，感谢全国哲学社会科学工作办公室对该项目的资金支持，从而使本书能够得以出版！

在本书即将出版之际，作为本书的主要完成者，特别需要感谢赵峰老师和研究生邹悦、张静、郭倩茹、孙峄和尚宣汝，这几位作者对本书的出版付出了辛勤的劳动和大量的汗水！在此，仅以我个人名义向团队的赵峰老师和5位研究生表示真诚的感谢！本书共7章近35万字，具体分工如下：张杰和赵峰老师对理论研究、模型构建、实证分析和对策提出等内容做了大量工作，张杰撰写了13万字的内容，赵峰撰写了12万字的内容，5位研究生共完成10万字的内容；邹悦、孙峄和郭倩茹三位研究生进行了大数据挖掘、样本数据分析工作，同时对实证分析的部分内容进行了撰写工作；张静和尚宣汝两位研究生负责文献检索和整理，并对各章政策的部分内容进行了撰写工作；本书的后记部分，由张杰和赵峰两位同志共同完成撰写工作。

本书既是专著，又是学术研究成果，需要多种理论和多个学科的支持，为了使本书更具科学性、前沿性和实践性，本书在研究和撰写的过程中，借鉴和参考了许多学者的优秀成果，绝大部分成果都列示于本书的参考文献之中，部分成果由于可获得性或渠道的不确定性等原因而无法列示。同时，本书为了保证其严谨性和客观性，本书所采用的方法经过多位专家的反复论证，所获得的数据和资料也得到了多位机构的支持！在此，对于借鉴过成果的有关学者和专家以及提供数据的相关机构表示衷心的感谢和敬意！